普通高等学校信息技术类系列教材

C 语言程序设计

主　编　曾　俊　李柳柏
副主编　胡志竹　陈　曦　罗　军

科 学 出 版 社
北　京

内 容 简 介

本书依据中国工程教育专业认证对解决复杂工程问题的能力要求，基于编程问题求解和计算思维编写而成。全书共10章，主要包括工程问题求解，顺序、分支、循环3种程序结构，数组与函数、指针和文件等内容。

本书以提升学生深刻剖析问题的能力和解决复杂软件工程问题的能力为导向，全书内容有机融入课程思政，全面落实立德树人的教学理念；基于工程问题求解，打造精品教学案例；开设在线开放课程，提供立体化学习资源；既注重编程基础知识的讲解，也注重编程解决问题的能力培养和工程素养的提升。

本书既可作为高等学校本科、高职高专学校程序设计专业的基础教材，也可作为编程爱好者的自学用书。

图书在版编目（CIP）数据

C语言程序设计/曾俊，李柳柏主编. —北京：科学出版社，2023.8
ISBN 978-7-03-075604-6

Ⅰ. ①C… Ⅱ. ①曾… ②李… Ⅲ. ①C 语言-程序设计-高等学校-教材 Ⅳ. ①TP312.8

中国国家版本馆 CIP 数据核字（2023）第 091643 号

责任编辑：杨 昕 宋 芳 / 责任校对：赵丽杰
责任印制：吕春珉 / 封面设计：东方人华平面设计部

科 学 出 版 社 出版
北京东黄城根北街16号
邮政编码：100717
http://www.sciencep.com

天津翔远印刷有限公司 印刷
科学出版社发行 各地新华书店经销

*

2023年8月第 一 版 开本：787×1092 1/16
2024年1月第二次印刷 印张：19 1/4
字数：452 000

定价：64.00元

（如有印装质量问题，我社负责调换〈翔远〉）
销售部电话 010-62136230 编辑部电话 010-62138978-2032

前　言

党的二十大报告指出：“教育、科技、人才是全面建设社会主义现代化国家的基础性、战略性支撑。”全面建设社会主义现代化国家，必须坚持科技是第一生产力、人才是第一资源、创新是第一动力，深入实施科教兴国战略、人才强国战略、创新驱动发展战略。教育、科技、人才形成有机整体，助力全面建设社会主义现代化国家，高质量教育体系是科技力量可持续发展和创新要素可持续供给的保障，是培养造就高素质人才队伍的基础。

美国哥伦比亚大学周以真教授认为，计算思维是运用计算机科学的基础概念进行问题求解、系统设计、人类行为理解等涵盖计算机科学之广度的一系列思维活动。当今社会，人工智能和大数据技术蓬勃发展，计算思维是理解人工智能的重要工具，编程教育被认为是培养计算思维最有效的途径之一。计算机语言是与计算机进行交互的有力工具，对于 21 世纪的大学生而言，掌握一门计算机编程语言、具有应用计算机解决实际问题的能力、具备计算思维的核心素养是必需的。

C 语言是目前主流程序设计语言之一，兼有高级语言和低级语言的特点，不仅用于设计操作系统，还用于编写各类应用程序及工业控制程序。目前流行的面向对象程序设计语言大部分是在 C 语言的基础上发展而来的，如 C++、Java、C#等。因此，C 语言得到了广泛的认可和应用，很多高等学校的理工类专业都将“C 语言程序设计”作为计算机编程语言的基础课程。

本书基于中国工程教育专业认证对解决复杂工程问题的能力要求，结合重庆市特色专业和重庆市高校一流课程——“C 语言程序设计”的建设成果，从问题求解、课程思政和计算思维的角度，系统介绍 C 语言程序设计的基本语法和基本应用，深入挖掘课程思政元素，系统设计基础层、应用层和创新层的教学案例，旨在全面提升学生深刻剖析问题的能力、解决复杂软件工程问题的能力和团队协作的能力，培养学生具有严谨的编程态度、精益求精的工匠精神，锤炼务实的实践作风，履行科技强国的使命担当。本书具体特点如下。

（1）有机融入课程思政，全面落实立德树人的教学理念。深度提炼知识体系中蕴含的思想价值和精神内涵，从教学内容、案例素材、实验项目等多角度入手，将思政元素有机融入课程教学全过程。所有章节均有融入课程思政元素的教学案例，如计算“天天向上的力量”、计算阶梯电费、计算人口老龄化问题、粮食数据统计、电码加密等，以凸显社会主义核心价值观，厚植爱国主义情怀，树立科技强国的目标，于润物细无声中达到育人效果。

（2）基于工程问题求解，打造精品教学案例。深度梳理教学内容，根据学生的学习层次和工程问题求解的需求，设计典型的基础应用案例、科研成果转化为教学资源的创新性案例和工程应用的综合案例，提升课程的高阶性、创新性和挑战度，以满足程序设计的知识学习、能力提升和素质培养的需求。

（3）开设在线开放课程，提供立体化学习资源。为了方便学生高效学习，开设重庆市高校一流在线开放课程，提供课程视频、拓展资料、阶段性测验、平时作业、期中测验、主题讨论、实验报告、小组合作学习、期末考核等资料，课程已经在“学银在线”平台（https://www.xueyinonline.com/）完整开放了 6 期，在主页搜索主编姓名即可加入课程。

本书源于 C 语言程序设计的教学实践，凝聚了一线任课教师多年的教学成果和科研成果，由曾俊、李柳柏任主编，胡志竹、陈曦、罗军任副主编。具体编写分工如下：第 1～2 章由李柳柏编写，第 3～4 章、附录由曾俊编写，第 5～6 章由陈曦编写，第 7～8 章由胡志竹编写，第 9～10 章由罗军编写。长江师范学院大数据与智能工程学院的教师以及重庆市“C 语言课程群虚拟教研室”的全体教师对本书提出了许多宝贵的意见和建议，在此表示深深的感谢。

为方便教师的教学工作和读者的学习，本书提供配套的 PPT 课件、案例源程序代码、习题参考答案、实验任务内容、小组合作学习案例等。读者可以通过以下两种方式获取配套资源：一是直接与主编曾俊联系，邮箱地址为 piao_yi_xue@sohu.com；二是通过科学出版社职教技术出版中心网站（www.abook.cn）自行下载。

由于本书涉及的知识面广和编者的水平有限，书中难免有不妥之处，敬请广大读者批评指正。

编　者

目　录

第1章 工程问题求解

学习目标

（1）理解科学和工程的基本概念，了解计算机求解问题的基本步骤。
（2）掌握程序和程序设计的基本概念。
（3）了解 C 语言的发展、特点和应用，掌握简单的 C 程序结构。
（4）掌握算法的定义、特性和表示方法。

对科学问题和工程问题求解一直是科学家和工程师的工作。从简单的计算到非线性方程组的求解，科学家和工程师需要利用计算机来解决各种各样的问题。从 TIOBE 排行榜（世界编程语言排行榜）中看出，C 语言已经成为许多科学家和工程师的选择。本章围绕工程问题求解的基本流程展开，主要介绍现代工程学的发展，计算机工程的解题方法，程序、程序设计和 C 语言的发展史，以及算法的基本概念。本章的重点是让读者对 C 语言程序设计有初步的认识和理解。

1.1 科学和工程简介

科学是一个建立在可检验的解释和对客观事物的形式、组织等进行预测的有序的知识系统，是已经系统化和公式化的知识。根据这些系统知识所反映的领域，主要分为自然科学、社会科学、形式科学和交叉科学。科学研究指在发现问题后，经过分析找到可能解决问题的方案，并利用科研实验和分析，对相关问题的内在本质和规律进行调查研究、实验、分析等一系列活动，即从现有的技术和研究工具出发，经过数学计算或者推演，得出新知识、新理解，推进人类对于自然世界的认知边界。工程则是一个反向的过程。工程是指以设想的目标为依据，应用相关的科学知识和技术手段，通过有组织的团队将现有实体转化为具有预期使用价值的人造产品的过程。

科学与工程在大多数情况下是不可分割的，尤其是工程离不开科学理论的支撑，在科技不断发展的当今社会，二者的结合越发紧密。因此，科学与工程是不能完全划清界限的。从概念上来看，科学是系统理论知识及其研究，能用于指导实践；工程是运用科学理论进行的一系列实践活动。工程的本质是解决问题，满足人类的需求。归根到底，科学与工程相辅相成，科学更是工程类学科的基础，科学理论先行，带动工程技术的发展，二者密切影响着人类的生产生活。

工程师是指具有从事工程系统操作、设计、管理、评估能力的人员，他们运用计算机科学、数学、物理、生物和化学等多个学科中的科学定律解决现实世界中的问题。工程师在探索过程中需要严谨的思维，并且需要在已有的知识与技术上进行深度挖掘，因此工程师必备的基本素质包括基本科学素养和已有的技术及其发展趋势等。因为多学科的交叉性和复杂工程问题的挑战性，所以工程问题求解一直以来都是研究热点。

1.2 现代工程学

现代工程学是人们运用现代科学知识和技术手段，在社会、经济和时间等因素的限制范围内，为满足社会某种需要而创造新的物质产品的过程。它以工程链的形式呈现出集成化的状态，科学、技术、人文、社会、经济、管理、伦理、道德、法律等内容均包含在内。

近几十年来，现代工程学取得了举世瞩目的成就。“全球十大工程成就”是指近五年在全球范围内完成、具有全球影响力并产生显著经济和社会效益的重大工程创新成果，能够反映某个或多个领域当前工程科技最高水平。2022 年 12 月 15 日，中国工程院院刊《工程》(*Engineering*）发布了“2022 全球十大工程成就”，包括北斗卫星导航系统、嫦娥探月工程、新冠病毒疫苗研发应用、猎鹰重型可回收火箭、港珠澳大桥、超大规模云服务平台、詹姆斯·韦布空间望远镜、复兴号标准动车组、太阳能光伏发电和新一代电动汽车。

此外，中国工程院、科睿唯安信息服务（北京）有限公司与高等教育出版社联合发布了《全球工程前沿 2022》报告。该报告围绕机械与运载工程，信息与电子工程，化工、冶金与材料工程，能源与矿业工程，土木、水利与建筑工程，环境与轻纺工程，农业，医药卫生及工程管理 9 个领域，共同研判了 95 项工程研究前沿和 93 项工程开发前沿。2022 全球工程前沿以“新技术”“新材料”“新手段”“新理念”为总体特征，具体表现如下：新一代信息技术快速发展和广泛渗透，推动越来越多的工程前沿呈现“智能+”发展模式；研发并应用具有新功能、新特性，适应复杂多变环境的新材料成为工程科技重要的发展方向；机器人成为各行各业转型升级的新手段；绿色低碳发展新理念引领工业流程再造，重塑全球能源技术体系，提升交通与建造能力。

全球工程前沿呈现三大趋势：一是从单项创新到系统集成；二是从并行发展到交叉融合；三是从技术研发到场景应用，这些都离不开计算机系统和计算机工程。

1.3 计算机工程

计算机工程是一个以电机工程学和计算机科学的部分交叉领域为内容的学科，主要任务是设计及实现计算机系统。计算机工程的基本工作是为嵌入式系统、微控制器、超大规模集成电路系统等设计和编写软件代码及固件，另外，还可以参与模拟传感器、混合信号集成电路及操作系统的设计。计算机工程和机器人的研究与设计也存在一定的关联，特别是依靠数字系统来进行电动机驱动、计算机辅助沟通。传感器相关系统监视和控制的机器人系统。

计算机工程师通常受过专业的电子工程、软件设计和软硬件集成综合技能的培训，其工作内容涉及计算机的硬件和软件，关注范围包括微处理器、个人计算机、超级计算机和电路设计等。解决问题是工程学最重要的目的，因此，找到一种通用的解决问题的方法非常重要。

1.3.1　工程问题求解的基本方法

利用计算机解决工程领域的问题，基本方法如下：

（1）清晰地陈述问题。

（2）描述输入和输出的信息。

（3）用一小组简单的数据进行手工（计算器）计算。

（4）设计算法并转换成计算机程序。

（5）用大量多样的数据进行检测。

1.3.2　利用计算机解题的基本步骤

利用计算机解决具体问题时，一般需要经过如下5个步骤：

（1）理解问题，寻找解决问题的条件。

（2）对一些具有连续性质的现实问题进行离散化处理。

（3）抽象出数学模型，设计或者选择某种算法。

（4）按照算法编写程序。

（5）对程序进行调试和测试，运行程序，直到得到最终结果。

1.4　程序设计和C语言

1.4.1　程序和程序设计

程序是为了解决某一实际问题而编写的有序指令的集合。每一条指令使计算机执行特定的操作，一个特定的指令序列用来完成一定的功能。为了使计算机系统能够实现各种功能，需要成千上万个程序，这些程序大多数是由计算机软件设计人员根据需求设计的，还有一部分程序是用户根据自己的实际需求设计和开发的。

程序设计就是给出解决特定问题的程序的过程，即指令的设计和调试过程。程序设计的过程包括分析、设计、编码、测试、排错等不同阶段。程序设计往往以某种计算机语言为工具，给出这种语言下的程序。专业的程序设计人员常被称为“程序员”。

软件是为运行、管理和维护计算机而编制的各种程序、数据和文档的总称。一般将软件划分为系统软件和应用软件。系统软件是控制和协调计算机及外部设备，支持应用软件开发和运行的系统，是无须用户干预的各种程序的集合，主要功能是调度、监控和维护计算机系统；管理计算机系统中各种独立的硬件，使它们可以协调工作。系统软件使计算机使用者和其他软件将计算机当作一个整体而不需要考虑底层每个硬件是如何工作的。应用软件是用户使用各种程序设计语言编写的应用程序的集合，即应用软件是为满足用户不同领域、不同问题的应用需求而编写的软件。它可以拓宽计算机系统的应用领域，放大硬件的功能。所有软件都是用计算机语言编写的。

1.4.2 计算机语言

计算机语言是程序设计中最重要的工具，指计算机能够接受和处理的、具有一定语法规则的语言。从计算机诞生开始，计算机语言的发展经历了机器语言、汇编语言和高级语言 3 个阶段。

1. 机器语言

机器语言是用二进制代码表示的机器指令的集合，是计算机能唯一识别的语言。机器语言具有灵活、直接执行和速度快等特点。不同架构的计算机上使用的机器语言是不相通的，按某种计算机的机器语言编写的程序不能在另一种计算机上执行。

使用机器语言编写程序，程序员需要熟记所用的计算机指令集，并处理每一条指令和每一个数据的存储分配与输入输出，还需要记住编程过程中每个步骤所使用的工作单元处于何种状态。这是一件十分烦琐的工作，编写程序花费的时间往往是实际运行时间的几十倍甚至几百倍。而且，完全由 0 和 1 编制的程序，可读性差且容易出错。除了计算机生产厂家的专业人员外，绝大多数程序员都不会使用机器语言。

2. 汇编语言

汇编语言使用助记符代替和表示特定机器语言的操作。普遍地说，每一种特定的汇编语言和其特定的机器语言指令集是一一对应的。

使用汇编语言编写的源代码，需要通过相应的汇编程序将它们翻译成可执行的机器代码，这一过程称为汇编。汇编语言通常应用于对底层硬件操作要求较高的场景，如驱动程序、嵌入式操作系统和实时操作系统上运行的程序，很多都用到汇编语言。

3. 高级语言

高级语言的出现使计算机程序设计语言不再过度地依赖某种特定的机器或环境，这是因为高级语言在不同的平台上被编译成不同的机器语言，而不是直接被机器执行。最早出现的编程语言之一——FORTRAN 的一个主要目标就是实现平台独立。

高级语言编写的程序必须翻译成机器语言才能够被计算机硬件系统理解并执行。翻译方式可以选择编译，也可以选择解释。如果翻译机制是将程序代码作为一个整体翻译，然后运行内部格式，那么这个翻译过程称为“编译”。因此，编译器将程序文本作为输入的数据，然后输出可执行文件，所输出的可执行文件就是机器语言。如果程序代码是在运行时采用即时翻译，那么这种翻译机制称为“解释”。经过解释的程序的运行速度往往比编译的程序慢，但一般更具灵活性，因为它们能够与执行环境互相作用。

高级语言的发展也经历了非结构化的语言、结构化语言、面向对象的语言 3 个阶段。非结构化的语言主要包括早期的 BASIC、FORTRAN 和 ALGOL 等。结构化语言主要包括 QBASIC、FORTRAN77 和 C 等。面向对象的语言主要包括 C++、C#、Visual Basic 和 Java 等。非结构化的语言和结构化语言都是基于过程的语言，在编写程序时，需要具体指定每一个过程的细节。它们在编写规模较小的程序时，能够得心应手，但在处理规模较大的程序时，就显得力不从心了。所以，人们提出了面向对象的程序设计方法。

面向对象的程序设计方法尽可能模拟人类的思维方式，让软件的开发方法与过程尽可能地接近人类认识世界、解决现实问题的方法和过程，即描述问题的问题空间与问题的解决方案空间在结构上尽可能一致，将客观世界中的实体抽象为问题域中的对象，其特点是封装性、继承性和多态性。面向对象程序设计以对象为核心，该方法认为程序由一系列对象组成。类是对现实世界的抽象，包括表示静态属性的数据和对数据的操作，对象是类的实例化。对象间通过消息传递相互通信，以模拟现实世界中不同实体间的联系。在面向对象的程序设计中，对象是组成程序的基本模块。

1.4.3 C 语言的发展史

1972 年，美国贝尔实验室的丹尼斯 • M. 里奇（Dennis M. Ritchie）在 B 语言的基础上设计了 C 语言，当时 C 语言用来描述和实现 UNIX 操作系统。

1978 年，布莱恩 • W. 科尼汉（Brian W. Kernighan）和 Dennis M. Ritchie 合著了影响深远的《C 程序设计语言》（*The C Programming Language*）一书，从而使 C 语言成为目前世界上流行的高级程序设计语言。

1983 年，美国国家标准协会（American National Standards Institute，ANSI）根据 C 语言问世以来的各种版本，制订了第一个 C 语言标准草案，即 83 ANSI C。

1989 年，ANSI 发布了第一个完整的 C 语言标准 ANSI X3.159-1989，简称 C89，人们习惯称其为 ANSI C。C89 在 1990 年被国际标准化组织（International Standard Organization，ISO）一字不改地采纳，ISO 官方给予的名称为 ISO/IEC 9899:1990，简称 C90。

2018 年 7 月，ISO 正式发布了新的 C 语言标准，称为 ISO/IEC 9899:2018，简称 C18。

1.4.4 C 语言的特点

C 语言是一门面向过程的、抽象化的通用程序设计语言，广泛应用于底层开发，主要特点如下。

（1）语言简洁，使用灵活。C 语言包括 32 个关键字，9 个控制语句，程序书写自由，通常用小写字母表示。它结合了高级语言的基本结构和语句，以及低级语言的实用性，可以像汇编语言一样对硬件进行直接操作。

（2）运算符丰富。C 语言的运算符共有 34 种，将括号、赋值、强制类型转换等都作为运算符处理。C 语言的运算类型极其丰富，表达式类型多样化。灵活使用各种运算符可以实现其他高级语言难以实现的运算。

（3）数据类型丰富。C 语言的数据类型有整型、实型、字符型、数组类型、指针类型、结构体类型、共用体类型等。C 语言能实现各种复杂数据结构的运算，并引入指针概念，程序效率更高。另外，C 语言具有强大的图形功能，支持多种显示器和驱动器，并且计算功能、逻辑判断功能强大。

（4）结构式语言。结构式语言的显著特点是代码和数据的分隔化，即程序的各个部分除了必要的信息交流外彼此独立。结构化方式使程序层次清晰，便于使用、调试和维护。C 语言是以函数形式提供给用户的，这些函数方便调用，并提供了一套完整的控制语句和构造数据类型机制，使程序流程和数据描述也具有良好的结构性，程序完全结构化。

（5）语法限制不太严格，程序设计自由度大。C 语言语法比较灵活，允许程序编写者有较大的自由度。

（6）允许直接访问物理地址，对硬件进行操作。C 语言具有高级语言的功能，也有低级语言的许多功能，可以像汇编语言一样对位、字节和地址进行操作，因此既可以用来编写系统软件，也可以用来编写应用软件。

（7）适用范围大，可移植性好。C 语言一个突出的优点就是适用于多种操作系统，如 DOS、Windows、UNIX。C 语言也适用于多种机型，在某种类型的计算机上编写的程序，无须修改或者经过少量修改，就可以在其他类型的计算机上运行。

（8）程序生成目标代码质量高，程序执行效率高。一般情况下，C 语言程序生成的目标仅比汇编程序生成的目标代码效率低 10%～20%，这是其他高级语言无法比拟的。

当然，C 语言也有一些不足之处，主要表现在数据类型检查不严格，表达式容易出现二义性，无法自动检查数据越界，初学者较难掌握运算符的优先级与结合性等概念。

1.4.5 C 语言的应用

因为 C 语言既具有高级语言的特点，又具有汇编语言的特点，所以使用 C 语言可以编写系统程序，也可以编写应用程序，应用范围广泛。下面列出几个主要的 C 语言应用领域。

（1）系统软件。C 语言具有较强的绘图能力和可移植性，并且具有很强的数据处理能力，可以用来编写系统软件，如 Linux、UNIX 等。

（2）应用软件。Linux 操作系统中的应用软件都是用 C 语言编写的，这些应用软件安全性非常高。

（3）嵌入式设备开发。嵌入式行业同样用 C 语言来开发应用程序，包括各种硬件驱动程序、网络安全程序、手机软件，路由器、监控安防、计算机通信、地图查询程序等。

（4）图形处理。C 语言可以制作动画，绘制二维图形、三维图形等，如虚拟现实中的 VR 眼镜，其大部分程序都是基于 C 语言或者 C++语言开发的。

（5）游戏开发。游戏开发中很多软件也是利用 C 语言编写的，如贪吃蛇、推箱子等游戏。

（6）服务器端开发。很多公司的服务器使用的是 Linux 操作系统，它们的后台服务器程序都是基于 C 或者 C++语言开发的。

1.4.6 简单的 C 程序

学习一门新的程序设计语言，最好的方法就是使用它编写程序。下面就一起来编写“Hello World!”这个程序。

1. 输出字符：Hello World!

任何一门程序设计语言都具有特定的语法规则和表达方法。一个程序只有严格按照该语言规定的语法和表达方式编写，才能保证编写的程序在计算机中正确地执行，同时也便于阅读和理解。例如：

```
#include <stdio.h>                  //编译预处理指令
int main()                          //定义主函数 main
{                                   //函数开始的标志
   printf("Hello World! \n");       //输出指定的内容
   return 0;                        //函数执行完毕时返回函数值 0
}                                   //函数结束的标志
```

结合以上示例，可以看出 C 语言程序结构有以下基本特点。

（1）C 语言程序由函数组成，每一个函数完成相对独立的功能，函数是 C 语言程序的基本模块单元。main 是函数名，表示“主函数”，main 前面的 int 表示此函数的类型是 int 类型（整型）。在执行主函数后会得到一个值，即函数值，其类型为整型。后面的语句“return 0;”的作用是当 main 函数执行结束时，将整数 0 作为函数值返回到调用函数处。函数名后面的圆括号“()”用来写函数的参数。参数可以有，也可以没有，但圆括号不能省略。函数体由一对花括号括起来。

每一个 C 语言程序可以由多个函数构成，但其中必须有且只有一个 main 函数。一个 C 语言程序总是从 main 函数开始执行，main 函数执行完毕，程序结束。

主函数 main 既可以放在其他函数之前，也可以放在最后。一般将主函数 main 放在最后。

（2）printf 是 C 编译系统提供的标准输出函数，英文半角双引号内的字符 Hello World！原样输出，\n 是换行符，即在输出字符 Hello World！后，光标位置移动到下一行的开头。这个光标位置称为输出的当前位置，即下一个输出的字符出现在此位置上。每条语句最后都有一个英文半角分号，表示语句结束。C 语言编译系统区分字母大小写，即 C 语言把大小写字母视为两个不同的字符。

（3）在使用函数库中的输入输出函数时，编译系统要求程序提供有关此函数的信息，如#include<stdio.h>就是用来提供这些信息的。stdio.h 是系统提供的一个文件名，stdio 是 standard input & output 的缩写，文件扩展名.h 的意思是头文件（header file），因为这些文件都放在各程序文件模块的开头。

输入输出的相关信息已经事先放在 stdio.h 文件中，现在用#include 指令将这些信息调入供使用。如果没有#include 指令，就不能执行 printf、scanf 等函数。所以，在程序中如果要用到标准函数库中的输入输出函数，就应该在文件模块的开头加上如下一行指令。

```
#include<stdio.h>
```

（4）程序应当包含注释，以方便阅读和理解程序各部分的作用。注释语句是写给阅读程序的人看的，编译器不做任何解释。C 语言有以下两种注释方式。

//：单行注释，即只能注释一行，不能跨行。

/*　*/：多行注释，也称为块注释，即这种注释可以包含多行内容。

注 意

C 语言的两种注释不能嵌套。

2. C 程序编程环境

用 C 语言编写的程序称为源程序。计算机不能直接识别和执行用高级语言编写的指令，必须先使用编译程序（也称为编译器）将源程序翻译成二进制的目标程序，再将目标程序与系统的函数库及其他目标程序连接起来，形成可执行程序。

C 语言程序怎么在计算机上编译和运行呢？一般要经过以下 4 个步骤。

（1）编辑程序。通过键盘向计算机输入程序，如果发现错误，要及时改正。最后将源程序以文件形式存储在指定的文件夹内，文件扩展名为.c。

（2）编译程序。对源程序进行编译，先用编译系统提供的预处理程序对程序中的预处理指令进行编译预处理，预处理得到的信息与程序其他部分一起组成一个完整的、可用来正式编译的源程序，然后由编译系统对该源程序进行编译。

编译的作用是对源程序进行检查，判断有无语法错误，并给出相应的信息提示，提醒编程人员检查修改，然后重新编译，如此重复，直到没有语法错误为止。然后，编译程序自动把源程序转换为二进制形式的目标程序。

（3）连接处理。一个程序可能包含若干源程序文件，而编译是以源程序文件为对象的，一次编译只能得到一个对应的目标程序，它可能是整个程序的一部分。因此，必须将所有编译后的目标程序连接装配起来，再与函数库相连接，形成一个整体，也就是生成可执行程序。

（4）运行程序。运行可执行程序，得到运行结果。可执行程序也可以反复运行。

一个程序从编辑到运行得到预期结果，并不是一次就能成功，往往要经过反复修改和多次调试。编辑好的程序并不能保证完全正确无误，除了使用人工方式检查外，还要借助编译系统检查语法错误。有时候编译过程并未发现错误，能够生成可执行程序，但是运行的结果不正确。一般情况下，这可能不是语法方面的错误，而是程序逻辑方面的错误，应当返回仔细检查源程序并修改。

为了编辑、编译、连接和运行 C 语言程序，必须安装相应的编译系统，如 Visual C++、C-Free、Dev-C++、Visual Studio 系列软件、Code::Blocks 等。目前使用的很多 C 编译系统都是集成开发环境（integrated development environment，IDE），将程序的编辑、编译、连接和运行等操作全部集中在一个界面上，功能全面丰富，使用简单方便。还有的编译系统将编译、连接和运行程序集成在一条命令中，更加方便用户使用。本书选用 Visual Studio 2010 对 C 程序进行编辑、编译、连接和运行，后续章节将不再赘述编程环境。

Hello World！程序运行结果如下。

```
C:\WINDOWS\system32\cmd.exe
Hello World!
请按任意键继续. . .
```

3. C 程序编程规范

C 程序编写规范主要体现在命名、空行、空格、成对书写、缩进、对齐、代码行、注释 8 个方面。

（1）文件名、变量名、函数名等的命名尽量做到见名知义，以便于记忆和阅读。

（2）空行有分隔程序的作用。一般两个相对独立的程序块、变量说明后可以加空行，这样程序看起来更加清晰。

（3）空格可以根据具体情况适当添加或者不加。

（4）成对的符号一定要成对书写，例如，()、{ }等不要漏掉右侧的符号，尤其是编写嵌套程序的时候。部分编译器能够自动添加成对符号的右侧符号。

（5）缩进使得程序更有层次感，可以通过 Tab 键来实现。如果程序或者程序块地位相等，则不需要缩进。如果属于某一个代码的内部代码，则需要缩进。

（6）对齐主要是针对{ }而言。一般情况下，左花括号和右花括号分别独立占一行，互为一对的位于同一列，花括号内部的语句向内缩进一个 Tab。很多编译软件会自动对齐花括号。

（7）一般情况下，一行代码只做一件事情，这样的代码容易阅读，并且便于注释。另外，不论执行语句有多少行，都建议添加花括号，遵循对齐原则，以防止书写失误。

（8）注释通常用于对重要的代码行或者模块进行提示。一般情况下，源程序有效注释量在 20%以上，但注释内容也不能太多，防止喧宾夺主。

1.5 算　法

一个程序主要包括两方面的信息：一是对数据的描述，即在程序中要用到哪些数据，以及这些数据的类型和数据的组织形式，也就是数据结构；二是对操作的描述，即要求计算机进行操作的步骤，也就是算法。程序设计人员必须认真考虑和设计数据结构及算法。

1.5.1　算法的定义

做任何事情都有一定的步骤。先看一个小故事：从前有一个农夫带着狼狗、山羊和白菜去赶集。当他来到渡口时，发现过河的小船能装下自己之外，只能再带一样东西过河。他有点犯愁，因为如果农夫不在场的情况下，狼狗会咬山羊，山羊会吃白菜。农夫怎样安排才能安全过河呢？

我们提出这样一种过河的方法。

step1：农夫带着山羊撑船过河。

step2：农夫空船返回。

step3：农夫带着狼狗撑船过河。

step4：从船上放下狼狗后，带山羊返回。

step5：放下山羊后，农夫带白菜过河。

step6：农夫空船返回。

step7：农夫带山羊撑船过河。

其实，农夫还有很多过河的方式，每一种过河方法都是一种算法。广义的算法就是为解决一个问题而采取的方法和步骤。简而言之，算法就是操作步骤。算法解决“做什么”和“怎么做”的问题。

计算机算法一般分为两个类别：数值运算算法和非数值运算算法。数值运算的目的是求数值解，如求方程的根、求某个函数的定积分等。非数值运算涉及的面比较广，常见的有信息检索、人事管理等。

1.5.2 算法的特性

【例 1.1】 有 100 名学生，要求将成绩在 90 分以上的打印出来。

假定用 n 表示学生学号，ni 表示第 i 个学生学号；g 表示学生成绩，gi 表示第 i 个学生成绩；则算法可表示如下。

step1：1→i。

step2：如果 gi≥90，则打印 ni 和 gi，否则不打印。

step3：i+1→i。

step4：若 i≤100, 返回 step2；否则，结束。

【例 1.2】 判断公元 1000 年到公元 3000 年之间的每一年是否是闰年，并将结果输出。

闰年的条件：能被 4 整除，但不能被 100 整除的年份；能被 400 整除的年份。设 y 表示年份，则算法可表示如下。

step1：1000→y。

step2：若 y 能被 4 整除，但不能被 100 整除，或者能被 400 整除，则输出 y“是闰年”；否则，输出 y“不是闰年”。

step3：y+1→y。

step4：当 y≤3000 时, 返回 step2 继续执行，否则结束执行。

通过上面 2 个案例的分析，可以看出一个有效的算法应该具有以下特点。

（1）有穷性。一个算法应包含有限的操作步骤，不能是无限的。

（2）确定性。算法中每一个步骤都应当是确定的，不能是含糊的。

（3）有零个或多个输入。输入是指在执行算法时，需要从外界获取的必要信息。但是一个算法也可以没有输入。

（4）有一个或多个输出。算法的目的是求解，“解”就是输出。但是，算法的输出不一定就是计算机的打印输出或者屏幕输出，一个算法得到的结果就是算法的输出。没有输出的算法是没有意义的。

（5）有效性。算法中的每一个步骤都应当能有效地执行，并得到确定的结果。

对于一般用户来说，并不需要在处理每一个问题时都自己设计算法和编写程序，可以使用他人已经设计好的算法和程序，只需要根据具体情况给予必要的输入或者改进。

对于程序设计人员，必须学会设计算法，并根据算法写出程序。

1.5.3 算法的表示方法

为了清晰地表示算法，可以使用不同的方法。常用的方法有自然语言、流程图、N-S 流程图、伪代码和计算机语言。

1. 自然语言

自然语言就是人们日常使用的语言，用自然语言表示算法通俗易懂，但是文字冗长，容易产生歧义，一般要根据上下文才能判断其正确含义。例如，“陈先生对李先生说他的孩子考试成绩非常优秀”，就很难判断是陈先生的孩子考试成绩优秀还是李先生的孩子考试成绩优秀。自然语言中的语气不同、语调不同和停顿不同，都可能使他人对相同的一句话产生不同的理解。另外，当算法中含有多分支或循环操作时，用自然语言很难表述清楚。因此，除了很简单的问题外，一般不使用自然语言表示算法。

2. 流程图

流程图使用图框来表示各种操作。用图形表示算法，直观形象，理解容易。美国国家标准学会规定了一些常用的流程图符号，如表 1-1 所示。

表 1-1　常用流程图符号

符号	名称
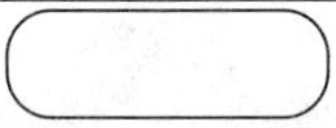	起止框
	输入输出框
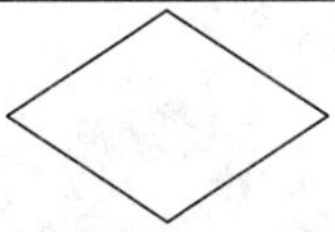	判断框
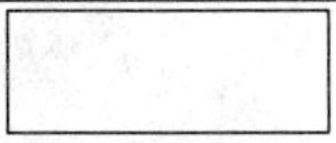	处理框
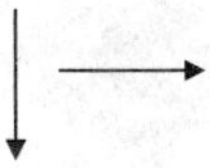	流程线
	连接点
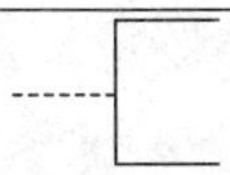	注释框

常见的顺序结构、分支（选择）结构、循环结构如图 1-1 所示，一般用这 3 种基本结构来表示一个算法的基本单元。对于判定结果一般用 Y/N（是/否、成立/不成立、=0/≠0）表示。

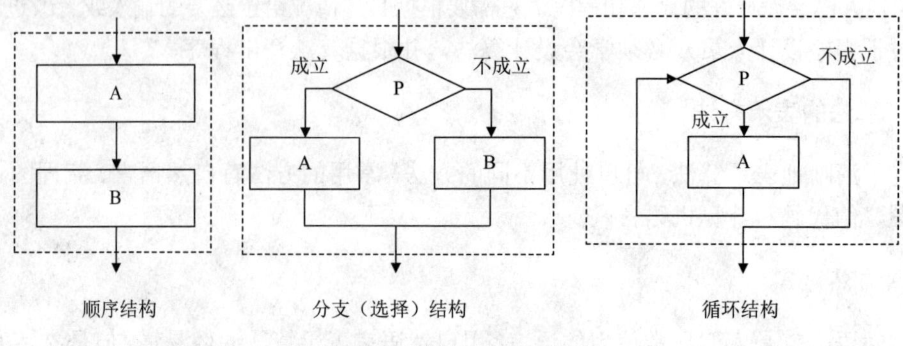

图 1-1　算法的基本结构图

这 3 种基本结构具有如下共同点。

（1）只有一个入口。

（2）只有一个出口。

（3）结构内的每一部分都有机会被执行到。

（4）结构内不存在“死循环”（无终止的循环）。

由以上 3 种基本结构组成的算法结构可以解决任何复杂的问题。但是，流程图的缺点是使用标准中没有规定流程线的用法，因为流程线能够转移、指出流程控制方向，即算法中操作步骤的执行次序。在早期的程序设计中，曾经由于滥用流程线的转移而导致了可怕的“软件危机”，惊动了整个软件行业。因此，软件行业展开了关于“转移”用法的大讨论，从而产生了计算机科学的一个新的分支学科——程序设计方法。

现在分别使用流程图来表示例 1.1 和例 1.2，如图 1-2 和图 1-3 所示。

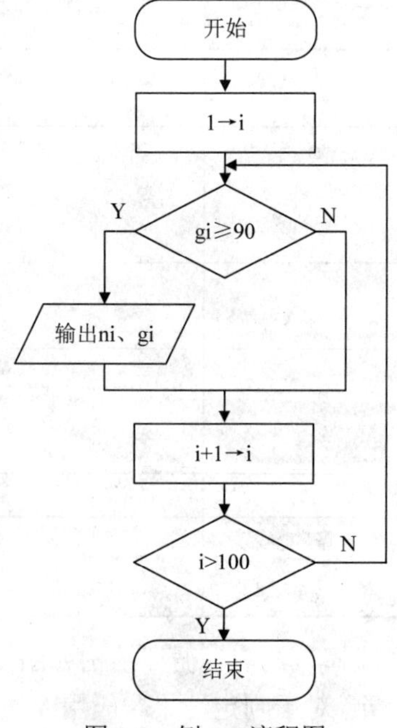

图 1-2　例 1.1 流程图

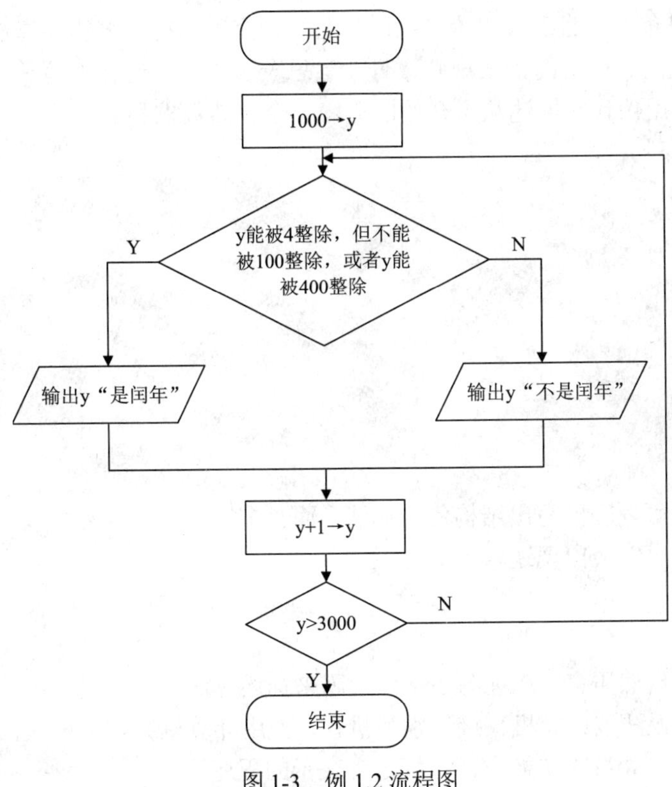

图 1-3　例 1.2 流程图

3. N-S 流程图

使用基本结构的顺序组合可以表示任何复杂的算法结构，因此，基本结构之间的流程线是多余的。

1973 年，美国学者纳西（Nassi）和施奈德曼（Shneiderman）提出了一种新的流程图形式，即 N-S 流程图或者盒图。在这种流程图中，完全去除了带箭头的流程线，全部算法都写在一个矩形框内，矩形框内还可以嵌套矩形框。顺序结构、选择（分支）结构、循环结构等基本结构的 N-S 流程图如图 1-4 所示。

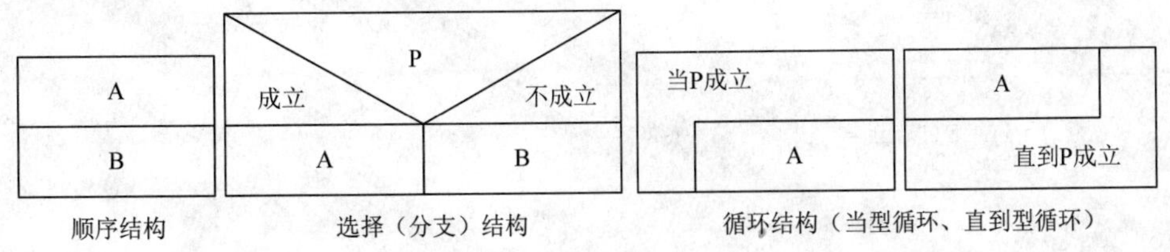

图 1-4　顺序结构、选择（分支）结构、循环结构的 N-S 流程图

4. 伪代码

用流程图表示算法虽然直观易懂，但是绘制比较费时，而且在设计算法时，需要反复修改，这就增添了很多麻烦。为了便于设计算法，人们常常使用伪代码来表示算法。

伪代码使用介于自然语言和计算机语言之间的文字和符号来描述算法。用伪代码编写算法没有固定的、严格的语法规则，只要意思表达清楚，便于书写和阅读即可。

【例 1.3】 使用伪代码描述从 1 开始的连续 n 个自然数求和的算法。

参考算法如下：

```
(1) 算法开始
(2) 输入 n 的值
(3) 1→i
(4) 0→sum
(5) while i≤n
(6)   { sum+i→sum
(7)     i+1→i
(8)   }
(9) 输出 sum 的值
(10) 算法结束
```

使用伪代码可以轻松写出结构化的算法，而且书写自由，容易修改，但是伪代码没有流程图直观，可能会出现逻辑上的错误。

5. 计算机语言

无论是使用自然语言、流程图还是伪代码来描述算法，都仅仅表述了编程者解决问题的一种思路，无法被计算机直接识别和执行。使用计算机编程来解决问题，就是要用计算机实现算法，并将它转换成计算机语言表示的程序。

【例 1.4】 使用 C 语言描述从 1 开始的连续 n 个自然数求和的算法。

参考程序代码如下：

```c
#include <stdio.h>
int main()
{
    int n,i,sum;
    i=1;
    sum=0;
    scanf("%d",&n);
    while(i<=n)
    {
        sum=sum+i;
        i++;
    }
    printf("sum=%d",sum);
    return 0;
}
```

习　　题

一、选择题

1. 计算机语言的发展经历了机器语言、汇编语言和（　　）。

A. 低级语言　　B. 中级语言　　C. 高级语言　　D. C 语言

2. 源代码是指（　　）。

A. 编译处理后的结果

B. 以一种计算机语言来解决指定问题的一组指令

C. 存储在内存中的数据

D. 从键盘输入的数值

3. 目标代码是（　　）。

A. 将源代码经过编译处理后的结果　　B. 一个计算机程序

C. 一个进程　　D. 程序运行后的结果

4. 在 C 程序中，main 函数（　　）。

A. 必须作为第一个函数　　B. 必须作为最后一个函数

C. 可以任意放置　　D. 必须放在它所调用的函数之后

5. 编辑程序是指（　　）。

A. 建立并修改程序　　B. 将源程序编译成目标程序

C. 调试程序　　D. 命令计算机执行指定的操作

6. C 程序编译系统是（　　）。

A. 程序的机器语言版本

B. 一组机器语言指令

C. 将源程序转换为二进制形式的目标程序，并连接生成可执行文件的一种程序

D. 由制造厂家提供的一套应用软件

7. 源程序和目标程序的区别是（　　）。

A. 源程序中可能会有一些漏洞，目标程序中绝对没有漏洞

B. 源程序是原始代码，目标程序是修改后的代码

C. 源程序是高级语言写的，目标程序是机器语言写的

D. 源程序可以被执行，目标程序不能被执行

8. 在开始解决问题的时候，首先应该（　　）。

A. 设计算法　　B. 编写程序

C. 编译源程序　　D. 连接以生成目标程序

9. 计算机算法一般分为数值运算算法和（　　）。

A. 非数值运算算法　　B. 数学算法

C. 工程算法　　D. 数据处理算法

10. 计算机能够执行的算法的表示方法是（　　）。

A. 自然语言　　B. 流程图　　C. 伪代码　　D. 计算机语言

二、填空题

1. 一个 C 程序有_________函数和_________个其他函数。

2. C 语言程序的执行是从__________开始的。

3. C 语言源程序文件的扩展名是__________，经过编译后生成的文件的扩展名

是_________，经过连接后生成文件的扩展名是_________。

4. 算法的特性是_________、_________、_________、_________、_________。

5. 为了解决某一实际问题而编写的有序指令的集合称为_________。

三、写出下列程序的运行结果

```
#include <stdio.h>
int main()
{
    printf("My name is YOYO.\n");
    printf("I love programming!\n");
    printf("加油加油!GOGOGO.\n");
    return 0;
}
```

第2章 顺序结构程序设计

学习目标

（1）理解 C 语言的数据类型。
（2）掌握 C 语言的标识符、常量和变量。
（3）理解数据存储与基本数据类型。
（4）掌握赋值、算术、逗号、位等运算符及其表达式。
（5）掌握结构化程序设计的基本思想。
（6）掌握顺序结构程序设计的基本方法。

程序的控制结构主要分为顺序结构、分支结构和循环结构 3 种，掌握这 3 种结构是编写程序的基础，其中顺序结构是最简单的一种。本章围绕解决应用问题“计算圆的面积”展开，主要介绍数据类型，标识符、常量和变量，数据存储与基本数据类型，运算符和表达式，结构化程序设计思想等，并使用 C 语言来解决应用问题，重点是掌握 C 语言的基本语法规则和结构化程序设计思想。

2.1 C 语言的数据类型

数据类型是数据结构的表现形式，体现的是数据的操作属性，对不同的数据可进行不同的操作，不同的数据类型在数据形式、取值范围、内存空间、运算种类等方面都有所不同。每个数据都属于一种确定的、具体的数据类型，用户在程序设计过程中使用的数据都要根据具体用途来选择合适的数据类型。C 语言的数据类型十分丰富，包括基本类型、构造类型、指针类型和空类型，如图 2-1 所示。

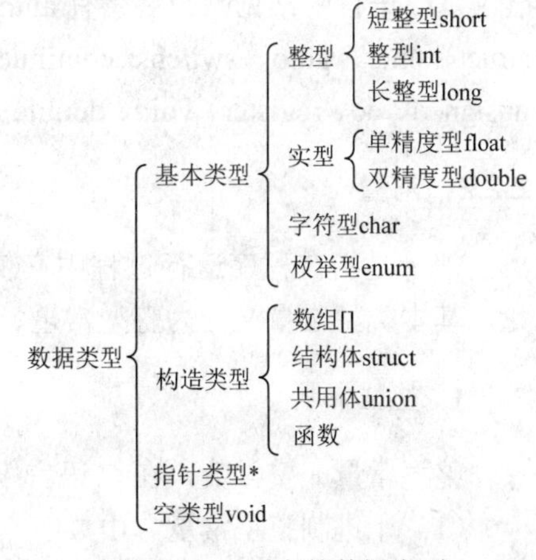

图 2-1　C 语言的数据类型

1. 基本类型

C 语言的基本类型最主要的特点是，其值不可以再分解为其他类型，包括整型、实型、字符型、枚举型。

2. 构造类型

构造类型是根据已定义的一个或多个数据类型用构造的方法来定义的，即一个构造类型的值可以分解成若干个“成员”或“元素”。每个“成员”都是一个基本类型或是一个构造类型。在 C 语言中，构造类型有数组、结构体、共用体、函数等。

3. 指针类型

指针是一种特殊的、具有重要作用的数据类型，其值用来表示某个量在内存储器中的地址。

4. 空类型

在调用函数值时，通常应该向调用者返回一个函数值。这个返回的函数值同样具有数据类型，应该在函数定义及函数说明中给以说明。如果函数调用后并不需要向调用者返回函数值，则可以将其定义为“空类型”，其类型说明符为 void。

2.2 标识符、常量和变量

C 语言中存在两种表征数据的形式：常量和变量。常量、变量、数组、函数等常常用一个名称来表示，本小节首先介绍 C 语言标识符及其命名规则。

2.2.1 标识符

标识符是用来标识常量、变量、函数等的字符序列，只能由字母、数字、下划线组成，且第一个字符必须是字母或者下划线。标识符的名称一般要见名知义、区分大小写，与人们日常习惯一致，以提高可读性。例如，姓名一般用 name 或者 xm，学号一般用 ID 或者 xh，年龄一般用 age 或者 nl。注意区分数字 0 和字母 O，数字 1 和小写字母 l。

C 语言关键字不能作为标识符。关键字是被 C 语言保留的字符，在程序中有专门的含义。C 语言中常见的关键字有 auto、extern、sizeof、break、float、static、case、for、struct、char、goto、switch、continue、int、typedef、const、if、union、default、long、unsigned、do、register、void、double、return、volatile、else、short、while、enum、signed。

2.2.2 常量

常量是指在程序运行过程中其值不能改变的量。常量分为符号常量和基本类型常量。基本类型常量又分为整型常量、实型常量、字符常量、字符串常量等。

1. 整型常量

整型常量即整常数，在 C 语言中有 3 种表示形式。

（1）十进制整型常量。由数字 0～9 和正负号表示。例如，525、-401、2022。

（2）八进制整型常量。以数字 0 开头，后跟数字 0～7 表示。例如，023、011、-012。

（3）十六进制整型常量。以 0x 或者 0X 开头，后跟 0～9、a～f 或者 A～F 来表示。例如，0x12、0Xff、0x101。

2. 实型常量

实型常量有两种表示形式。

（1）十进制小数形式，由小数和小数点组成。例如，0.0、13.14、20.23、920.1 等。

（2）指数形式。例如，52.5e2（代表 52.5×10^2）、1980.41E4（代表 1980.41×10^4）等。因为计算机输入和输出时无法表示上角和下角，所以规定以字母 e 或者 E 代表以 10 为底的指数。

注　意

e 或者 E 之前必须有数字，并且 e 或者 E 后面必须为整数。

3. 字符常量

字符常量同样有两种表示形式。

（1）普通字符，用英文单引号括起来的一个字符。例如，'C'、'H'、'I'、'N'、'A'、'&'、'*'。

（2）转义字符，以\开头的字符序列。这是一种在屏幕上无法显示的“控制字符”，在程序中也无法用一个一般形式的字符来表示，只能采用这样的特殊形式来表示。常见的转义字符及其含义如表 2-1 所示。

表 2-1　常见的转义字符及其含义

转义字符	转义字符的意义	ASCII
\n	换行，将当前位置移到下一行开头	10
\t	水平制表符，横向移动到下一制表位置	9
\b	退格，将当前位置移动到前一列	8
\r	回车，将当前位置移动到本行开头	13
\f	换页，将当前位置移动到下页开头	12
\\	反斜线字符“\”	92
\'	单引号字符	39
\"	双引号字符	34
\a	鸣铃	7
\ddd	1～3 位八进制数代表的字符	
\xhh	1～2 位十六进制数代表的字符	

4. 字符串常量

字符串常量即用双引号括起来的字符。例如，"CHINA"、"C program"。

5. 符号常量

在 C 语言中，可以用#define 指令指定一个符号名称代表一个常量，这个符号即符号常量。在C语言中一个符号只能表示一个常量，通常位于程序的开头，每个定义必须独占一行，其后不跟分号。

符号常量定义的一般形式如下：

```
#define 符号常量 常量
```

例如：

```
#define NUM 10                    //注意行末没有分号
#define PRICE 4.1                 //符号常量一般用大写字母表示
```

在预编译后，符号常量全部被替换为相应的直接常量。使用符号常量可以使程序含义清楚，一改全改。

2.2.3 变量

变量是指在程序运行过程中其值可以改变的量。变量必须先定义后使用。在定义时需要指定变量的名称和类型。变量定义的一般形式如下：

```
类型名 变量名列表;
```

类型名必须是有效的数据类型。变量名列表可以包含一个变量名或由英文逗号间隔的多个变量名，变量名的命名规则遵循标识符命名规则。在定义变量的同时进行赋初值的操作称为变量初始化。例如：

```
char sex;
int salary=7905;          //如图2-2所示
float celsius,fahr;
double area,length,width;
```

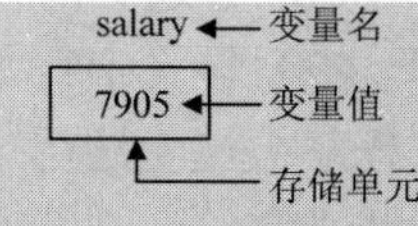

图2-2 变量示意图

变量名代表一个有名称的、具有特定属性的存储单元，用来存放数据，数据就是变量的值，而存储单元的大小由变量的类型决定。在对程序编译、连接时，由编译系统给每一个变量名分配对应的内存地址。从变量中取值，实际上就是通过变量名找到相应的内存地址，然后从该存储单元中读取数据。

2.3 数据存储与基本数据类型

2.3.1 数据存储

1. 整型数据的存储

在计算机中，所有数据均以二进制形式存放，在机器内部的表示形式通常有原码、反码和补码3种。根据它们的运算规则，补码运算最为简单，可以连同符号位一起参与运算，所以在计算机系统中规定：整数值在内存中以补码形式存放。假设最左边一位是符号位，0代表正数，1代表负数。

对于正数，原码、反码和补码的表示形式完全相同，即符号位为0，其余各位表示数值。对于负数，原码的符号位为1，其余各位表示数值；反码的符号位为1，其余各位对原码求反；补码是用其反码的末位加1。

【例 2.1】 假设在计算机中用 2 字节表示数据。

1 的补码：　　00000000 00000001

127 的补码：　　00000000 01111111

32767 的补码：　　01111111 11111111　　说明：2 字节的存储单元能表示的最大正数是 $2^{15}-1$，即 32767。

-1 的原码：　　10000000 00000001

-1 的反码：　　11111111 11111110

-1 的补码：　　11111111 11111111

-32767 的补码：　　10000000 00000001

-32768 的补码：　　10000000 00000000　　说明：2 字节的存储单元能表示的最小负数是 -2^{15}，即-32768。

每个整数都有一定的取值范围，假设整型数据在内存中占用 2 字节，则其取值就是-32768～+32767。

2. 实型数据的存储

存储实型数据时，分为符号位、阶码和尾数三部分，如图 2-3 所示。例如，实数-5.2541e+02 是负数，符号位是 1，阶码为 2，尾数是 5.2541。

符号位	阶码	尾数

图 2-3　实型数据结构

3. 字符型数据的存储

ASCII 码编码标准规定，每个字符在内存中占用 1 字节，用于存储其 ASCII 码值。例如，字符型常量'A'的 ASCII 码值是 65，在内存中以下列形式存放：

0 1 0 0 0 0 0 1

2.3.2　基本数据类型

C 语言的基本数据类型包括整型、字符型和实型（浮点型），如表 2-2 所示。

表 2-2　C 语言的基本数据类型

类别	名称	类型名	数据长度	取值范围
整型	[有符号]整型	int	32 位	-2^{31}～$2^{31}-1$
	[有符号]短整型	short [int]	16 位	-2^{15}～$2^{15}-1$
	[有符号]长整型	long [int]	32 位	-2^{31}～$2^{31}-1$
	无符号整型	unsigned [int]	32 位	0～$2^{32}-1$
	无符号短整型	unsigned short [int]	16 位	0～$2^{16}-1$
	无符号长整型	unsigned long [int]	32 位	0～$2^{32}-1$
字符型	字符型	char	8 位	0～255

续表

类别	名称	类型名	数据长度	取值范围
实型 （浮点型）	单精度浮点型	float	32 位	约± （10^{-38}～10^{38}）
	双精度浮点型	double	64 位	约± （10^{-308}～10^{308}）

说 明

中括号“[]”可以省略，数据长度以 Visual Studio 2010 为测试平台。

1. 整型数据

整型的基本类型符是 int。C 语言允许定义整型变量时，在 int 前面增加两类修饰符：一类用于控制变量是否有符号，包括 signed（有符号）和 unsigned（无符号）；另一类用于控制整型变量的值域范围，包括 short 和 long。

例如：

```
unsigned long int x;
```

unsigned 和 long 都是数据类型的修饰符。如果定义变量的时候，既不指定 signed，也不指定 unsigned，则默认为 signed（有符号）。

根据整数后的字母后缀可以判断整数的类型。后缀 l 或者 L 表示 long 型常量，如 12L、710L；后缀 u 或者 U 表示 unsigned 型，如 12u、41U；后缀 l 和 u 或 L 和 U 表示 unsigned long 型，如 3204967278LU。

2. 字符型数据

ASCII 码编码标准规定，每个字符型数据在内存中占用 1 字节，用于存储其 ASCII 码值。所以 C 语言中的字符具有数值特征，不但可以写成字符常量的形式，还可以用相应的 ASCII 码值表示，即可以用整数来表示字符，整型变量和字符型变量的定义与值都可以互相交换。

3. 实型数据

实型又称浮点型，是指存在小数部分的数。浮点型又分为单精度浮点型（float）和双精度浮点型（double），二者表示数值的方法相同，主要区别在于数据的精度和取值范围。

每个单精度浮点型数据在内存中占用 4 字节存储空间，有效数字一般为 7 个或 8 个；双精度浮点型数据在内存中占用 8 字节存储空间，有效数字一般为 15 个或 16 个。但是，这些指标与具体的计算机系统和 C 语言编译系统有关。

2.3.3 数据类型转换

在 C 语言中，不同类型的数据可以混合运算。但是，这些数据先要转换成同一类型，再参与运算。数据类型的转换包括自动转换和强制转换。自动转换由 C 语言编译系统自动完成，强制转换则通过特定的转换运算完成。

1. 自动类型转换

（1）非赋值运算的类型转换。

数据类型自动转换规则如图 2-4 所示。

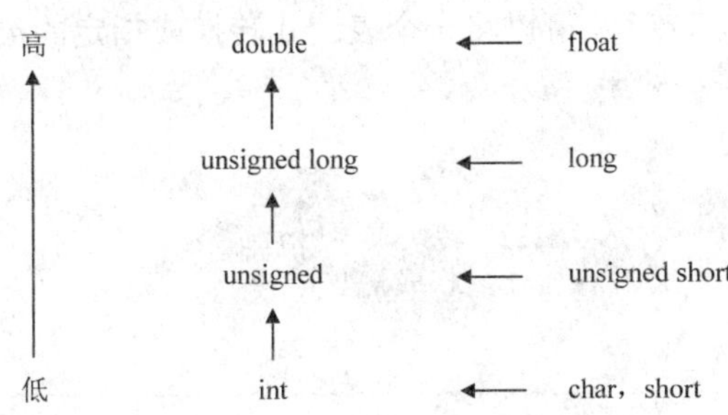

图 2-4　数据类型自动转换规则

为了不降低运算精度，一般采用以下方法。

水平方向转换：所有的 char 类型和 short 类型自动转换成 int 类型，所有的 unsigned short 类型自动转换成 unsigned 类型，所有的 long 类型自动转换成 unsigned long 类型，所有的 float 类型自动转换成 double 类型。

垂直方向转换：经过水平方向的转换后，如果运算数据的类型仍不一致，则将这些数据自动转换成其中级别最高的类型。

例如：

```
char ch;
int i;
float f;
double d;
```

则表达式 ch/i + f*d - (d+i) 运算结果的类型为 double。

（2）赋值运算的类型转换。

赋值运算时，将赋值号右侧表达式的类型自动转换成赋值号左侧变量的类型。但是，如果赋值号右侧表达式的类型比赋值号左侧变量的类型级别高，则运算精度会降低。

例如：

```
double x;
x=1;
```

运算时，首先将 int 类型的 1 转换成 double 类型的 1.0，然后赋值给 x，结果为 double 类型。

又如：

```
short a; char b; long c;
c=a+b;
```

运算时，首先计算 a+b，结果为 int 类型；将该结果转换成 long 类型，然后赋值给 c，结果为 long 类型。

再如：

```
int m;
m=5.25;
```

运算时，首先将 double 类型的 5.25 转换成 int 类型的 5，然后赋值给 m，结果为 int 类型。

2. 强制类型转换

使用强制类型转换运算符，可以将一个表达式转换成指定的类型，其一般形式如下：

```
(类型名)表达式
```

例如：

```
int i;
(double)i          //将 i 的值转换成 double 类型
(int)4.1           //将 4.1 转换成整型 4
```

注 意

无论是自动类型转换还是强制类型转换，都只是为了满足本次运算的需求而对变量的数据类型进行的临时性转换，并不会改变变量声明时对该变量所定义的类型。

2.4 运算符和表达式

大部分程序都需要对数据进行加工和运算，运算就需要运算符号。C 语言提供的运算符如表 2-3 所示。

表 2-3 运算符

名称	符号
算术运算符	+ − * / % ++ --
关系运算符	> < == >= <= !=
逻辑运算符	&& || !
位运算符	<< >> ~ | ^ &
赋值运算符	= 及其扩展赋值运算符
条件运算符	?:
逗号运算符	,
指针运算符	* &
求字节数	sizeof
强制类型转换	(类型)
分量运算符	. →
下标运算符	[ ]
其他	( ) 函数调用运算符

C 语言规定了运算符的功能、优先级，还规定了运算符的结合方向等。学习运算符应注意运算符的功能、运算量关系（个数、类型）、运算符优先级、运算结合方向、结果类型等。

用运算符将表达式正确连接起来的式子就是表达式，常量、变量、函数是最简单的表达式。表达式由运算符和运算对象组成，它的值和类型由参与运算的运算符和运算对象决定。

C 语言有丰富的运算符和各种表达式，本节着重介绍赋值、算术、逗号、位运算等运算符和表达式，关系、逻辑、条件等运算符和表达式将在第 3 章介绍。

2.4.1 赋值运算符和表达式

1. 赋值运算符

C 语言将赋值作为一种运算，赋值运算符等号的左边必须是一个变量，作用是将一个表达式的值赋给一个变量。赋值运算符的优先级别是 14，比算术运算符低，结合方向是从右向左，见附录 C。

2. 赋值表达式

用赋值运算符将一般变量和表达式连接起来的式子称为赋值表达式。赋值表达式的一般形式如下：

```
变量名=表达式
```

赋值表达式的运算过程如下：

（1）计算赋值运算符右侧表达式的值。

（2）将赋值运算符右侧表达式的值赋给左侧的变量。如果赋值运算符左右的类型不一致，则将右侧的类型自动转换成左侧变量的类型，再进行赋值运算。

（3）将赋值运算符左侧变量的值作为赋值表达式的值。

例如，设有整型变量 x，则 x=5.12*3 运算时，先计算 5.12*3=15.36，将 15.36 转换为整型数据 15，然后赋值给 x，最后该表达式的值为 15，类型为整型。

又如，设有整型变量 x 和 y，运算 x=(y=6)时，先计算表达式 y=6，再将 6 赋值给 x，则 x 和 y 的值都为 6。在赋值表达式中，赋值运算符右侧的表达式也可以是一个赋值表达式。

3. 复合赋值运算符

赋值运算符分为简单赋值运算符和复合赋值运算符，简单赋值运算符就是=，复合赋值运算符如表 2-4 所示。

表 2-4　常用的复合赋值运算符

运算符名称	功能	等价关系	操作数个数	结合方向	优先级别
+=	加赋值	x+=exp 等价于 x=x+(exp)	2	从右向左	14
−=	减赋值	x−=exp 等价于 x=x−(exp)			
*=	乘赋值	x*=exp 等价于 x=x*(exp)			
/=	除赋值	x/=exp 等价于 x=x/(exp)			
%=	取余赋值	x%=exp 等价于 x=x%(exp)			

例如，a+=b 等价于 a=a+b；x*=y−5 等价于 x=x*(y−5)。

2.4.2 算术运算符和表达式

1. 算术运算符

算术运算符分为单目运算符和双目运算符两类。单目运算符只需要一个操作数，双目运算符则需要两个操作数。算术运算符如表 2-5 所示。

表 2-5 算术运算符

运算符名称	功能	说明	结合方向	优先级
++ -- + -	自增 自减 正 负	单目运算符	从右向左	2
* / %	乘 除 模/求余	双目运算符	从左向右	3
+ -	加 减	双目运算符	从左向右	4

例如，“-5+7%3”等价于“(-5)+(7%3)”，结果为-4。

2. 自增运算符和自减运算符

自增运算符++和自减运算符--有两个功能。

（1）使变量的值增加 1 或者减少 1。

例如，int m=5;

++m 和 m++等价于 m=m+1。

--m 和 m--等价于 m=m-1。

（2）取变量的值作为表达式的值。

例如，int m=8;

计算++m 和 m++的值。

++m 的运算顺序：先执行 m=m+1，再将 m 的值作为表达式++m 的值。

m++的运算顺序：先将 m 的值作为表达式 m++的值，再执行 m=m+1。

注 意

自增运算符和自减运算符的运算对象只能是变量，不能是常量或者表达式。例如，5++或者++(a+b)都是非法的。

3. 算术运算符的优先级和结合性

在算术四则运算中，遵循“先乘除后加减”的运算规则。同样，在 C 语言中，计算表达式的值也需要按运算符的优先级从高到低计算。如果操作数两侧运算符的优先级相同，则按结合方向进行运算。如果要改变运算顺序，则可以使用圆括号。

例如，-i++等价于-(i++)，因为-和++运算优先级相同，按从右向左的结合方向，i 先和++结合。

4. 算术表达式

用算术运算符将运算对象连接起来的，符合 C 语言语法规则的式子称为算术表达式，运算对象包括常量、变量和函数等表达式。算术表达式的值和类型由参与运算的运算符和运算对象决定。

2.4.3　逗号运算符和表达式

C 语言中，逗号既可以作分隔符，又可以作运算符。逗号作为分隔符时，用于间隔变量或者函数中的参数。

例如：

```
int a,b,c;
printf("%d%d",x,y);
```

逗号作为运算符时，将若干个独立的表达式连接在一起，形成逗号表达式。逗号表达式的一般形式如下：

```
表达式 1,表达式 2,…,表达式 n
```

逗号表达式的运算过程：首先计算表达式 1 的值，然后计算表达式 2 的值……最后计算表达式 n 的值。表达式 n 的值就是整个逗号表达式的值，表达式 n 的类型就是逗号表达式的类型。逗号表达式常用于 for 循环语句中。

例如，int x,y,z;

(x=2),(y=3),(z=x+y)的值从左向右依次求解，最终逗号表达式的结果为 5，类型为整型。

2.4.4　位运算符和表达式

位运算是指进行二进制位的运算。C 语言的位运算符分为位逻辑运算符和移位运算符两类。位运算符如表 2-6 所示。

表 2-6　位运算符

运算符名称	功能	说明	结合方向	优先级
~	按位取反	单目运算符	从右向左	2
<< >>	左移 右移	双目运算符	从左向右	5
&	按位与	双目运算符	从左向右	8
^	按位异或	双目运算符	从左向右	9
|	按位或	双目运算符	从左向右	10

注 意

（1）位运算符除了按位取反是单目运算符外，其余均为双目运算符。

（2）位运算符的操作数只能是整型或者字符型的数据，以及它们的变体。

（3）操作数的移位运算不改变原操作数的值。

1. 位逻辑运算符

位逻辑运算符有按位取反（~）、按位与（&）、按位或（|）、按位异或（^）4 种。二进制位逻辑运算符的真值表如表 2-7 所示。

表 2-7　二进制位逻辑运算符的真值表

A	B	~A	A&B	A|B	A^B
0	0	1	0	0	0
0	1	1	0	1	1
1	0	0	0	1	1
1	1	0	1	1	0

（1）单目运算符：~。

（2）双目运算符：&、|、^。

位逻辑运算符的运算规则：首先将两个操作数（int 类型或者 char 类型）转换为二进制形式，然后按位运算。

例如，x=84，y=59，则 x&y 的结果为 16。计算过程如下：

```
    0101 0100      ←84 的二进制形式
&   0011 1011      ←59 的二进制形式
──────────────────────────────────
    0001 0000      ←16 的二进制形式
```

对于按位异或运算，有几个特殊的操作。

（1）a^a=0。

（2）a^~a=二进制全 1。

（3）~（a^~a）=0。

（4）a=12，b=18，执行 a^=b^=a^=b 后，a=18，b=12。

可以理解为 b^=a^=b;

a=a^b;

b^=a^=b 解释为 b=b^(a^b)→a^b^b→a^0=a。因为操作数的位运算并不改变原操作数的值，除了第一个 b 以外，其余的 a 和 b 都是原来的 a、b，即 b 得到原来 a 的值。

a=a^b 解释为 a=a^b→(a^b)^(b^a^b)→a^a^b^b^b=b。最初的 b^=a^=b 中 a^=b 使 a 改变，b 也已经改变，分别将原来的式子代入最后的 a=a^b，a 得到 b 原来的值。

2. 移位运算符

移位运算是对操作数以二进制形式为单位进行左移或者右移的操作。

a>>b 表示将 a 的二进制值右移 b 位，a<<b 表示将 a 的二进制值左移 b 位。其中，要求 a 和 b 都是整型，b 只能为正数，且不能超过机器字所表示的二进制位。

移位运算的具体实现有 3 种方式，即循环移位、逻辑移位和算术移位（带符号）。

（1）循环移位。在循环移位中，移入的位等于移出的位。

（2）逻辑移位。在逻辑移位中，移出的位丢失，移入的位取 0。

（3）算术移位。在算术移位（带符号）中，移出的位丢失，左移入的位取 0，右移入的位取符号位，即最高位代表符号位，保持不变。

C 语言中的移位运算方式与具体的编译器有关，一般左移位运算后右端出现的空位补 0，移至左端之外的位则舍弃。右移运算与操作数的数据类型是否带有符号有关，无符号位的操作数右移位时，左端出现的空位按符号位复制，其余的空位补 0，移至右端之外的位则舍弃。

例如，a=18=00010010，a<<2 的值为

←00010010←00=01001000=72=18*4

又如，a=18=00010010，a>>1 的值为

0→00010010→=00001001=9=18/2

在数据可表达的范围内：一般左移 1 位相当于乘 2，左移 2 位相当于乘 4；一般右移 1 位相当于除 2，右移 2 位相当于除 4。

注 意

操作数的移位运算不能改变原操作数的值。除非通过 a=a<<2 或者 a=a>>1 来改变 a 的值。

位复合赋值运算符就是在等号前面加上位运算符，具体见附录 C。

2.5　结构化程序设计思想

1965 年艾兹格 · W. 迪科斯彻（Edsger W. Dijkstra）提出了结构化程序设计思想，即以模块功能和处理过程设计为主的详细设计的基本原则。按照这种原则和方法可设计出结构清晰、易于理解、便于修改、容易验证的结构化程序，以保证和验证程序的正确性，大幅提高了程序执行效率。

2.5.1　基本要点

（1）结构化程序设计采用自顶向下、逐步求精的设计方法，各个模块通过“顺序、分支、循环”的控制结构进行连接，并且只有一个入口、一个出口。

（2）结构化程序设计的原则可表示为“程序=算法+数据结构”。

（3）算法是一个独立的整体，数据结构（包含数据类型与数据）也是一个独立的整体。二者分开设计，以算法（函数或过程）为主。

（4）随着计算机技术的发展，软件工程师越来越注重系统整体关系的表述，于是出现了数据模型技术（将数据结构与算法看作一个独立功能模块），这便是面向对象程序设计的雏形。

2.5.2　设计方法

（1）自顶向下。程序设计时，应先考虑总体，后考虑细节；先考虑全局目标，后考虑局部目标。不要一开始就过多追求众多的细节，先从顶层总目标开始设计，逐步使问题具体化。

（2）逐步细化。对复杂问题，应设计一些子目标作为过渡，逐步细化。

（3）模块化。一个复杂问题，肯定是由若干更简单的问题构成。模块化指将程序要解决的总目标分解为子目标，再进一步分解为具体的小目标，每一个小目标称为一个模块。

（4）结构化编码。编码就是将已经设计好的算法用计算机语言表示，即根据已经细化的算法正确写出计算机程序。结构化语言（如 C、Java 等）都提供了与“顺序、分支、循环”3 种基本结构对应的语句。

2.6 解决应用问题：计算圆的面积

【例 2.2】 计算圆的面积。输入圆的半径，求圆的面积。

分析：输入圆的半径 r，利用公式 $S=\pi r^2$ 求圆的面积。解题思路如下：

（1）定义 S、r，输入半径 r，给出 π 的具体值。

（2）利用公式 $S=\pi r^2$ 计算圆的面积。

（3）输出圆的面积 S。

本案例使用顺序结构程序设计的思想就可以解决问题，编程过程中会用到输入函数、输出函数及 C 语言语句。下面先介绍相关知识，然后编程解决本案例的应用问题。

2.6.1 基本输入输出函数

1. 格式化输出函数 printf

在 C 语言中，数据的输出是通过调用函数来实现的。printf 函数是系统提供的库函数，在系统文件 stdio.h 中声明，所以在源文件开始时使用编译预处理命令#include<stdio.h>。

printf 函数的一般形式如下：

```
printf(格式控制字符串,输出列表)
```

其功能是按指定格式输出数据。正常，返回输出字节数；出错，返回 EOF(-1)。

（1）格式控制字符串：用英文双引号括起来的一个字符串，表示输出的格式。一般包含两种信息。

一是格式控制说明，由%和格式字符组成，作用是将要输出的数据转换为指定的格式后输出。不同类型的数据采用不同的格式控制字符，格式字符及其含义如表 2-8 所示。例如，%d、%c、%f 等。在格式控制说明中，%和格式字符之间还可以插入附加字符，即修饰符，如表 2-9 所示。

二是普通字符，作用是原样输出字符。例如：

```
printf("圆的面积 S=%f",S);
```

其中，“圆的面积 S=”就是原样输出的字符。

（2）输出列表：指程序需要输出的数据，可以是常量、变量或者表达式。

注 意

输出列表中的参数个数必须与格式控制字符串中的格式控制字符的个数、类型一一对应，否则会出现错误。

表 2-8　printf 函数中的格式字符及其含义

格式字符	说明	示例	输出内容
d，i	以带符号的十进制形式输出整数（正数不输出符号）	int a=5; printf ("%d",a);	5
o	以八进制形式输出整数（不输出前导符 0）	int a=65; printf("%o",a);	101
x，X	以十六进制形式输出整数（不输出前导符 0x）	int a=255; printf("%x",a);	ff
u	以无符号十进制形式输出整数	int a=525; printf("%u",a);	525
c	以字符形式输出，只输出 1 个字符	char a=65; printf("%c",a);	A
s	输出字符串	printf("%s","I love China");	I love China
f	以小数形式输出单精度、双精度数，隐含输出 6 位小数	float a=25.41; printf("%f",a);	25.410000
e，E	以指数形式输出实数	float a=25.41; printf("%e",a);	2.541000e+001
g，G	选用%f 或%e 格式中输出宽度较短的一种格式，不输出无意义的 0	float a=25.41; printf("%g",a);	25.41
%%	输出 1 个%	printf("%f%%",1.0/3);	0.333333%

表 2-9　printf 函数中用到的格式附加字符

字符	说明
l	长整型整数，可以加载到格式字符 d、o、x、u 前面
m	一个正整数，表示数据最小宽度
n	一个正整数，对实数，表示输出 n 位小数；对字符串，表示截取的字符个数
-	输出的数字或字符在域内靠左对齐

2. 格式化输入函数 scanf

scanf 函数的一般形式如下：

```
scanf(格式控制字符串,地址列表)
```

其功能是按指定格式从键盘读入数据，存入地址列表指定的存储单元中，并按回车键结束。正常，则返回输入数据个数。

（1）格式控制字符串：含义与 printf 函数相同。

（2）地址列表：由若干地址组成，可以是变量的地址，或者字符串的首地址。

注 意

（1）如果在格式控制字符串中，除了格式声明外，还有其他字符，则输入时在对应的位置上原样输入这些字符。例如：

```
int a,b,c;
scanf("a=%d,b=%d,c=%d",&a,&b,&c);
```

在输入数据时，原样输入非格式控制字符：

```
a=1,b=2,c=3↵  // ↵ 是回车符，要特别注意中文字符和英文字符的区别
```

如果输入：

```
1,2,3↵
```

就错了，a、b、c 得不到对应的值。

（2）地址列表中的是变量地址，不是变量名。例如：

```
int a,b;
scanf("%d%d",&a,&b);//这是正确的语句，scanf("%d%d",a,b);是错误的
```

（3）在输入数值型数据时，一般以空格、Tab 或回车符作为分隔符。在输入字符型数据时，空格、Tab 或回车符等都是有效字符。

3. 字符输入输出函数

scanf 函数和 printf 函数是通用的输入输出函数，C 语言函数库还提供了一些专门用于输入和输出字符的函数。

（1）putchar 函数。putchar 函数的一般形式如下：

```
putchar(c)
```

其功能是输出字符变量 c 的值，只能输出 1 个字符。例如：

```
int a=65;
char c='Z';
putchar(a);           //输出字符 A
putchar(c);           //输出字符 Z
putchar('\n');        //输出 1 个换行符
putchar('\101');      //输出字符 A
```

（2）getchar 函数。getchar 函数的一般形式如下：

```
getchar()
```

其功能是从计算机终端（一般是键盘）输入 1 个字符，只能输入 1 个字符。例如：

```
int a,b,c;
a=getchar();          //从键盘输入 1 个字符，赋值给 a
b=getchar();          //从键盘输入 1 个字符，赋值给 b
c=getchar();          //从键盘输入 1 个字符，赋值给 c
putchar(a);           //输出变量 a 对应的字符
putchar(b);           //输出变量 b 对应的字符
putchar(c);           //输出变量 c 对应的字符
```

2.6.2 C 语言语句

在前面的案例中，可以看到很多行末都有一个分号。在 C 语言程序中，分号是语句结束的标识。语句的作用就是向计算机系统发出操作命令，要求执行相应的操作。一条 C 语言语句经过编译后产生若干条机器指令。#include<stdio.h>这种声明部分不是语句，只是对相关数据进行声明，不产生机器指令。C 语言语句分为以下 5 类。

（1）控制语句。控制语句用于完成控制功能。例如：

if…else：条件语句；

for：循环语句；

while：循环语句；

do…while：循环语句；

continue：结束本次循环语句；

break：终止执行 switch 或者循环语句；

switch：多分支选择语句；

return：返回语句；

goto：转向语句。

（2）函数调用语句。函数调用语句由一个函数调用加一个分号构成。例如：

```
scanf("%d%d",&a,&b);
printf("a=%d,b=%d\n",a,b);
a=getchar();
putchar(a);
```

（3）表达式语句。表达式语句由一个表达式加一个分号构成，典型的就是赋值表达式加分号构成赋值语句。例如：

```
a=5;
b=π*r*r;
```

（4）空语句。空语句就是一个分号。虽然什么都不做，但是可以作为流程的转向点或者循环语句中的循环体。

（5）复合语句。可以用一对花括号将一些语句和声明括起来组成复合语句，又称为语句块。例如：

```
int a,b,t;
if(a>b)
{t=a;  a=b;  b=t; }   //交换 a 和 b 的值
```

注　意

复合语句最后一个语句末尾的分号不能省略。

学习了基本的输入输出函数和 C 语言语句后，基于例 2.2 计算圆面积的问题解析，对应编写出如下程序：

```
//定义 S、r，输入半径 r，给出 π 的具体值。利用公式 S=πr² 计算圆的面积。输出圆的面积 S。
#include <stdio.h>                          //编译预处理命令
#define PI 3.14159                          //定义符号常量 PI 的值为 3.14159
int main()                                  //主函数 main
{
    float S,r;                              //定义单精度类型的面积 S 和半径 r
    printf("Please input r:");              //提示输入半径 r
    scanf("%f",&r);                         //输入半径 r 的值
    S=PI*r*r;                               //根据公式计算圆的面积
    printf("圆半径 r=%f，圆面积 S=%f\n",r,S);    //输出圆半径和圆面积的值
    return 0;                               //返回函数值 0
}
```

程序运行结果如下：

```
Please input r:2↵
圆半径 r=2.000000，圆面积 S=12.566360
```

习　　题

一、选择题

1. 假设有定义：

```
int i;
char c;
float f;
```

下列表达式的结果为整型的是（　　）。

A. i+f　　B. i*c　　C. c+f　　D. i+c+f

2. 假设有定义 int x=4;，下列表达式的结果为浮点型的是（　　）。

A. sqrt(x)　　B. x/2　　C. x%2　　D. x+'0'

3. 设 char ch;，下列赋值语句中正确的是（　　）。

A. ch='123'　　B. ch='\xff'　　C. ch='\08'　　D. ch='\'

4. 设 int n=10, i=4，则 n%=i+1 执行后，n 的值是（　　）。

A. 0　　B. 3　　C. 2　　D. 1

5. 逗号表达式（a=3*5, a*4）运行后，a 的值是（　　）。

A. 60　　B. 30　　C. 15　　D. 90

6. 设 int n=3;，则++n 的结果是（　　）。

A. 2　　B. 3　　C. 4　　D. 5

7. 设 int n=3;，则 n++的结果是（　　）。

A. 2　　B. 3　　C. 4　　D. 5

8. 设有定义 char ch;，下列语句中不能正确输入字符的是（　　）。

A. getchar(ch);　　B. ch = getchar();

C. scanf("%1s", &ch);　　D. scanf("%c", &ch);

9. 设有语句 scanf("%d%d", &a,&b);，变量 a 和 b 输入时，下列数据分隔符错误的是（　　）。

A. 空格　　B. 回车　　C. Tab　　D. 逗号

10. 设有以下语句，则变量 c 的二进制值是（　　）。

```
char a=3, b=6,c;
c=a^b<<2;
```

A. 00011011　　B. 00010100　　C. 00011100　　D. 00011000

二、填空题

1. 表达式 10/3 的结果是_________，表达式 10%3 的结果是_________。

2. putchar(67);语句的功能是_________。

3. 执行下列语句后，a 的值是_________。

```
int a=12; a+=a-=a*a;
```

4. 执行下列语句后，x 的值是_________。

```
int x=4,y=25,z=2;
x=(--y/++x)*z--;
```

5. 若有 int k=5;，float x=1.8;，则表达式(int)(x+k)的值是_________。

三、写出下列程序的运行结果

1. 程序代码如下：

```
#include <stdio.h>
int main()
{
    int a=2;
    char c='a';
    float f=3.0;
    printf("<1>: %f\n",a+a*6/f+c%a);
    printf("<2>: %d\n",(a<=f)+5);
    printf("<3>: %f\n",(a&&1)*f);
    printf("<4>: %d\n",((a>2)?3:2));
    printf("<5>: %f\n",(a=2)*f);
    printf("<6>: %f\n",(1,2,3)-a);
    return 0;
}
```

2. 程序代码如下：

```
#include <stdio.h>
int main()
{
    int a=1;
    char c='a';
    float f=2.0;
    printf("<1>: %f\n", (a+2,c+2));
    printf("<2>: %d\n", (a<=c,f>=c));
    printf("<3>: %d\n", (a^a));
    printf("<4>: %d\n", (a&0));
    printf("<5>: %d\n", (f+2.5,a=10));
    printf("<6>: %d\n", (a,c,f,5));
    return 0;
}
```

3. 程序代码如下：

```
#include <stdio.h>
int main()
{
    short a=32767;
    short b;
    b=a+1;
    printf("a=%d ,b=%d\n", a ,b);
```

```
    return 0;
}
```

四、编程题

1. 编程实现：在屏幕上输出自己的学号、姓名和专业等信息。
2. 编程实现：自行设计个性化的图案，并在屏幕上输出。

分支结构程序设计

学习目标

（1）掌握关系运算符、逻辑运算符、条件运算符及其表达式。

（2）掌握 if、if…else 和多分支 if 语句的用法。

（3）掌握 switch 语句结构的特点和用法。

（4）掌握 if 语句嵌套的特点和应用方法。

（5）掌握分支问题的分析方法和分支结构程序设计的基本思想。

在顺序结构程序设计中，各语句是自上而下顺序执行的，无须做任何判断，这是最简单的程序结构。但是在解决实际问题的过程中，往往需要根据不同的条件判断来执行不同的操作，这就是分支结构要解决的问题。本章围绕计算“天天向上的力量”、查询自动售货机商品价格、计算阶梯电费、人脸识别等应用问题展开，主要介绍关系运算符、逻辑运算符、条件运算符及其相应的表达式，if 结构、switch 结构、分支结构程序设计思想等，并用 C 语言设计和编码实现问题要求，重点是掌握分支结构的分析方法和分支结构程序设计的基本思想。

3.1 关系运算符、逻辑运算符、条件运算符

在解决实际问题的过程中，不同的情况需要有不同的处理方法，即根据不同的条件执行不同的程序，这就需要用到关系运算符、逻辑运算符、条件运算符及其相应的表达式。例如：

如果周末不下雨，则可以去郊游。

如果任意两边之和大于第三边，则构成三角形。

如果考试成绩大于等于 90 分，则成绩单上打印“优秀”。

如果考研成绩中单科成绩和总分均超过复试线，则可以参加考研复试。

3.1.1 关系运算符和表达式

C 语言中，关系运算符又称为比较运算符，关系运算就是比较运算，功能是对两个操作数进行比较，运算结果为“真”（1）或者“假”（0）。C 语言中，非 0 就是“真”。

C 语言共提供了 6 种关系运算符，如表 3-1 所示。用关系运算符连接起来的式子，

称为关系表达式。

表 3-1 关系运算符

运算符	功能	说明	结合方向	优先级
> < >= <=	大于 小于 大于等于 小于等于	双目运算符	从左向右	6
= = !=	等于 不等于	双目运算符	从左向右	7

例如：

```
int a=3,b=4,c=5;
a>b                 //结果为 0（假）
a<c                 //结果为 1（真）
a+b>=c              //等价于(a+b)>=c，结果为 1（真）
a+c==2*b            //等价于(a+c)==2*b，结果为 1（真）
a!=b                //结果为 1（真）
a=b>c               //等价于 a=(b>c)，b>c 的结果为假，所以 a 的值为 0
```

注 意

关系运算符的优先级别低于算术运算符，高于赋值运算符。

3.1.2 逻辑运算符和表达式

C 语言中，逻辑运算符有 3 种：非（!）、与（&&）、或（||），如表 3-2 所示。逻辑运算的真值表如表 3-3 所示。用逻辑运算符连接起来的式子称为逻辑表达式。如果一个逻辑表达式中包含多个逻辑运算符，则按优先级别依次运算。

表 3-2 逻辑运算符

运算符名称	说明	结合方向	优先级
!	单目运算符	从右向左	2
&&	双目运算符	从左向右	11
||	双目运算符	从左向右	12

表 3-3 逻辑运算的真值表

A	B	!A	!B	A&&B	A||B
真	真	假	假	真	真
真	假	假	真	假	真
假	真	真	假	假	真
假	假	真	真	假	假

例如：

```
(a==b)||(x==y)              //等价于 a==b||x==y
```

```
(!a)||(a>b)                //等价于 !a || a>b
(ch>='a')&&(ch<='z')       //等价于 ch>='a' && ch<='z'
```

注　意

逻辑运算符的短路特性，即逻辑表达式求解时，并非所有的逻辑运算符都被执行，只有在必须执行下一个逻辑运算符才能求出表达式的解时，才执行该运算符。

例如：

```
a&&b&&c        //只在 a 为真时，才求解 b 的值；只在 a、b 都为真时，才求解 c 的值
a||b||c        //只在 a 为假时，才求解 b 的值；只在 a、b 都为假时，才求解 c 的值
```

假设 a=1;b=2;c=3;d=4;m=1;n=1;，运行(m=a>b)&&(n=c>d)后，m=0，n=1，即 n=c>d 没有执行。

3.1.3　条件运算符和表达式

条件运算符用?和:两个符号将 3 个表达式连接在一起，组成条件表达式。条件表达式的一般形式如下：

```
表达式 1?表达式 2:表达式 3
```

条件表达式的运算过程：先计算表达式 1 的值，如果它的值为真（非 0），则计算表达式 2 的值，并将表达式 2 的值作为整个条件表达式的值；如果表达式 1 的值为假（0），则计算表达式 3 的值，并将表达式 3 的值作为整个条件表达式的值。条件表达式流程图如图 3-1 所示。

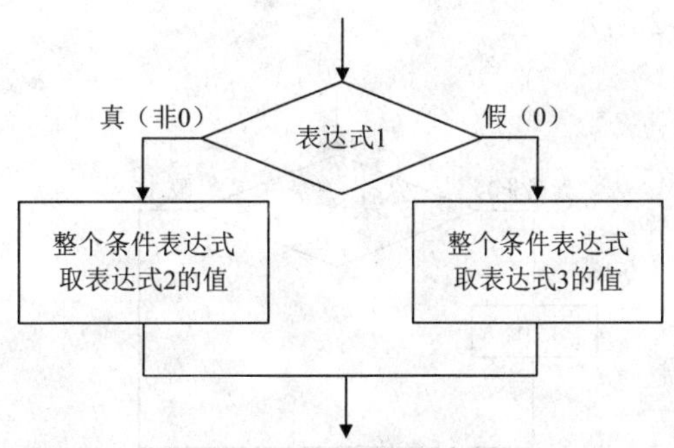

图 3-1　条件表达式流程图

条件表达式是三目运算符，优先级为 13，结合方向是从右向左。灵活使用条件表达式，可以使 C 语言程序简单明了，提高运算效率。例如：

```
max=(a>b)?a:b;                      //判断 a 和 b 中较大的数，并赋值给 max
max=a>b?(a>c?a:c):(b>c?b:c);        //判断 a、b 和 c 中的最大数，并赋值给 max
```

3.2　解决应用问题：计算“天天向上的力量”

在人的一生中，有很多艰难的选择。你是选择报考研究生还是就业？面对困难，你是选择迎难而上、积极面对，还是退缩逃避呢？你的选择，决定了你的人生高度。我们

处于信息爆炸的时代，面对海量的数据和信息，计算机是怎么来做判断和选择的呢？本节将利用分支结构程序设计思想来分析和解决问题。

“天天向上的力量”可以理解为，毅力（grit）是对长期目标的持续激情及持久耐力，是不忘初心、专注投入、坚持不懈，是一种包含了自我激励、自我约束和自我调整的性格特征。无论在何种情况下，比起智力、学习成绩或者长相，持久的毅力都是最可靠的预示成功的指标。那要坚持多久，才能有强大的力量（power）呢？

3.2.1 if 语句

【例 3.1】 计算“天天向上的力量”。假设 grit 表示持久的毅力，power 表示积累的力量。如果 grit 大于 0，就表示有进步，则 power 的值加 1。

分析：

（1）输入：grit（假设为整型）。

（2）计算：如果 grit 大于 0，则 power 的值加 1。

（3）输出：power。

输入和输出在前面的章节中已经学习过了，那么怎么用程序来表示“如果 grit 大于 0，则力量 power 的值加 1”？可以用单分支 if 语句来解决这个问题。

单分支 if 语句的一般形式如下：

```
if(表达式)
    语句
```

执行过程：当表达式的结果为真（非 0）时，执行后面的语句，否则不执行。单分支 if 语句流程图如图 3-2 所示。

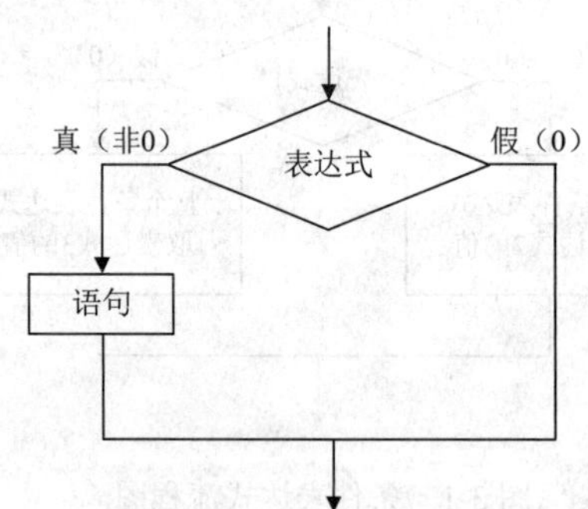

图 3-2　单分支 if 语句流程图

对应前面的程序分析：如果 grit 大于 0，则 power 的值加 1。编写程序段如下：

```
if(grit>0)
    power=power+1;
```

基于例 3.1 的问题解析，对应写出完整程序：

```
#include <stdio.h>
int main()
{
    int grit,power=0;             //定义毅力 grit 和力量 power 为整型数据
    printf("请输入 grit 的值:");    //提示输入 grit 的值
```

```
    scanf("%d",&grit);              //输入 grit 的值
    if(grit>0)
        power=power+1;              //如果 grit 的值大于 0，则计算 power 的值
    printf("power=%d\n",power);    //输出 power 的值
    return 0;
}
```

程序运行结果 1：

```
请输入 grit 的值:5↵
power=1
```

程序运行结果 2：

```
请输入 grit 的值:-2↵
power=0
```

3.2.2　if…else 语句

在例 3.1 中，当输入 grit 为-2 时，输出 power 的值为 0。但是在一般情况下，当 grit 为负值时，power 应该减少。单分支 if 语句不能同时表示这两种情况。所以，再来看看例 3.2。

【例 3.2】 计算“天天向上的力量”。假设 grit 表示持久的毅力，power 表示积累的力量。如果 grit 大于 0，就表示有进步，则 power 的值加 1；否则表示退步，power 的值减 2。

分析：

（1）输入：grit（假设为整型）。

（2）算法：如果 grit 大于 0，则 power 的值加 1；否则 power 的值减 2。

（3）输出：power 的值。

双分支 if 语句的一般形式如下：

```
if(表达式)
    语句 1
else
    语句 2
```

执行过程：当表达式的值为真（非 0）时，执行语句 1，否则执行语句 2。双分支 if 语句流程图如图 3-3 所示。

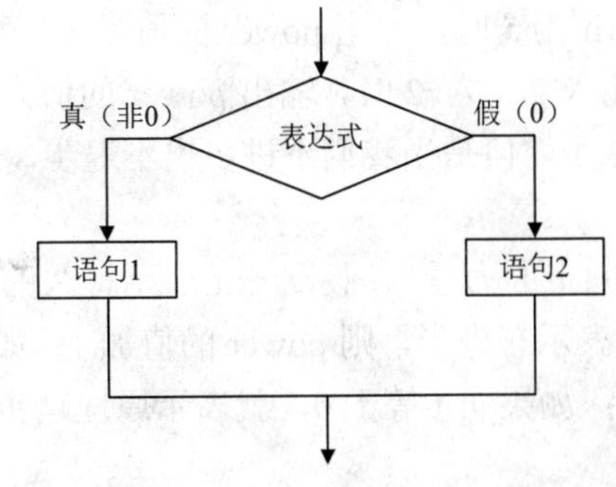

图 3-3　双分支 if 语句流程图

对应前面的问题分析：如果 grit 大于 0，则 power 的值加 1；否则 power 的值减 2。编写程序段如下：

```
if(grit>0)
   power=power+1;
else
   power=power-2;
```

基于例 3.2 的问题解析，对应写出完整程序：

```
#include <stdio.h>
int main()
{
   int grit,power=0;                //定义毅力 grit 和力量 power 为整型数据
   printf("请输入 grit 的值:");     //提示输入 grit 的值
   scanf("%d",&grit);               //输入 grit 的值
   if(grit>0)                       //判断 grit 与 0 的关系，并计算 power 的值
      power=power+1;
   else
      power=power-2;
   printf("power=%d\n",power);      //输出 power 的值
   return 0;
}
```

程序运行结果 1：

```
请输入 grit 的值:5↵
power=1
```

程序运行结果 2：

```
请输入 grit 的值:-2↵
power=-2
```

程序运行结果 3：

```
请输入 grit 的值:0↵
power=-2
```

3.2.3 多分支 if 语句

在例 3.2 中，当输入 grit 为 5 时，输出 power 的值为 1。可以理解为，只要有毅力，我们的力量就会增加。当输入 grit 为−2 时，输出 power 的值为−2。可以理解为，如果没有毅力，我们的力量就会减少。但是当我们不进步也不退步，也就是原地踏步时，又怎么表示呢？

【例 3.3】 计算“天天向上的力量”。假设 grit 表示持久的毅力，power 表示积累的力量。如果 grit 大于 0，就表示有进步，则 power 的值加 1；如果 grit 的值小于 0，就表示退步了，power 的值减 2；如果 grit 等于 0，就表示原地踏步，power 的值减 1。

分析：

（1）输入：grit（假设为整型）。

（2）计算：如果 grit 大于 0，则 power 的值加 1；如果 grit 的值小于 0，则 power 的值减 2；如果 grit 等于 0，则 power 的值减 1。

（3）输出：power 的值。

多分支 if 语句的一般形式如下：

```
if(表达式 1)语句 1
else if(表达式 2)语句 2
else if(表达式 3)语句 3
...
else if(表达式 n)语句 n
else  语句 n+1
```

执行过程：先计算表达式 1 的值，如果表达式 1 的值为真（非 0），则执行语句 1，并结束整个 if 语句；否则，计算表达式 2 的值，如果表达式 2 的值为真（非 0），则执行语句 2，并结束整个 if 语句；否则，继续计算表达式 3……如果表达式 1、表达式 2……表达式 n 的值都为假（0），则执行语句 n+1，即各个表达式按顺序求值，如果某个表达式的值为真（非 0），则执行与其相关的那条语句，并由此结束整个 if 语句，否则就执行 else 后面的语句。多分支 if 语句流程图如图 3-4 所示。

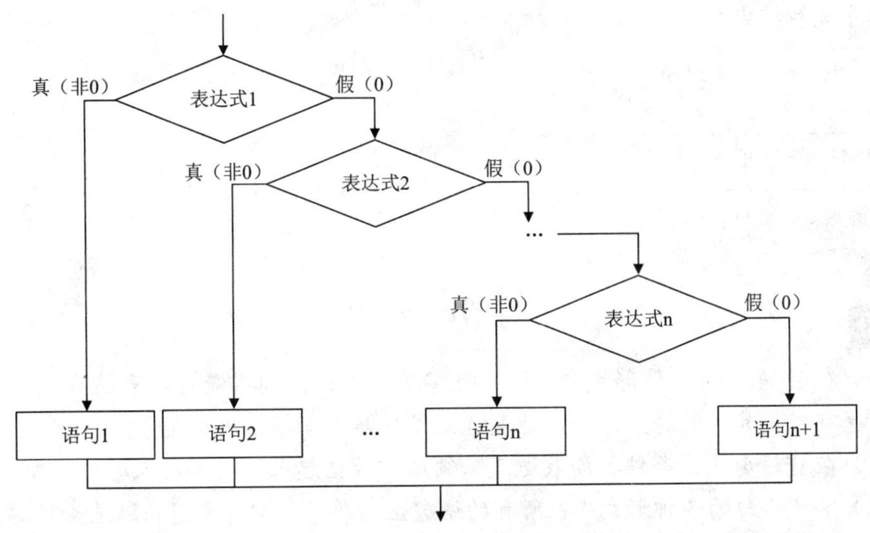

图 3-4　多分支 if 语句流程图

对应前面的问题分析：如果 grit 大于 0，则 power 的值加 1；如果 grit 的值小于 0，则 power 的值减 2；否则 grit 等于 0，power 的值减 1。编写程序段如下：

```
if(grit>0)
   power=power+1;
else if(grit<0)
   power=power-2;
else
   power=power-1;
```

基于例 3.3 的问题解析，对应写出完整的程序：

```
#include <stdio.h>
int main()
{   int grit,power=0;                      //定义毅力 grit 和力量 power 为整型数据
    printf("请输入 grit 的值:");            //提示输入 grit 的值
    scanf("%d",&grit);                     //输入 grit 的值
    if(grit>0)                             //判断 grit 与 0 的关系，并计算 power 的值
       power=power+1;
    else if(grit<0)
       power=power-2;
    else
       power=power-1;
    printf("power=%d\n",power);   //输出 power 的值
    return 0;
}
```

程序运行结果 1：

```
请输入 grit 的值:5↵
power=1
```

程序运行结果 2：

```
请输入 grit 的值:-2↵
power=-2
```

程序运行结果 3：

```
请输入 grit 的值:0↵
power=-1
```

说 明

（1）在 if 语句的 3 种形式中，if 关键字后的表达式通常是逻辑表达式或关系表达式，但也可以是其他表达式，如赋值表达式等，甚至可以是一个变量。

（2）在 if 语句中，条件判断表达式必须用括号括起来，在语句末尾必须加分号。

（3）在 if 语句的 3 种形式中，所有的语句应为单条语句，要想在满足条件时执行一组（多条）语句，则必须把这一组语句用花括号括起来，组成一个复合语句。但要注意，在右花括号之后不能再加分号。

3.3 解决应用问题：查询自动售货机商品价格

if 语句有多个分支可以选择，但是在解决实际应用问题时，分支越多，if 语句嵌套的层次就越多，编写的程序就越冗长，可读性大大降低。例如，学生的成绩等级（90 分及以上为优秀，80 分及以上为良好，70 分及以上为中等，60 分及以上为及格，60 分以下为不及格），人口分类统计（按年龄分为老年、中年、青年、少年、儿童等），自动

售货机商品（矿泉水、柠檬水、橙汁、可乐、红茶、奶茶等）的价格。C 语言还可以使用 switch 语句处理多分支选择问题。

3.3.1 不带 break 的 switch 语句

【例 3.4】 查询自动售货机商品的价格。假设自动售货机出售 6 种商品：矿泉水、柠檬水、橙汁、可乐、红茶、奶茶，价格分别为 1.5 元、2.0 元、2.5 元、3.0 元、4.0 元、5.0 元。用户可以选择商品编号并查看价格和相应信息。

分析：

（1）显示商品编号和商品列表。

（2）输入商品编号。

（3）查询对应的商品，输出价格和相应信息。

switch 语句的一般形式如下：

```
switch(表达式)
{
    case 常量 1:语句 1;
    case 常量 2:语句 2;
    …
    case 常量 n:语句 n;
    default: 语句 n+1;
}
```

执行过程：先计算 switch 后表达式的值，然后依次将它与各 case 后的常量进行比较，如果与某一个常量的值相等，则执行该 case 后面的语句。如果没有与 switch 表达式相匹配的常量，则执行 default 后面的语句，如图 3-5 虚线边框内所示。

注 意

（1）在 switch 语句中，表达式和常量的值一般都是整型或者字符型，所有常量必须互不相同。每个 switch 语句可以包含一条或多条语句，也可以为空语句。

（2）在 switch 语句中，case 常量出现的顺序不影响执行结果。

（3）在 switch 语句中，default 可以省略。如果省略了 default，当表达式的值与任何一个 case 常量值都不相等时，就什么都不执行。

（4）一旦找到与 switch 表达式的值匹配的 case 常量，就执行该 case 常量后的语句，然后继续执行后面的语句，不再进行常量匹配判断。所以在 switch 语句中，一般要结合具体的程序需求，配合使用 break 语句。

3.3.2 带 break 的 switch 语句

在 switch 语句中加入了 break 语句，如图 3-5 右侧所示。在执行完对应的语句后，遇到 break 语句，就结束整个 switch 语句。但是，根据具体的问题要求，default 后的 break 语句也可以省略。

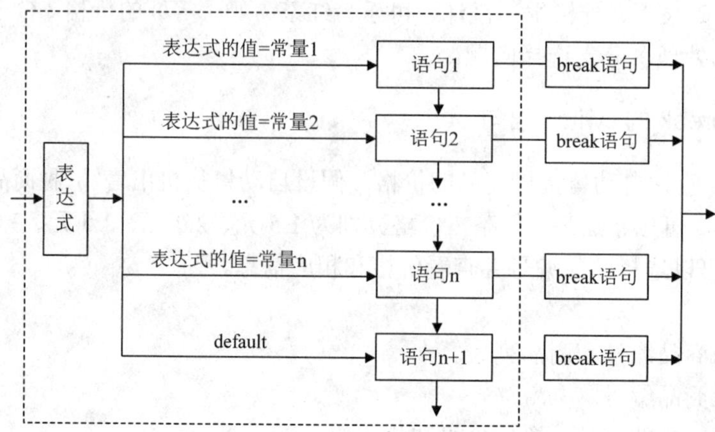

图 3-5　switch 语句流程图

假设商品编号和商品列表为

[1]矿泉水

[2]柠檬水

[3]橙汁

[4]可乐

[5]红茶

[6]奶茶

利用多分支选择结构进行判断和显示，程序段可以表示如下：

```
switch(choice)        //choice 为整型
{
    case 1:printf("矿泉水，冷饮，价格为 1.5 元\n");break;
    case 2:printf("柠檬水，冷饮，价格为 2.0 元\n");break;
    case 3:printf("橙汁，热饮，价格为 2.5 元\n");break;
    case 4:printf("可乐，冷饮，价格为 3.0 元\n");break;
    case 5:printf("红茶，热饮，价格为 4.0 元\n");break;
    case 6:printf("奶茶，冷饮，价格为 5.0 元\n");break;
    default: printf("输入错误\n");
}
```

基于例 3.4 的问题解析，对应写出完整的程序：

```
#include <stdio.h>
int main()
{
    int choice;                              //定义用户要输入的商品编号
    printf("欢迎使用！这是商品菜单：\n");
    printf("[1]矿泉水\n");                   //以下 6 行显示商品菜单
    printf("[2]柠檬水\n");
    printf("[3]橙汁\n");
    printf("[4]可乐\n");
    printf("[5]红茶\n");
```

```
    printf("[6]奶茶\n");
    printf("请输入要查询的商品编号:");      //提示用户输入要查询的商品编号
    scanf("%d",&choice);                //输入商品编号 choice 的值
    switch(choice)                      //根据输入的商品编号显示信息
    {
        case 1:printf("矿泉水，冷饮，价格为 1.5 元\n");break;
        case 2:printf("柠檬水，冷饮，价格为 2.0 元\n");break;
        case 3:printf("橙汁，热饮，价格为 2.5 元\n");break;
        case 4:printf("可乐，冷饮，价格为 3.0 元\n");break;
        case 5:printf("红茶，热饮，价格为 4.0 元\n");break;
        case 6:printf("奶茶，冷饮，价格为 5.0 元\n");break;
        default: printf("输入错误。\n");
    }
    printf("谢谢惠顾!\n");
    return 0;
}
```

程序运行结果 1：

```
欢迎使用！这是商品菜单：
[1]矿泉水
[2]柠檬水
[3]橙汁
[4]可乐
[5]红茶
[6]奶茶
请输入要查询的商品编号:3↵
橙汁，热饮，价格为 2.5 元
谢谢惠顾!
```

程序运行结果 2：

```
欢迎使用！这是商品菜单：
[1]矿泉水
[2]柠檬水
[3]橙汁
[4]可乐
[5]红茶
[6]奶茶
请输入要查询的商品编号:8↵
输入错误。
谢谢惠顾!
```

3.4　解决应用问题：计算阶梯电费

例 3.5　计算阶梯电费。阶梯电费指将户均用电量设置为若干阶梯分段或分档次

定价计算费用。对居民用电实行阶梯式递增电价可以提高能源效率，通过分段电量可以实现差别定价，提高用电效率。假设某城市的电费标准如下。

（1）一户一表。每户每月不超过200度，电费按0.52元/度收取；200度至400度，电费按0.57元/度收取；超过400度，电费按0.82元/度收取。

（2）居民合表。电费按0.54元/度收取。

（3）工商业用电。电费按0.66元/度收取。

（4）农业用电。一般农业用电按0.57元/度收费；农业排灌用电按0.33元/度收费。

分析：

（1）输入：用电类别和用电量。

（2）计算：假设类别为category、用电量为power。category有4个类别，每个类别中又有1～3个分支，所以需要使用分支嵌套。

（3）输出：收费金额。

3.4.1 if语句的嵌套

在if语句中，又包含一个或者多个if语句称为if语句的嵌套。if语句的嵌套形式很多，嵌套既可以出现在if语句块中，也可以出现在else语句块中。if语句嵌套的一般形式如下：

```
if()
    if()  语句1
    else  语句2
else
    if()  语句3
    else  语句4
```

在具体的程序设计中，还可以根据程序功能需求，与前面的单分支if语句、双分支if语句、多分支if语句，甚至switch语句等进行嵌套，从而实现多路分支。

3.4.2 if和else的配对原则

使用if嵌套语句时，应注意if和else的配对关系。省略花括号时，else总是与它前面最近的未配对的if配对。

例如，下面的语句中，第一行if和第三行的else是配对的吗？

```
if()
    if()  语句1
else
    if()  语句2
else      语句3
```

换一种写法：

```
if()
    if()  语句1
    else
        if()   语句2
        else   语句3
```

采用锯齿形式书写程序，程序的结构层次更清晰。如果 if 和 else 的数量不一样，为实现编程者的思想，可以加花括号来确定配对关系，即花括号限定了内嵌 if 语句的配对范围。例如：

```
if()
{
   if()  语句 1
}
else
{
   if()  语句 2
   else  语句 3
}
```

在例 3.5 计算阶梯电费中，需要输入两个信息：类别 category、用电量 power。假设类别 category 的对应关系如下：1 一户一表，2 居民合表，3 工商业用电，4 农业用电。其中，农业用电还需要输入用电种类 special（5 一般农业，6 农业排灌）。阶梯电费可以用如下程序段表示：

```
if(category==1)                              //一户一表
   if(power<=200) money=power*0.52;          //不超过 200 度，电费按 0.52 元/度收取
   else if(power<=400) money=power*0.57;//200～400 度，电费按 0.57 元/度收取
   else money=power*0.82;                    //超过 400 度，电费按 0.82 元/度收取
else if(category==2)                         //居民合表
   money=power*0.54;
else if(category==3)                         //工商业用电
   money=power*0.66;
else                                         //农业用电
   {
      printf("请输入农业用电种类：5 一般农业，6 农业排灌：");
      scanf("%d",&special);
      if(special==5)
         money=power*0.57;                  //一般农业用电按 0.57 元/度收费
      else
         money=power*0.33;                  //农业排灌用电按 0.33 元/度收费
   }
```

基于例 3.5 的问题解析，对应写出完整的程序：

```
#include <stdio.h>
int main()
{
   int category,special;          //定义类别和用电种类用户要输入的商品编号
   float power=0,money=0;
   printf("请输入用电种类，用电量：");
   scanf("%d,%f",&category,&power);
   if(category==1)                //一户一表
      //不超过 200 度，电费按 0.52 元/度收取
      if(power<=200) money=power*0.52;
      //200～400 度，电费按 0.57 元/度收取
      else if(power<=400)money=power*0.57;
      //超过 400 度，电费按 0.82 元/度收取
```

```
        else money=power*0.82;
    else if(category==2)                        //居民合表
        money=power*0.54;
    else if(category==3)                        //工商业用电
        money=power*0.66;
    else                                        //农业用电
        {
        printf("请输入农业用电种类：5 一般农业，6 农业排灌：");
        scanf("%d",&special);
        if(special==5)
            money=power*0.57;                   //一般农业用电按 0.57 元/度收费
        else
            money=power*0.33;                   //农业排灌用电按 0.33 元/度收费
        }
    printf("您的电费为%.1f 元",money);
    return 0;
}
```

程序运行结果 1：

```
请输入用电种类，用电量:1,300↵
您的电费为 171.0 元
```

程序运行结果 2：

```
请输入用电种类，用电量:4,100↵
请输入农业用电种类：5 一般农业，6 农业排灌：6
您的电费为 33.0 元
```

3.5 解决应用问题：人脸识别

常见的生物特征包括指纹、人脸、虹膜、DNA 和语音等，在识别技术和应用中难度较大，如人脸识别。人脸识别是一种依据人的面部特征（如统计或几何特征等），自动进行身份识别的生物识别技术，又称面相识别、人像识别、相貌识别、面孔识别、面部识别等。通常所说的人脸识别是基于光学人脸图像的身份识别与验证的简称。可以从一张照片或者视频流中识别某个个体。一种常用的人脸识别技术是测算人脸关键点之间距离的比例，如眼间距与鼻子和下巴间距的比率值，这样就可以处理不同尺寸的图片。计算机程序在计算这些比率值之前，先要在一张图像中定位人脸的位置，然后在人脸上定位眼睛、鼻子和其他关键点的位置。

【例 3.6】 人脸识别。假设有 3 张人脸正面图像，想要确定是否来自同一人，需要比较眼睛外边缘间的距离与鼻子顶端到下巴底端距离的比率。

分析：

（1）输入：分别输入 3 张图像的距离值：眼睛外边缘间的距离、鼻子顶端到下巴底端距离。

（2）计算：分别计算 3 张图像的比率值，并计算比率之间的差值。

（3）输出：判断差值最小的图像，输出可能来自同一个人的图像编号。

基于例 3.6 的问题解析，对应写出完整的程序：

```
#include <stdio.h>
#include <math.h>    //math.h 头文件定义了各种数学函数和一个宏
int main()
{
    double eye1,eye2,eye3,nose_chin1,nose_chin2,nose_chin3;
    double ratio1,ratio2,ratio3,diff12,diff13,diff23;
    printf("请分别输入 3 张图像的距离值\n")
    printf("眼睛外边缘间的距离、鼻子顶端到下巴底端的距离\n");
    printf(" image 1(空格分隔，单位为厘米):");
    scanf("%lf %lf",&eye1,&nose_chin1);             //用户输入距离值
    printf(" image 2(空格分隔，单位为厘米):");
    scanf("%lf %lf",&eye2,&nose_chin2);
    printf(" image 3(空格分隔，单位为厘米):");
    scanf("%lf %lf",&eye3,&nose_chin3);
    ratio1=eye1/nose_chin1;                         //计算比率
    ratio2=eye2/nose_chin2;
    ratio3=eye3/nose_chin3;
    //fabs 函数在头文件 math.h 中定义，求实型 rati01-rati02 的绝对值
    diff12=fabs(ratio1-ratio2);
    diff13=fabs(ratio1-ratio3);
    diff23=fabs(ratio2-ratio3);
    //判断差值最小的图片，输出可能来自同一个人的图像编号
    if((diff12<=diff13) &&(diff12<=diff23))
        printf("\n 图像 1 和图像 2 可能来自同一个人。");
    if((diff13<=diff12) &&(diff13<=diff23))
        printf("\n 图像 1 和图像 3 可能来自同一个人。");
    if((diff23<=diff12) &&(diff23<=diff13))
        printf("\n 图像 2 和图像 3 可能来自同一个人。");
    return 0;
}
```

程序运行结果如下：

```
请分别输入 3 张图像的距离值
眼睛外边缘间的距离、鼻子顶端到下巴底端的距离
 image 1(空格分隔，单位为厘米):6.0 5.8
 image 2(空格分隔，单位为厘米):6.1 5.9
 image 3(空格分隔，单位为厘米):5.8 5.3

图像 1 和图像 2 可能来自同一个人。
```

习　　题

一、 选择题

1. 假设有整型数据 a=3、b=4、c=5，则表达式 a+b>c &&b==c 的值为（　　）。
   A. 0　　B. 1　　C. 2　　D. 3
2. 下列程序段的运行结果是（　　）。

```
int a=3,b=5;
if(a=b)
    printf("%d=%d",a,b);
else
    printf("%d!=%d",a,b);
```

   A. 3=5　　B. 3!=5　　C. 3=3　　D. 5=5
3. 对下述程序，正确的判断是（　　）。

```
#include <stdio.h>
int main()
 {
    int x,y;
    scanf("%d,%d",&x,&y);
    if(x>y)
       x=y;
    y=x;
    else
       x++;
    y++;
    printf("%d,%d",x,y);
    return 0;
 }
```

   A. 有语法错误，不能通过编译　　B. 若输入 3 和 4，则输出 4 和 5
   C. 若输入 4 和 3，则输出 3 和 4　　D. 若输入 4 和 3，则输出 4 和 5
4. 当 a=1、b=3、c=5、d=4 时，运行下列程序后，x 的值是（　　）。

```
if(a<b)
  if(c<d) x=1;
  else
     if(a<c)
       if(b<d) x=2;
       else x=3;
     else x=6;
else x=7;
```

   A. 1　　B. 2　　C. 3　　D. 4
5. 若 int i=10;，运行下列程序后，变量 i 的正确结果是（　　）。

```
switch(i)
 {
    case   9: i+=1;
```

```
    case  10: i+=1;
    case  11: i+=1;
    default: i+=1;
}
```

A. 10　　　　B. 11　　　　C. 12　　　　D. 13

6. 下列程序段的运行结果是（　　）。

```
int a=2,b=-1,c=2;
if(a<b)
   if(b<0) c=0;
   else c++;
printf("%d\n",c);
```

A. 2　　　　B. 1　　　　C. 0　　　　D. 3

二、填空题

1. 在 C 语言中，对于 if 语句，else 与 if 的配对原则是________。

2. 表示 10<x<100 或者 x<0 的 C 语言表达式是________。

3. 在 C 语言中提供条件运算符“?:”需要________个操作数。

4. 条件表达式 a?b:c，其中 a、b、c 是 3 个运算分量，如果运算分量 a 的值为真，则________，否则________。

5. 当 a=1、b=3、c=5 时，!(a+b)+c-1&&b+c/2 的值是________。

三、写出下列程序的运行结果

1. 程序代码如下（如果输入字母 c）：

```
#include <stdio.h>
int main()
{
   char grade;
   grade=getchar();
   switch(grade)
   {
      case 'a':printf("85~100\n");break;
      case 'b':printf("70~84\n");break;
      case 'c':printf("60~69\n");break;
      case 'd':printf("<60\n");break;
      default:printf("error!\n");
   }
   return 0;
}
```

2. 程序代码如下：

```
#include <stdio.h>
int main()
{
   int x;
   x=5;
   if(++x>5) printf("x=%d",x);
```

```
    else printf("x=%d",x--);
    return 0;
}
```

3. 程序代码如下：

```
#include <stdio.h>
int main()
{
    int x=1,y=1,z=1;
    y=y+z;x=x+y;
    printf("%d",x<y?y:x);
    printf("%d",x<y?x++:y++);
    printf("%d",x);
    printf("%d",y);
    return 0;
}
```

4. 程序代码如下：

```
#include <stdio.h>
int main()
{
    int a=2,b=7,c=5;
    switch(a>0)
    {
        case 1: switch(b<0)
                {
                    case 1: printf("@"); break;
                    case 2: printf("!"); break;
                }
        case 0: switch(c==5)
                {
                    case 1: printf("*"); break;
                    case 2: printf("#"); break;
                    default: printf("#"); break;
                }
        default: printf("&");
    }
    printf("\n");
    return 0;
}
```

四、编程题

1. 编写程序实现，输入一个百分制成绩，输出相应的五分制成绩。设 90 分及以上为 A；80 分及以上为 B；70 分及以上为 C；60 分及以上为 D；60 分以下为 E。

2. 编写程序实现，由键盘输入 3 个数，如果能构成三角形，则计算以这 3 个数为边长的三角形的面积。

3. 编写程序实现，输入 3 个整数，要求按由小到大的顺序输出。

4. 编写程序实现，输入一个日期，判断这一天是这一年的第几天。

5. 编写程序实现，输入年收入工资、五险一金、扣除数等金额，计算应上缴的个人所得税。居民个人工资、薪金所得预扣预缴适用预扣税率和速算扣除数如表 3-4 所示。

工资个税的应纳税额=(工资薪金所得−五险一金−扣除数)×预扣税率−速算扣除数

表 3-4　居民个人工资、薪金所得预扣预缴适用预扣税率和速算扣除数

级数	累计预扣预缴应纳税所得额	预扣税率/%	速算扣除数/元
1	不超过 36000 元的部分	3	0
2	超过 36000 元至 144000 元的部分	10	2520
3	超过 144000 元至 300000 元的部分	20	16920
4	超过 300000 元至 420000 元的部分	25	31920
5	超过 420000 元至 660000 元的部分	30	52920
6	超过 660000 元至 960000 元的部分	35	85920
7	超过 960000 元的部分	45	181920

第4章 循环结构程序设计

学习目标

(1) 理解循环结构的含义。

(2) 掌握C语言中while语句、do…while语句、for语句的使用方法和特点。

(3) 掌握不同循环结构的选择、转换方法、退出循环结构的语句。

(4) 掌握综合控制程序结构的方法。

循环结构用来描述重复执行某些操作的问题，可以减少源程序重复书写的工作量，是程序设计中一个重要的控制结构。本章围绕计算累加和、判断素数、计算阶乘和、打印几何图案等问题的解决方法和编程实现，介绍while语句、do…while语句、for语句、循环嵌套、循环结构程序设计思想等内容，重点是对循环问题中循环条件和循环体的分析与理解，以及循环结构的使用。

4.1 解决应用问题：计算累加和

【例4.1】 计算数学表达式$\sum_{i=1}^{100} i$的值，即计算1+2+3+…+100的值。

分析：设sum表示和，则sum=1+2+3+…+100。采用顺序结构实现问题求解的过程如下。

(1) 置初值：

```
sum=0;
```

(2) 计算和：

```
sum=sum+1;
sum=sum+2;
sum=sum+3;
...
sum=sum+100;
```

用i表示被加数，计算和一般形式为sum=sum+i;
i的值依次增1：i++;
i的初值置为1，最大值为100。
当i≤100时，一直计算累加和。

根据上面的分析，当i≤100时，sum=sum+i;与i++;需要重复执行，可以采用循环结构实现问题的求解。

循环结构的实现要点：归纳哪些操作需要重复执行；这些操作在什么情况下重复执行。

其中，重复执行的操作称为循环体，重复的条件称为循环条件。

根据前面的归纳，本案例的循环结构中，sum=sum+i;与 i++;需要重复执行，为循环体；当 i≤100 时，这些操作需要重复执行，所以 i≤100 为循环条件。计算累加和的算法流程图如图 4-1 所示。

C 语言提供了多种循环语句，可以组成各种不同形式的循环结构。常用的 3 种循环语句为 while、do…while 和 for 语句。

4.1.1 while 语句

while 语句的一般形式如下：

```
while(表达式)
    循环体语句
```

其中，表达式为循环条件，用于控制循环是否进行。当表达式的值为真（非 0），即循环条件成立时，执行循环体语句；当表达式的值为假（0），即循环条件不成立时，结束循环。

while 语句流程图如图 4-2 所示。while 语句执行时，先计算表达式的值，其值为真则执行循环体语句，为假则不执行循环体语句（结束循环）。

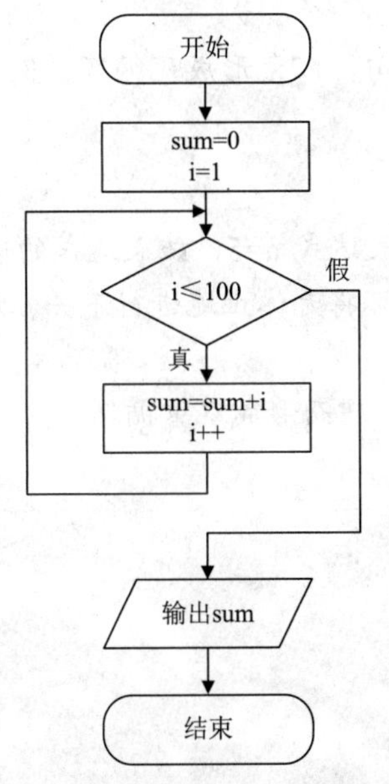

图 4-1 计算累加和的算法流程图

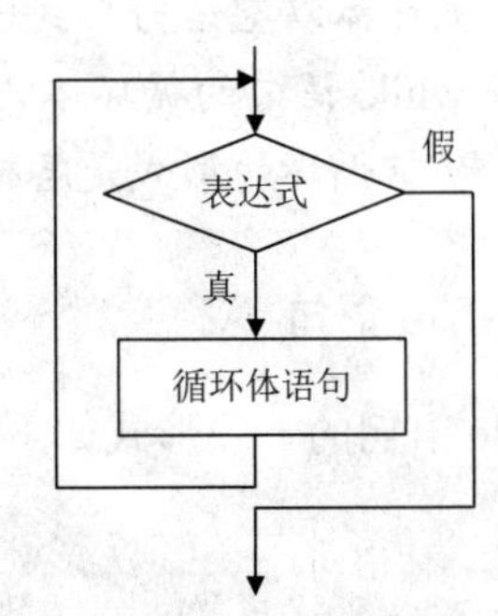

图 4-2 while 语句流程图

【例 4.2】 使用 while 语句计算累加和。

参考程序代码如下：

```
#include <stdio.h>
int main()
{
    int i=1,sum=0;              //变量 sum 存储累加和，初始化为 0
    while(i<=100)               //循环条件为 i≤100
```

```
    {
        sum=sum+i;
        i++;
    }
    printf("%d\n",sum);
    return 0;
}
```

程序运行结果如下：

```
C:\WINDOWS\system32\cmd.exe
5050
请按任意键继续. . .
```

注 意

（1）while 语句中的“表达式”（循环条件）可以是任意表达式，但一般为关系表达式或逻辑表达式。

（2）循环体如果包含多条语句，应该用{}括起来，以复合语句形式出现。如果不加{}，则 while 语句的范围只到 while 后第一个分号处。例如，例 4.2 的 while 语句中如无{}，则 while 语句范围只到“sum=sum+i;”。

（3）在循环体中应有使循环趋向于结束的语句，以免形成死循环。例如：

```
int a,n=0;
while(a=5)
    printf("%d ",n++);
```

上面程序段中 while 语句的循环条件为赋值表达式 a=5，该表达式的值永远为真，而循环体中没有其他终止循环的语句，因此该循环将无休止地进行下去，形成死循环。

（4）允许循环体以空语句形式出现。

（5）允许 while 语句的循环体又是循环结构，从而形成双重循环。

请思考：双重循环的形式是怎样的呢？

4.1.2 do…while 语句

do…while 语句的一般形式如下：

```
do
    循环体语句
while(表达式);
```

其中，表达式的作用和循环体语句的组成形式与 while 语句相同。但是 do…while 语句循环执行流程与 while 语句有所差别。

do…while 语句流程图如图 4-3 所示。do…while 语句是先执行循环体语句，再计算表达式的值，其值为真则执行循环体语句，为假则结束循环。do…while 语句的循环体语句至少要被执行一次。

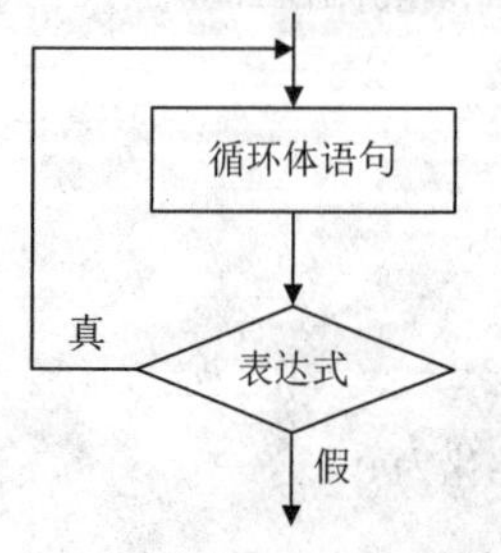

图 4-3 do…while 语句流程图

【例 4.3】 使用 do…while 语句计算累加和。

参考程序代码如下：

```
#include <stdio.h>
int main()
{
    int i=1,sum=0;
    do
    {
        sum=sum+i;
        i++;
    }while(i<=100);
    printf("%d\n",sum);
    return 0;
}
```

程序运行结果如下：

```
C:\WINDOWS\system32\cmd.exe
5050
请按任意键继续. . .
```

例 4.2 与例 4.3 分别使用 while 语句和 do…while 语句完成了同一个问题的求解。下面再通过一个例子感受 while 语句和 do…while 语句的异同。

【例 4.4】 统计一个整数的位数。

分析：一个整数除以 10，会去掉最低位；得到新数后，再除以 10，会去掉原数的次低位；依次类推，结果为 0 停止。每次除以 10 就去掉 1 位，所以除以 10 的次数即位数。这是重复的过程，可以使用循环结构来解决问题。

设整数存放在变量 number 中，计数器 count 用于统计位数。count 初值为 0，每去掉一位，count 就自增 1。以 12345 为例，自右向左，一位一位统计如下：

① 12345/10 得到 1234，count++;。

② 1234/10 得到 123，count++;。

③ 123/10 得到 12，count++;。

④ 12/10 得到 1，count++;。

⑤ 1/10 得到 0，count++;。

重复过程遇 0 结束。整个过程共重复 5 次，count 的值为 5，统计出 12345 为 5 位数。

根据上面的分析进行归纳，当 number!=0 时，number=number/10;与 count++;需要重复执行。

循环体如下：

```
number=number/10;
count++;
```

循环条件如下：

```
number!=0
```

（1）使用 do…while 语句实现位数统计。

参考程序代码如下：

```
#include <stdio.h>
int main()
{
    int count, number;             //count 记录整数 number 的位数
    count=0;
    printf("Enter a number: ");   //输入提示
    scanf("%d", &number);
    if(number<0)
       number=-number;            //将输入的负数转换为正数
    do
    {
       number=number/10;          //整除后减少一位数，得到一个新数
       count++;                   //位数加 1
    }while(number!=0);            //判断循环条件
    printf("It contains %d digits.\n", count);
    return 0;
}
```

程序运行结果如下：

```
C:\WINDOWS\system32\cmd.exe
Enter a number: 12345
It contains 5 digits.
请按任意键继续. . .
```

```
C:\WINDOWS\system32\cmd.exe
Enter a number: -12
It contains 2 digits.
请按任意键继续. . .
```

```
C:\WINDOWS\system32\cmd.exe
Enter a number: 0
It contains 1 digits.
请按任意键继续. . .
```

（2）使用 while 语句实现位数统计。

参考程序代码如下：

```
#include <stdio.h>
int main()
{
    int count,number;
    count=0;
    printf("Enter a number: ");
    scanf("%d", &number);
    if(number<0)
       number=-number;
    while(number!=0)
    {
       number=number/10;
       count++;
    }
    printf("It contains %d digits.\n", count);
```

```
    return 0;
}
```

程序运行结果如下：

```
C:\WINDOWS\system32\cmd.exe
Enter a number: 12345
It contains 5 digits.
请按任意键继续. . .
```

```
C:\WINDOWS\system32\cmd.exe
Enter a number: -12
It contains 2 digits.
请按任意键继续. . .
```

```
C:\WINDOWS\system32\cmd.exe
Enter a number: 0
It contains 0 digits.
请按任意键继续. . .
```

通过本例，可以发现当输入“0”时，使用 do…while 语句统计其位数为 1，而使用 while 语句统计其位数为 0。所以，while 语句统计“0”的位数时，统计结果错误。

总结：while 是先判断条件表达式，再决定是否循环；do…while 是先至少循环一次，再判断条件表达式，决定是否继续循环。当 while 表达式的第一次的值为“真”时，两种循环得到的结果相同。否则，二者结果不相同。

注　意

（1）在 if 语句和 while 语句中，表达式后一般不加分号；而在 do…while 语句中，表达式后必须加分号。

（2）do…while 语句也可以组成多重循环，而且可以与 while 语句相互嵌套。

（3）当 do 和 while 之间的循环体由多个语句组成时，必须用{}括起来组成一个复合语句。

（4）do…while 和 while 语句相互替换时，要注意修改循环条件。

4.1.3　for 语句

在 C 语言中，相对于 while 语句与 do…while 语句，for 语句是功能更强、使用更广泛的一种循环语句。

for 语句的一般形式如下：

```
for(表达式 1;表达式 2;表达式 3)
    循环体语句
```

说　明

（1）表达式 1 通常用来给循环变量赋初值，一般是赋值表达式。C 语言允许在 for 语句外给循环变量赋初值，此时可以省略该表达式。

（2）表达式 2 通常是循环条件，一般为关系表达式或逻辑表达式。

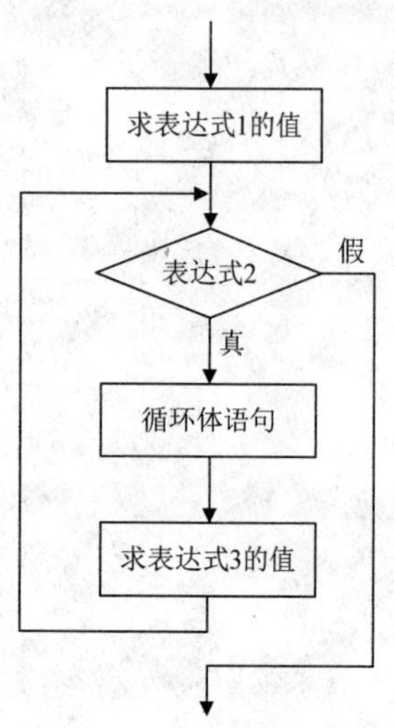

图 4-4　for 语句流程图

（3）表达式 3 通常用来修改循环变量的值，一般是赋值表达式。

其中，表达式 1、表达式 2、表达式 3 这 3 个表达式都可以是逗号表达式，即每个表达式都可以由多个表达式组成。这 3 个表达式都是任选项，都可以省略，但“;”不可省略。

for 语句流程图如图 4-4 所示。for 语句的执行步骤如下：

（1）先求表达式 1 的值。

（2）判定表达式 2 的值，若其值为真，则执行 for 语句中的循环体语句，然后执行步骤（3）；若其值为假，则结束循环。

（3）求表达式 3 的值。

（4）返回步骤（2）继续执行。

【例 4.5】 使用 for 语句计算累加和。

参考程序代码如下：

```
#include <stdio.h>
int main()
{
    int i,sum=0;
    for(i=1;i<=100;i++)
        sum=sum+i;
    printf("%d\n",sum);
    return 0;
}
```

程序运行结果如下：

```
C:\WINDOWS\system32\cmd.exe
5050
请按任意键继续. . .
```

执行过程：首先为 i 赋初值 1，然后判断 i 是否小于等于 100，若其值为真，则执行循环体语句，i 值增加 1；再重新判断 i 是否小于等于 100，若其值为真，则继续执行循环体语句，i 值增加 1；如此重复，直到条件为假，即 i>100 时，结束循环。

本例中：

```
for(i=1;i<=100;i++)
    sum=sum+i;
```

等价于

```
i=1;
while(i<=100)
{
    sum=sum+i;
    i++;
}
```

总结：

（1）while 语句和 for 语句都是在循环前先判断条件。

（2）对于 for 语句的一般形式：

```
for(表达式 1;表达式 2;表达式 3)
    循环体语句
```

等价于如下 while 循环形式：

```
表达式 1;
while(表达式 2)
{
    循环体语句
    表达式 3;
}
```

4.1.4　循环语句的比较

while、do…while 及 for 语句的比较如下：

（1）3 种循环语句都可以用来处理同一问题，一般情况下它们可以互相代替。

（2）使用 while 和 do…while 语句时，循环变量初始化在 while 和 do…while 语句前完成；使用 for 语句时，循环变量初始化在表达式 1 中完成。

（3）while 和 do…while 语句只在 while 后指定循环条件，且在循环体中应包含使循环趋于结束的语句；for 语句可以在表达式 3 中包含使循环趋于结束的操作，甚至将循环体中的操作全部放到表达式 3 中。因此，for 语句的功能更强，凡是用 while 语句能完成的操作用 for 语句都能实现。

（4）while 和 for 语句是先判断表达式，后执行循环体语句；而 do…while 语句是先执行循环体语句，后判断表达式。do…while 语句的循环体至少被执行一次，而 while 语句和 for 语句的循环体可能一次都不执行。

循环语句的选择一般遵循如下原则：

```
if(循环次数已知)
    使用 for 语句
else                        //循环次数未知
    if(循环条件在进入循环时明确)
        使用 while 语句
    else                    //循环条件需要在循环体中明确
        使用 do…while 语句
```

【例 4.6】 分别使用 while、do…while、for 语句计算 n!。

分析：n! =1×2×3×…×n，这是一个连乘的重复过程，每次循环完成一次乘法运算，循环 n 次即可求出 n! 的值。

（1）while 语句构成的循环。

参考程序代码如下：

```
#include <stdio.h>
int main()
{
    int i=1,item=1,n;
```

```
    scanf("%d",&n);
    while(i<=n)
    {
        item=item*i;
        i++;
    }
    printf("%d\n",item);
    return 0;
}
```

程序运行结果如下：

```
C:\WINDOWS\system32\cmd.exe
5
120
请按任意键继续. . .
```

（2）do…while 语句构成的循环。

参考程序代码如下：

```
#include <stdio.h>
int main()
{
    int i=1,item=1,n;
    scanf("%d",&n);
    do
    {
        item=item*i;
        i++;
    }while(i<=n);
    printf("%d\n",item);
    return 0;
}
```

程序运行结果如下：

```
C:\WINDOWS\system32\cmd.exe
5
120
请按任意键继续. . .
```

（3）for 语句构成的循环。

参考程序代码如下：

```
#include <stdio.h>
int main()
{
    int i,item=1,n;
    scanf("%d",&n);
    for(i=1;i<=n;i++)
        item=item*i;
    printf("%d\n",item);
    return 0;
}
```

程序运行结果如下：

```
C:\WINDOWS\system32\cmd.exe
5
120
请按任意键继续. . .
```

请注意，上面的程序虽然能计算 n!，但对 n 的值有限制，因为计算机所能表示的最大正整数是有限的。那么，怎样才能求出更大正整数的阶乘呢？

【例 4.7】 求斐波那契（Fibonacci）数列：1,1,2,3,5,8,13,…的前 20 项。

本问题来自一个有趣的古典数学问题：有一对兔子，从出生后的第 3 个月起每个月都生一对小兔子。小兔子长到第 3 个月又生一对兔子。如果生下的所有兔子都能成活，且所有的兔子都不会因变老而死去，问每个月的兔子总数为多少？

分析：

（1）此数列的规律是前两项都是 1，从第 3 项开始，都是其前两项之和，即 fib(1)=1，fib(2)=1，fib(n)=fib(n−1)+fib(n−2) (n≥3)。本问题有固定循环次数，因此可以选用 for 语句实现循环结构。

（2）这是一个典型的迭代关系，所以可以考虑使用迭代算法。迭代算法的基本思想是不断用新值取代变量的旧值，或由旧值递推出变量的新值。在 n≥3 时，fib(n)总可以由 fib(n−1)和 fib(n−2)得到，由旧值递推出新值。

参考程序代码如下：

```
#include <stdio.h>
int main()
{
    //f1、f2 及 f 为迭代变量，f1 和 f2 依次代表前两项，f 表示其后一项
    int i, f1, f2, f;
    f1=1;                          //前两项都是 1，特殊值，无须迭代
    f2=1;
    printf("%-6d%-6d",f1,f2 );     //先输出前两项
    for(i=1;i<=18;i++)         //用 i 的值来限制迭代的次数，循环输出后 18 项
    {
        f=f1+f2;                   //迭代关系式，计算新项
        printf("%-6d",f);
        f1=f2;                     //f1 和 f2 迭代前进，其中 f2 在 f1 的前面
        f2=f;
        if((i+2)%5==0)             //每输出 5 个数换行
            printf("\n");
    }
    return 0;
}
```

程序运行结果如下：

```
C:\WINDOWS\system32\cmd.exe
1     1     2     3     5
8     13    21    34    55
89    144   233   377   610
987   1597  2584  4181  6765
请按任意键继续. . .
```

4.2 解决应用问题：判断素数

【例 4.8】 判断某个数 m 是否为素数。

分析：除了 1 和自身外，不能被其他数整除的数是素数。判断一个数是否为素数，需要检查该数能否被 1 和自身以外的其他数整除，即判断 m 能否被 2 到 m−1 之间的整数整除。设 i 取值[2,m−1]，如果 m 不能被该区间上的任何一个数整除，即对每个 i，m%i 都不为 0，则 m 是素数；但是只要找到一个 i，使 m%i 为 0，则 m 肯定不是素数。

除 m 自身外，m 不可能被大于 m/2 的数整除，因此 i 的取值区间可以缩小为[2,m/2]，数学上能证明，该区间还可以是$[2,\sqrt{m}]$。

通过上面的分析可知，判断素数需要使用循环结构依次判断 m%i 的值，当发现第一个能整除 m 的 i 时，可以确定 m 不是素数，即可提前结束循环。

一个循环结构程序的执行由循环控制条件、循环变量及循环体决定。正常情况下，只有达到循环结束条件时才能结束循环，而且在每次循环中循环体语句都要被执行。有些情况下，需要改变这种控制规律，或者需要提前结束循环，或者是循环体的部分语句在特定的条件下不被执行。C 语言提供了改变循环控制的语句，分别为 break 语句和 continue 语句。

4.2.1 break 语句

break 语句的一般形式如下：

```
break;
```

功能：

（1）用在 switch 语句中使流程跳出 switch 结构，继续执行 switch 语句后面的语句。

（2）用在循环体内，迫使所在循环立即终止（跳出当前循环体），继续执行循环体后面的语句。

【例 4.9】 使用 break 语句实现素数的判断。

参考程序代码如下：

```
#include <stdio.h>
#include <math.h>
int main()
{
    int m,i,k;
    scanf("%d",&m);
    k=sqrt(m);
    for(i=2;i<=k;i++)
        if(m%i==0)          //找到一个 i，使 m%i 为 0，则提前结束循环
            break;
    if(i>k)
        printf("%d is a prime number\n",m);
    else
```

```
        printf("%d is not a prime number\n",m);
    return 0;
}
```

如果 m 能被 2 到 k 之中任何一个整数整除，则提前结束循环，此时 i 必然小于等于 k（即 $\sqrt{m}$）；如果 m 不能被 2 到 k 之间的任意一个整数整除，则在完成最后一次循环后，i 加 1，即 i=k+1，然后才终止循环。循环结束后判别 i 的值是否大于 k，若为真，则表明 m 未被 2 到 k 之间任意一个整数整除过，因此该数是素数。

程序运行结果如下：

```
C:\WINDOWS\system32\cmd.exe
19
19 is a prime number
请按任意键继续. . .
```

说　明

break 语句一般用于 switch 语句和循环语句。

4.2.2　continue 语句

continue 语句的一般形式如下：

```
continue;
```

功能：结束本次循环（跳过循环体中尚未执行的语句），接着进行是否执行下一次循环的判定。

【例 4.10】 输出 100 到 200 之间不能被 3 整除的数。

参考程序代码如下：

```
#include <stdio.h>
int main()
{
    int n,count=0;
    for(n=100;n<=200;n++)
    {
        if(n%3==0)
            continue;
        printf("%-4d",n);
        count++;
        if(count%5==0)          //每输出 5 个数换行
            printf("\n");
    }
    return 0;
}
```

执行过程：当 n 能被 3 整除时，执行 continue 语句，结束本次循环（即跳过 continue 语句后续语句）。

程序运行结果如下：

```
C:\WINDOWS\system32\cmd.exe
100 101 103 104 106
107 109 110 112 113
115 116 118 119 121
122 124 125 127 128
130 131 133 134 136
137 139 140 142 143
145 146 148 149 151
152 154 155 157 158
160 161 163 164 166
167 169 170 172 173
175 176 178 179 181
182 184 185 187 188
190 191 193 194 196
197 199 200 请按任意键继续. . .
```

【例 4.11】 改写例 4.10，将 continue 语句改为 break 语句。

参考程序代码如下：

```
#include <stdio.h>
int main()
{
    int n,count=0;
    for(n=100;n<=200;n++)
    {
        if(n%3==0)
            break;
        printf("%-4d",n);
        count++;
        if(count%5==0)
            printf("\n");
    }
    return 0;
}
```

程序运行结果如下：

```
C:\WINDOWS\system32\cmd.exe
100 101 请按任意键继续. . .
```

比较例 4.10 与例 4.11 两个程序的运行结果，体会 continue 语句和 break 语句的区别。

continue 语句和 break 语句的区别：continue 语句只结束本次循环，而不是终止整个循环的执行；break 语句则是结束整个循环过程，不再判断执行循环的条件是否成立。

4.3 解决应用问题：计算阶乘和

【例 4.12】 计算数学表达式 $\sum_{i=1}^{100} i!$ 的值，即计算 1!＋2!＋3!＋…＋100!的值。

分析：这是一个求累加和的问题，共循环 100 次，每次累加一项，循环算式是 sum=sum+第 i 项。其中，第 i 项就是 i 的阶乘。阶乘的求解需要使用循环结构来实现。所以，在求累加和的循环中再用一个循环求出第 i 项。

求累加和的 for 语句如下：

```
for(i=1;i<=100;i++)
```

```
{
    item=i!;
    sum=sum+item;
}
```

i! 的求解又由 for 循环完成，因此上述 for 语句可以进一步写为

```
for(i=1;i<=100;i++)
{
    item=1;
    for(j=1;j<=i;j++)
        item=item*j;
    sum=sum+item;
}
```

4.3.1　循环嵌套

一个循环体中又包含一个完整的循环结构，称为循环嵌套。

说　明

while 循环、do…while 循环和 for 循环都可以进行嵌套，而且可以相互嵌套。

注　意

（1）使用循环嵌套时，应保证嵌套的每一层循环在逻辑上都是完整的，避免嵌套交叉使用。

（2）使用循环嵌套时，应保证循环到最后有一个跳出循环的条件，否则会产生死循环（嵌套循环中检查死循环错误，相对来说比较困难）。

（3）循环嵌套的书写采用阶梯缩进的形式，可使程序层次分明。

【例 4.13】 使用循环嵌套计算阶乘和。

参考程序代码如下：

```
#include <stdio.h>
int main()
{
    int i, j;
    double item, sum;              //item 存放阶乘
    sum=0;
    for(i=1;i<=100;i++)
    {
        item=1;                    //每次求阶乘都从 1 开始
        for(j=1;j<=i;j++)      //内层循环算出 item = i!
            item=item*j;
        sum=sum+item;
    }
    printf("1!+2!+3!+ … +100!=%e\n", sum);
    return 0;
}
```

程序运行结果如下：

```
C:\WINDOWS\system32\cmd.exe
1! + 2! + 3! + … + 100! = 9.426900e+157
请按任意键继续. . .
```

说 明

（1）对于外层循环变量 i 的每个值，内层循环变量 j 变化一个轮次。

（2）内外层循环变量不能相同，这里分别使用 i 和 j。

4.3.2 循环嵌套的应用

例 4.13 有内外两层循环，称为双重循环。如果再嵌套一层循环，则称为三重循环。

【例 4.14】 我国古代数学家张丘建在《张丘建算经》中提出了著名的“百钱百鸡问题”：鸡翁一，值钱五；鸡母一，值钱三；鸡雏三，值钱一；百钱买百鸡，翁、母、雏各几何？意思是一只公鸡卖 5 枚钱，一只母鸡卖 3 枚钱，三只小鸡卖 1 枚钱，用 100 枚钱买 100 只鸡，能买到公鸡、母鸡、小鸡各多少只？

分析：

（1）公鸡数量、母鸡数量和小鸡数量分别设为 i、j 和 k，则有 i+j+k=100，i×5+j×3+k/3=100。这里有 3 个未知数，2 个方程。

（2）这是一个不定方程问题（未知数个数多于方程个数，且对解有一定限制），这将导致求解的结果不止一个，需要让计算机一一测试所有可能的答案。

（3）这里可以使用穷举算法。穷举算法的基本思想是对问题的所有可能答案一一测试，直到找到正确答案或测试完所有可能的答案。

参考程序代码如下：

```
#include <stdio.h>
int main()
{
    int i,j,k;
    printf("公鸡\t 母鸡\t 小鸡\n");       //输出标题行
    for(i=0;i*5<=100;i++)                 //由于 100 枚钱的限制，i*5≤100
        for(j=0;j*3<=100;j++)             //由于 100 枚钱的限制，j*3≤100
            for(k=0;k/3<=100;k=k+3)       //由于 100 枚钱的限制，k/3≤100
            {
                if((i+j+k==100)&&(i*5+j*3+k/3==100))
                    printf("%d\t%d\t%d\n",i,j,k);
            }
    return 0;
}
```

程序运行结果如下：

```
C:\WINDOWS\system32\cmd.exe
公鸡    母鸡    小鸡
0       25      75
4       18      78
8       11      81
12      4       84
请按任意键继续. . .
```

因为 i+j+k=100，所以 k= 100－i－j。请尝试将三重循环改为双重循环的算法，以提高程序效率。

4.4　解决应用问题：打印几何图案

【例 4.15】 从键盘输入 m 值，用符号*在屏幕上打印出 m 行 m 列的矩形图案。

```
* * * * * * *
* * * * * * *
* * * * * * *
* * * * * * *
* * * * * * *
* * * * * * *
* * * * * * *
```

分析：

（1）图案有规律，共有 m 行，每行有 m 个*号。

（2）可采用循环嵌套的方式：第 1 层（外层）控制行数，一共输出 m 行；第 2 层（内层）控制列数，每行输出 m 列。

参考程序代码如下：

```
#include <stdio.h>
int main()
{
    int i,j,m;
    printf("Please enter the value of m\n");
    scanf("%d",&m);
    if(m>0)
    {
        for(i=1;i<=m;i++)           //外层循环
        {
            for(j=1;j<=m;j++)       //内层循环
                printf("* ");
            printf("\n");
        }
    }
    else
        printf("Sorry! You enter a wrong number\n");
    return 0;
}
```

程序运行结果如下：

```
C:\WINDOWS\system32\cmd.exe
Please enter the value of m
7
* * * * * * *
* * * * * * *
* * * * * * *
* * * * * * *
* * * * * * *
* * * * * * *
* * * * * * *
请按任意键继续. . .
```

由上面例子可知，对于有规律的几何图案，可以利用循环嵌套实现。通常最外层的循环控制图案的行数，内层循环控制每一行的内容。关键在于找出图案的规律，设计合理的循环结构实现输出。

【例 4.16】 改写例 4.15 的程序，从键盘输入 m 的值，用符号*在屏幕上打印出 m 行的左下三角形图案：

```
*
* *
* * *
* * * *
* * * * *
* * * * * *
* * * * * * *
```

分析：

（1）图案的规律是共有 m 行，第 i 行的*数量为 i。

（2）采用循环嵌套的方式：第 1 层（外层）控制行数，一共输出 m 行；第 2 层（内层）控制列数，每行输出 i 列。

参考程序代码如下：

```
#include <stdio.h>
int main()
{
    int i,j,m;
    printf("Please enter the value of m\n");
    scanf("%d",&m);
    if(m>0)
    {
        for(i=1;i<=m;i++)
        {
            for(j=1;j<=i;j++)
                printf("* ");
            printf("\n");
        }
    }
    else
        printf("Sorry! You enter a wrong number\n");
```

```
    return 0;
}
```

程序运行结果如下：

```
C:\WINDOWS\system32\cmd.exe
Please enter the value of m
7
*
* *
* * *
* * * *
* * * * *
* * * * * *
* * * * * * *
请按任意键继续. . .
```

【例 4.17】 输出如下所示的三角形图案。

```
   *
  ***
 *****
*******
```

分析：采用双重循环，一行一行输出。

每一行（共 4 行，行号用 i 表示）输出一般分为 3 步。

（1）光标定位，每行先输出（4-i）个空格。

（2）输出图形，每行有（2*i-1）个*。

（3）每输出一行，光标换行（\n）。

参考程序代码如下：

```
#include <stdio.h>
#define N 4                         //N 为行数
int main()
{
    int i,j;
    for(i=1;i<=N;i++)
    {
        for(j=1;j<=N-i;j++)         //每行输出（N-i）个空格，实现光标定位
            putchar(' ');
        for(j=1;j<=2*i-1;j++)       //每行输出（2*i-1）个*
            putchar('*');
        putchar('\n');
    }
    return 0;
}
```

程序运行结果如下：

```
C:\WINDOWS\system32\cmd.exe
   *
  ***
 *****
*******
请按任意键继续. . .
```

习　　题

一、选择题

1. 有下列程序段：

```
int k=0;
while(k=1)
    k++;
```

则 while 循环执行的次数是（　　）。

A. 无限次　　B. 语法有错，不能执行

C. 一次也不执行　　D. 执行 1 次

2. 下列语句执行后，变量 k 的值是（　　）。

```
int k=1;
while(k++<10);
```

A. 10　　B. 11　　C. 9　　D. 无限循环，值不定

3. 下列程序段的循环次数是（　　）。

```
for(i=2;i==0;)
    printf("%d",i--);
```

A. 无限次　　B. 0 次　　C. 1 次　　D. 2 次

4. 若 i、j 已定义为 int 类型，则下列程序段中内循环体的总执行次数是（　　）。

```
for(i=5;i;i--)
    for(j=0;j<4;j++)
    {
        ...
    }
```

A. 20　　B. 25　　C. 24　　D. 30

5. 有下列程序段：

```
for(i=0;i<10;i++)
    if(i>5)
        break;
```

则循环结束后 i 的值为（　　）。

A. 10　　B. 5　　C. 9　　D. 6

6. 假设已定义整型变量 a 并赋值，在给出的下列表达式中，与 while(a)中的(a)不等价的是（　　）。

A. (!a==0)　　B. (a>0||a<0)

C. (a==0)　　D. (a!=0)

7. 对于下列程序段，说法正确的是（　　）。

```
int k=5;
do
{
    k--;
}while(k<=0);
```

A. 循环体语句执行 5 次　　B. 循环是无限循环
C. 循环体语句一次也不执行　　D. 循环体语句执行一次

8. 设 i 和 x 都是 int 类型，则 for 循环语句（　　）。

```
for(i=0,x=0;i<=9&&x!=876;i++)
    scanf("%d",&x);
```

A. 最多执行 10 次　　B. 最多执行 9 次
C. 无限循环　　D. 一次也不执行

9. 下列程序段执行后，k 值为（　　）。

```
int k=0,i,j;
for(i=0;i<5;i++)
    for(j=0;j<3;j++)
        k=k+1;
```

A. 15　　B. 3　　C. 5　　D. 8

10. 使下列程序段输出 10 个整数，填入的整数应该为（　　）。

```
for(i=0;i<= _____ ;printf("%d\n",i+=2));
```

A. 20　　B. 9　　C. 10　　D. 18 或 19

二、填空题

1. 下列程序的功能是计算 s=1+12+123+1234+12345。请填空。

```
#include <stdio.h>
int main()
{
    int t=0,s=0,i;
    for(i=1;i<=5;i++)
    {
        t=i+(_____);
        s=s+t;
    }
    printf("s=%d\n",s);
    return 0;
}
```

2. 下列程序的功能是输出 100 以内（不含 100）能被 3 整除且个位数为 6 的所有整数。请填空。

```
#include <stdio.h>
int main()
{
    int i,j;
    for(i=0;i<10;i++)
    {
        j=i*10+6;
        if(______)
            continue;
        printf("%d\n",j);
    }
```

```
    return 0;
}
```

3．下列程序的功能是计算 2+4+6+8+…+98+100。请填空。

```
#include <stdio.h>
int main()
{
    int i,________;
    for(i=2;i<=100;__________)
        s+=i;
    printf("%d",s);
    return 0;
}
```

4．下列程序的功能是求满足下式的 x、y、z。请填空。

```
      x y z
    + y z z
  ___________
      5 3 2
#include <stdio.h>
int main()
{
    int x,y,z,i,result=532;
    for(x=1; ________;x++)
        for(y=1;________;y++)
            for(________;________;z++)
            {
                i=________+(100*y+10*z+z);
                if(i==result)
                    printf("x=%d, y=%d, z=%d\n",x,y,z);
            }
    return 0;
}
```

5．下列程序的功能是求 Sn＝a+aa+aaa+…+aa...a 的值，其中 a 是一个数字。例如，2+ 22 +222+2222（此时 a=2,n＝4），a、n 由键盘输入。请填空。

```
#include <stdio.h>
int main()
{
    int a,n,count=1,Sn=0,Tn=0;
    printf("请输入 a 和 n 的值:\n");
    scanf("%d%d",&a,&n);
    while(count<=_______)
    {
        Tn=_______;
        Sn=Sn+Tn;
        a=a*10;
        ________;
```

```
    }
    printf("a+aa+aaa+…=%d\n",Sn);
    return 0;
}
```

6．一球从 100 米高度自由落下，每次落地后反弹回原来高度的一半，再落下，求它在第 10 次落地时，共经过多少米？第 10 次反弹多高？请填空。

```
#include <stdio.h>
int main()
{
    float Sn=100.0,hn=Sn/2;
    int n;
    for(n=2;________;n++)
    {
        Sn=Sn+hn*2;
        hn=________;
    }
    printf("第 10 次落地时共经过%f 米\n",Sn);
    printf("第 10 次反弹%f 米\n",hn);
    return 0;
}
```

7．下列程序的功能是从键盘输入一组字符，统计大写字母和小写字母的个数。请填空。

```
#include <stdio.h>
int main( )
{
    int m=0,n=0;
    char c;
    while((________)!='\n')
    {
        if(c>='A'&&c<='Z')
            m++;
        if(c>='a'&&c<='z')
            n++;
    }
    printf("大写字母的个数为%d，小写字母的个数为%d\n",m,n);
    return 0;
}
```

三、写出下列程序的运行结果

1．程序代码如下：

```
#include <stdio.h>
int main()
{
    int a=1,b=7;
    do
    {
```

```
        b=b/2;
        a+=b;
    }while(b>1);
    printf("%d\n",a);
    return 0;
}
```

2．程序代码如下：

```
#include <stdio.h>
int main()
{
    int n=12345,d;
    while(n!=0)
    {
        d=n%10;
        printf("%d",d);
        n/=10;
    }
    return 0;
}
```

3．程序代码如下：

```
#include <stdio.h>
int main()
{
    char c1,c2;
    for(c1='0',c2='9';c1<c2;c1++,c2--)
        printf("%c%c",c1,c2);
    printf("\n");
    return 0;
}
```

四、编程题

1. 求 1-3+5-7+…-99+101 的值。

2. 编程将一个正整数分解质因数。例如，输入 90，输出 90=2*3*3*5。

3. 德国数学家哥德巴赫在 1725 年写给欧拉的信中提出了以下猜想：任何大于 2 的偶数，均可表示为两个素数之和（俗称为 1+1）。近 3 个世纪了，这一猜想既未被证明，也未被推翻（即未找到反例）。请编写一个程序，在有限范围内（如 4～2000）验证哥德巴赫猜想成立。请注意：这只是有限的验证，不能作为对哥德巴赫猜想的证明。

4. 猴子吃桃问题：猴子第一天摘下若干桃子，当即吃了一半，还不过瘾，又多吃了一个。第二天早上又将剩下的桃子吃掉一半，又多吃了一个。以后每天早上都吃了前一天剩下的一半加一个。到第 10 天早上想再吃时，见只剩下一个桃子了。求第一天共摘了多少桃子？

5. 编程输出如下图案：

```
   *
  ***
 *****
*******
 *****
  ***
   *
```

6. 国王的小麦：相传古代印度国王舍罕要褒赏聪明能干的宰相达依尔（国际象棋的发明者），国王问他要什么？达依尔回答说："国王只要在国际象棋的棋盘第 1 个格子中放 1 粒麦子，第 2 个格子中放 2 粒麦子，第 3 个格子中放 4 粒麦子，以后按此比例每一格加一倍，一直放到第 64 格（国际象棋的棋盘是 8×8=64 格），我感恩不尽，其他什么都不要了。"国王想，这有多少？还不容易？于是让人扛来一袋小麦，但不到一会儿全用没了，再来一袋很快又用完了。如此计算下去，全印度的粮食全部用完还不够。国王纳闷，怎么算不清这笔账？请进行程序设计，用计算机来算一下。

7. 输入两个正整数 m 和 n，求它们的最大公约数和最小公倍数。

本题可以使用辗转相除法（欧几里得算法）求解两个整数的最大公约数，以下是其算法（分别用 n、m、r 表示被除数、除数及余数）。

（1）求 n/m 的余数 r。

（2）将 m 的值放在 n 中，将 r 的值放在 m 中。

（3）若 m=0，则 n 为最大公约数。若 m≠0，则执行步骤（1）。

最大公约数与最小公倍数存在如下关系。

$$m \times n = 最大公约数 \times 最小公倍数$$

因此，两数之积除以最大公约数所得的值即为最小公倍数。

8. 从左至右读与从右至左读相同的素数为回文素数。2 位数的回文素数只有 11，所有的 4 位整数、6 位整数、8 位整数中都不存在回文素数，但是 3 位回文素数有很多，编程求出所有小于 1000 的回文素数。

9. 一根长度为 133 米的材料，需要截成长度为 19 米和 23 米的短料，求两种短料各截多少根时，剩余的材料最少。

第5章 数组

学习目标

（1）理解数组在内存中的存放方式。

（2）掌握一维数组、二维数组的定义、初始化、引用。

（3）掌握字符数组和字符串的区别。

（4）掌握字符串库函数的基本用法。

数组是一组同类型的数据元素的有序集合，在内存中连续存放，便于利用循环结构来访问和控制。本章围绕计算人口老龄化、排序算法、查找算法、卷积、奇妙的语言等案例展开，主要介绍一维数组和二维数组的存储与使用方法，字符串输入、输出、复制、连接等常用字符串处理函数，以及字符串转换函数，重点是理解数组的存储方式，掌握运用数组的存储特点来解决实际问题的方法。

5.1 解决应用问题：计算人口老龄化问题

国际上通常把 60 岁以上的人口占总人口比例达到 10%，或 65 岁以上人口占总人口的比重达到 7%作为国家和地区进入老龄化的标准。我国自 2000 年已进入老龄化社会。根据我国第七次人口普查年龄为 0 岁、1 岁、2 岁……100 岁及以上人口数据，分别计算 60 岁及以上老年人口占总人口比例、65 岁及以上老年人口数量占总人口比例，判断我国人口老龄化状况。延迟退休改革已被写入党的二十大报告，具体实施方案还未公布，若实现 65 岁退休，在 60 岁至 64 岁之间哪个年龄影响人数最多？

上面的问题显然只定义一个变量是不可行的，那么定义 101 个变量呢？例如：

```
int population0,population1,population2,…,population100;
```

在程序中为这 101 个变量输入输出值是一件麻烦的事情，需要写 101 遍的输入输出语句才能解决问题。若要计算 60 岁至 64 岁人口数据最大值，也有些烦琐，效率低下。

因此，C 语言引入了数组类型来解决这类问题。在程序中使用数组，可以让一组同类型的变量使用同一个数组变量名，用下标来相互区分。它表达简洁，可读性好，便于使用循环结构。下面介绍数组的定义、元素引用和初始化方面知识。

5.1.1 一维数组

1. 定义

数组是一组具有相同数据类型的变量的集合。在C语言中，必须先进行定义才能使用数组。定义一个数组，需要明确数组变量名、数组元素的类型和数组的大小（即数组元素的个数）。

一维数组的定义格式如下：

```
类型说明符 数组名[整型表达式];
```

其中，类型说明符用来指定数组中每个元素的类型，可以是任意一种基本数据类型或构造数据类型；数组名是数组变量（以下简称数组）的名称，是用户定义的标识符；方括号中的整型表达式表示数组元素的个数，也称为数组的长度。例如：

```
int a[5];              //定义整型数组a，有5个元素
float m[10],n[20];     //定义实型数组m，有10个元素；实型数组n，有20个元素
char c[20];            //定义字符数组c，有20个元素
```

注　意

（1）对于同一个数组，其所有元素的数据类型都是相同的。

（2）数组的命名应符合标识符的命名规则。

（3）数组名不能与其他变量名相同。

（4）整型表达式的值大于等于1。

（5）允许在同一个类型说明中，定义多个数组。

数组定义后系统会根据数组元素的数据类型及个数在内存中分配一段连续的存储单元，用于存放数组中的各个元素，并对这些单元进行连续编号，即下标，来区分不同的单元。每个单元的字节数由数组定义时给定的数据类型来确定。假设int类型占用4字节，数组定义时的起始地址是1000H，一维数组的存储结构如图5-1所示，每个元素需占用4字节，共占用36字节。由图5-1可以看出，只要明确数组第一个元素的地址及数据类型，其余各个元素的存储地址均可计算得到。

内存地址	1000H	1004H	1008H	100CH	1010H	1014H	1018H	101CH	1020H
值	…	…	…	…	…	…	…	…	…
下标	0	1	2	3	4	5	6	7	8

图5-1　一维数组的存储结构

C语言规定，数组名表示该数组所分配连续内存空间中第一个单元的地址，即首地址。由于数组空间一经分配在运行过程中不会改变，因此数据名是一个地址常量，不允许更改。

2. 引用

数组元素是组成数组的基本单元。数组元素引用的一般形式如下：

```
数组名[下标]
```

数组元素的使用与同类型的变量一致，例如：

```
int num[10],i;
```

这里定义了整型数组 num 和整型变量 i。在使用整型变量的地方，都可以使用整型数组 num 的元素。例如：

```
scanf("%d",&num[0]);
i=7;
num[i]=num[0]+10;
```

都是合法的 C 语言语句。

说　明

（1）数组下标一般为整型常量或整型表达式。

（2）C 语言规定，数组的下标取值从 0 开始，最后一个元素的下标是定义时常量表达式的值减去 1 即数组长度减 1。注意数组下标不能越界。数组下标越界会使数据存取超出程序合法的内存空间，那里的数据是未知的，如果被意外修改，很可能会带来严重的后果。

（3）必须先定义数组，才能使用数组元素。在 C 语言中一般逐个地使用数组元素，而不能一次引用整个数组。

例如，输出有 10 个元素的数组一般使用循环语句逐个输出各数组元素：

```
for(i=0;i<10;i++)
        printf("%d",a[i]);
```

而不能用一个语句输出整个数组。即这样的写法是错误的：printf("%d",a);。

请读者注意区分数组的定义和数组元素的引用。数组定义时使用的方括号中的内容代表数组元素的个数，其值必须是整型常量值，而数组元素引用时使用的方括号，其中的内容代表数组的下标，可以使用整型常量或者表达式，也可以是整型变量。

3. 初始化

数组初始化赋值是指在数组定义时给数组元素赋初值。数组初始化是在编译阶段进行的，这样可以减少运行时间，提高效率。

数组初始化赋值的一般形式如下：

```
类型说明符 数组名[整型表达式]={值,值,…,值};
```

其中，在{}中的各数据值即为各元素的初值，各值之间用逗号间隔。例如：

```
int a[5]={0,1,2,3,4};
```

相当于 a[0]的值为 0，a[1]的值为 1……a[4]的值为 4。

C 语言对数组的初始化赋值还有如下规定。

（1）可以只给部分元素赋初值。当{}中值的个数少于元素个数时，只给前面部分元素赋值。例如：

```
int a[5]={0,1,2};
```

表示只给 a[0]～a[2]共 3 个元素赋值，而后 2 个元素自动赋 0 值。

（2）如给全部元素赋值，则在数组说明中，可以不给出数组元素的个数。例如：

```
int a[5]={1,2,3,4,5};
```

可写为

```
int a[]={1,2,3,4,5};
```

为了提高程序的可读性，建议读者在定义数组时，不管是否对全部数组元素赋初值，都不要省略数组长度。

（3）可以给元素逐个赋值，一般不能给数组整体赋值。

例如，给 5 个元素全部赋 1 值，只能写为

```
int a[5]={1,1,1,1,1};
```

而不能写为

```
int a[5]=1;
```

一维数组除了上述初始化给数组赋值外，还可以通过循环语句来实现动态输入。例如：

```
int a[10],i;
for(i=0;i<10;i++)
   scanf("%d",&a[i]);
```

运行时，用户可以从键盘输入 10 个数。数据之间用空格或者回车符隔开。不能用一条语句一次给整个数组赋值，下面的写法都是错误的：

```
scanf("%d",&a);
scanf("%d",&a[10]);
```

5.1.2 计算和输出

【例 5.1】 有 10 个数 45、81、25、36、57、11、-7、4、78、93，输出其中最大值、最小值。

分析：本例程序应用数组来存储 10 个数，数组定义时给数组元素赋初值为 45、81、25、36、57、11、-7、4、78、93。求最大值的方法是定义 max 变量，存储数组的最大值，初值为数组第一个元素的值。使用循环遍历数组，在循环遍历过程中，数组内的其他元素逐一与 max 变量进行比较，若数组元素的值大于 max 变量的值，则将该元素的值赋给 max，当整个数组遍历完成后，max 变量存储的就是数组元素的最大值。最小值算法与最大值算法类似，这里不做介绍。

参考程序代码如下：

```
#include <stdio.h>
#define NUM 10
int main()
{
   int i, max,  min, a[NUM]={ 45,81,25,36,57,11,-7,4,78,93 };
   max=min=a[0];
   for(i=1;i<NUM;i++)
   {
      if(a[i]>max)
        max=a[i];
      if(a[i]<min)
        min=a[i];
```

```
    }
    printf("max=%d\nmin=%d\n", max, min);
    return 0;
}
```

程序运行结果如下：

```
C:\WINDOWS\system32\cmd.exe
max = 93
min = -7
请按任意键继续. . .
```

【例 5.2】 输入某班级某门课程的成绩（最多不超过 40 人，具体人数从键盘输入），编写代码统计及格的人数，并将及格的成绩以每行 5 个显示输出。

分析：某班级人数不超过 40 人，定义可以存放 40 人成绩的单精度数组。由于具体人数不定，先输入班级人数（不大于 40），然后根据人数输入某门课程的成绩，找到及格同学并统计人数，按要求输出及格同学的成绩。

参考程序代码如下：

```
#include <stdio.h>
int main()
{
    int n, i, x=0;
    float score[40];                    //定义数组存储课程的成绩
    printf("请输入人数：");
    scanf("%d",&n);
    printf("请输入%d 个学生的分数：", n);
    //用数组下标作为循环变量，将键盘录入的数据逐个存储到数组的元素中
    for(i=0;i<n;i++)                //数组下标为[0,n)
        scanf("%f", &score[i]);
    printf("及格同学的成绩如下:\n");
    for(i=0;i<n;i++)
        if(score[i]>=60)          //成绩为及格及以上时，输出成绩并统计人数
        {
            printf("%8.1f", score[i]);
            x++;
            if(x%5==0)                  //每输出 5 个数就换行
                printf("\n");
        }
    printf("\n 及格人数%d 人\n", x);
    return 0;
}
```

程序的运行结果如下：

```
C:\WINDOWS\system32\cmd.exe
请输入人数：15
请输入15个学生的分数：87 65 82 53 62 74 69 89 95 72 44 87 66 85 97
及格同学的成绩如下:
    87.0    65.0    82.0    62.0    74.0
    69.0    89.0    95.0    72.0    87.0
    66.0    85.0    97.0
及格人数13人
请按任意键继续. . .
```

【例 5.3】 调查公共选修课受欢迎程度。某高校要调查去年新增的 10 门公共选修课的受欢迎情况，共调查了 10000 名同学。现要求编写程序，输入每名同学的投票情况（每名同学只能选择一门最喜欢的公共选修课投票），统计输出每门公共选修课的得票情况。

分析：可设一维数组 count 存放 10 门公共选修课的投票结果。再通过循环来统计 10000 名同学的投票情况。这里读者可能考虑为什么不定义拥有 10000 个元素的数组，记录每位学生选课情况呢？考虑本题不需要对每人的选择再次分析，同时 10000 个元素确实需要占用较大的存储空间，故从节省内存空间角度出发仅定义一个拥有 10 个元素的数组，存放每门公共选修课的得票数即可。

参考程序代码如下：

```
#include <stdio.h>
#define N 11
int main()
{
    int i, response;
    int count[N]={0};
    //数组下标对应公共选修课的编号，不使用 count[0]，并将数组所有元素的值初始
      化为 0,即每门公共选修课计数器清零
    for(i=1;i<=10000;i++)
    {
        printf("请输入你的选择: ");
        scanf("%d",&response);
        if(response>=1&&response<=10) //检查投票是否有效
            count[response]++;          //对应公共选修课程得票加 1
        else
            printf("选择有误。\n");
    }
    printf("每门课程的得票为: \n");       //显示输出每门公共选修课程的得票情况
    for(i=1;i<N;i++)
        printf("%d 号课程\t\t %d 票\n",i,count[i]);
    return 0;
}
```

本节开篇案例根据第七次人口普查数据，计算我国人口老龄化情况。若实现 65 岁退休，在 60 岁至 64 岁之间哪个年龄影响人数最多？

分析：定义数组存放 0 岁、1 岁、2 岁到 100 岁及以上年龄的人口数据，计算全国人口总数、60 岁及以上人口总数、65 岁及以上人口总数。根据人口老龄化公式计算得到我国人口老龄化数据。最后求 60 至 64 岁之间人口数据的最大值。

参考程序代码如下：

```
#include <stdio.h>
#define N 101
#define M1 60
```

```
    #define M2 65
    int main()
    {//输入重定向后，scanf 函数会从 population.txt 中读取整型数据存放在数组中
        int population[N], i, total=0, total_M1, total_M2, max=0,maxi=0;
        total_M1=total_M2=0;
        for(i=0;i<N;i++)        //得到各个年龄人口数并统计全国人口总数
        {
            scanf("%d", &population[i]);
            total+=population[i];
        }
        for(i=M1-1;i<N;i++)   //计算 60 岁及以上人口总数
            total_M1+=population[i];
        for(i=M2-1;i<N;i++)   //计算 65 岁及以上人口总数
            total_M2+=population[i];
        //输出重定向后，printf 语句输出内容会放在 out.txt 中
        printf("我国人口总数为：%d 人\n", total);
        printf("我国 60 岁及以上人口总数：%d 人\n", total_M1);
        printf("我国 65 岁及以上人口总数：%d 人\n", total_M2);
        printf("60 岁及以上老年人口占总人口比例:%.1f%%\n",total_M1*1.0/
                total*100);
        printf("65 岁及以上老年人口占总人口比例:%.1f%%\n", total_M2 * 1.0 / total * 100);
        if(total_M1 * 1.0 / total * 100 > 10 || total_M2 * 1.0 / total * 100 > 7)
        printf("我国人口老龄化问题不容忽视！\n");
        for(i=M1;i<M2;i++)    //在 60 岁至 64 岁之间求人口数据的最大值
            if(population[i]>max)
            {
                max=population[i];
                maxi=i;
            }
        printf("若 65 岁退休，60 至 64 岁之间影响人数最多的是%d 岁人群，影响人数达%d
                人。\n", maxi, max);
        return 0;
    }
```

程序运行结果如下：

```
我国人口总数为：1409778724人
我国60岁及以上人口总数：274577265人
我国65岁及以上人口总数：206286090人
60岁及以上老年人口占总人口比例:19.5%
65岁及以上老年人口占总人口比例:14.6%
我国人口老龄化问题不容忽视！
若65岁退休，60至64岁之间影响人数最多的是63岁人群，影响人数达17232007人
```

程序中定义一个整型数组 population 后，在内存中开辟了 101 个连续的单元，用于存放数组 population 的 101 个元素 population[0]～population[100]的值。这些元素的类型都是整型，由数组名 population 和下标唯一地确定每个元素。

本题使用的第七次人口普查数据来自中华人民共和国国家统计局官网。从官网下载 0 岁、1 岁、2 岁到 100 岁及以上年龄的人口数据存放在 population.txt 中，每个年龄的人口数占一行，共 101 行数据，如图 5-2 所示。

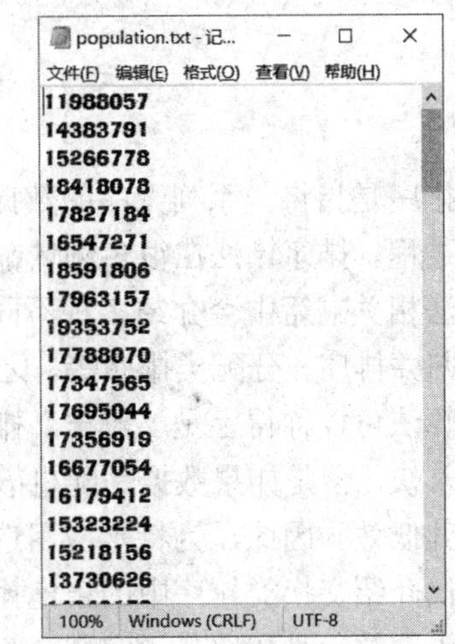

图 5-2　第七次人口普查每个年龄人口数据

由于手动输入 101 条数据过于麻烦，这里使用输入输出重定向实现。创建项目，将 population.txt 文件复制到当前项目所在路径下。打开 Visual Studio（简称 VS）集成开发环境中的“属性页”对话框，如图 5-3 所示。选择“调试”属性，在右侧“命令参数”组合框中输入 <population.txt>out.txt。输入就会重定向为 population.txt，输出重定向到 out.txt 中。

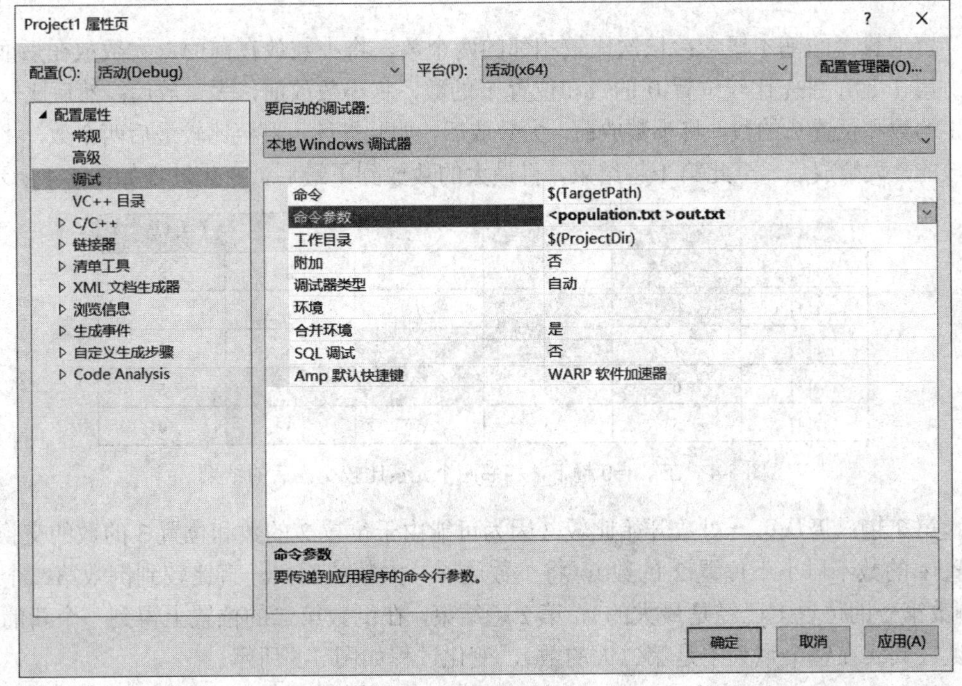

图 5-3　项目属性页

计算结果显示，我国 60 岁及以上人口约为 2.7457 亿人，占总人口的 19.5%，其中，65 岁及以上人口约为 2.0628 亿人，占总人口的 14.6%。人口老龄化问题不容忽视。党的二十大报告指出，中国式现代化是人口规模巨大的现代化，要优化人口发展战略，建立生育支持政策体系，实施积极应对人口老龄化国家战略，深入实施人才强国战略。

这里留下一个思考题，本题代码还有很大优化空间。请读者思考如何优化该程序使其更为简洁高效。

5.2 解决应用问题：排序

排序是指将一系列无序的数据按照特定的顺序（如升序或降序）重新排列为有序序列的过程。排序算法在很多领域都很重视，尤其是在大量数据的处理方面。在数据结构与算法相关书籍中会介绍多种不同的排序算法，如插入类排序、交换类排序、选择类排序、归并排序、分配类排序等。之所以罗列这么多的排序算法，一个重要原因就是没有一种算法可以称得上是“最佳”排序算法。当数据本身已经接近正确顺序时，有些算法会非常快，但是如果数据是随机散落的，或者是接近于逆序排列的，这些算法马上会变得极其低效。因此，为特定应用选择最佳排序算法时，通常需要对原始数据进行分析。本节仅介绍交换类排序中的冒泡排序与选择类排序中的简单选择排序两种排序算法，它们易于理解，且代码易于实现。

5.2.1 冒泡排序算法

冒泡排序的基本概念：依次比较相邻的两个数，将小数放在前面，大数放在后面。

第 1 趟：首先比较位置 0 的数和位置 1 的数，将小数放前，大数放后；然后比较位置 1 的数和位置 2 的数，将小数放前，大数放后，如此继续，直至比较最后两个数，将小数放前，大数放后。至此第 1 趟结束，将最大的数放到了最后，变化过程如图 5-4 所示。

元素位置	j=0	j=1	j=2	j=3	结果
a[0]	9	8	8	8	8
a[1]	8	9	7	7	7
a[2]	7	7	9	6	6
a[3]	6	6	6	9	5
a[4]	5	5	5	5	9

图 5-4　在第 i=0 趟下，相邻两个元素比较交换后的结果

第 2 趟：仍从第一对数开始比较（因为可能由于位置 2 的数和位置 3 的数的交换，位置 1 的数不再小于位置 2 的数），将小数放前，大数放后，一直比较到倒数第二个数（倒数第一的位置上已经是最大的），第 2 趟结束，在倒数第二的位置上得到一个新的最大数（其实在整个数列中是第二大的数），变化过程如图 5-5 所示。

元素位置	j=0	j=1	j=2	结果
a[0]	8	7	7	7
a[1]	7	8	6	6
a[2]	6	6	8	5
a[3]	5	5	5	8
a[4]	9	9	9	9

图 5-5　在第 i=1 趟下，相邻两个元素比较交换后的结果

如此下去，重复以上过程，直至最终完成排序。每一趟排序后的结果如图 5-6 所示。

元素位置	原始数据	i=0	i=1	i=2	i=3
a[0]	9	8	7	6	5
a[1]	8	7	6	5	6
a[2]	7	6	5	7	7
a[3]	6	5	8	8	8
a[4]	5	9	9	9	9

图 5-6　原始数据第 i 趟排序后数据与位置的变化

分析图 5-6 可得，当数组元素个数 NUM 为 5 时，则趟数为 4（即 NUM−1），分析图 5-4 和图 5-5 可得，当第 i 趟时，相邻比较两个元素的前者的位置范围在 0 到 NUM−2−i 之间。由于在排序过程中总是小数往前放，大数往后放，相当于气泡往上升，称作冒泡排序。

参考程序代码如下：

```
#include <stdio.h>
#define NUM 5
int main()
{
    int i, j, tmp, a[NUM];
    printf("请输入%d个数:\n", NUM);
    for(i=0;i<NUM;i++)                //输入 NUM 个整数存放到数组中
        scanf("%d",&a[i]);
//外层 for 循环：比较趟数，NUM 个数字，需要(NUM-1)趟比较
  for(i=0;i<NUM-1;i++)
//内层 for 循环：某趟中相邻两个数比较的次数。若第 i 趟，比较次数为(NUM-1-i)次
        for(j=0;j<NUM-1-i;j++)
            if(a[j]>a[j+1])           //相邻两个数比较
            {
                tmp=a[j];
                a[j]=a[j+1];
                a[j+1]=tmp;
            }
    printf("排序结果为:\n");
    for(i=0;i<NUM;i++)
        printf("%6d",a[i]);
    printf("\n");
    return 0;
}
```

冒泡排序算法的最坏情况是待排序数据逆序排列。排序的稳定性是指假定在待排序的序列中存在多个相同的数据，若经过排序后，相同数据的领先关系没有发生变化，则称所用的排序算法是稳定的；反之，若相同数据的领先关系在排序过程中发生变化，则称所用的排序方法是不稳定的。冒泡排序算法就是一种稳定的排序算法。

无论是稳定的还是不稳定的排序方法，均能完成排序。在某些场合，如选举和比赛中，对排序的稳定性是有特殊要求的。例如，在进行选举之前事先约定，在得票相同的情况下，抽签在前的排序后仍在前，这就必须选用稳定的排序方法。

5.2.2 简单选择排序算法

简单选择排序算法是一种选择类排序算法，用于为每一个位置选择当前最小的元素。

简单选择排序的基本思想：首先从第 1 个位置开始对全部元素进行选择，选出全部元素中最小的给该位置，再对第 2 个位置进行选择，在剩余元素中选择最小的给该位置；以此类推，重复进行“最小元素”的选择，直至完成第（n−1）个位置的元素选择，则第 n 个位置就只剩唯一的最大元素，此时无须再进行选择，如图 5-7 所示。其中，底纹为灰色的是未排序部分的数组元素。

元素位置	原始数据	第 1 趟	第 2 趟	第 3 趟	第 4 趟	第 5 趟	第 6 趟
a[0]	49	13	13	13	13	13	13
a[1]	38	38	27	27	27	27	27
a[2]	65	65	65	38	38	38	38
a[3]	97	97	97	97	49	49	49
a[4]	76	76	76	76	76	65	65
a[5]	13	49	49	49	97	97	76
a[6]	27	27	38	65	65	76	97

图 5-7　选择排序

有 NUM 个元素的数组，需要经过（NUM−1）趟排序后数组有序。在每趟排序过程中，找到未排序部分的数组元素中的最小值，若其下标不是未排序序列的第一个，就与未排序序列的第一个元素交换。

参考程序代码如下：

```
#include <stdio.h>
#define NUM 5
int main()
{
    int i, j, k, temp, a[NUM];
    for(i=0;i<NUM;i++)
        scanf("%d",&a[i]);
    for(i=0;i<NUM-1;i++)                    //NUM 个数，需要(NUM-1)趟比较
    {
        k=i;
        for(j=i+1;j<NUM;j++)
            if(a[j]<a[k])                   //按数组 a 的元素值从低到高排序
               k=j;                         //记录最小数下标位置
        if(k!=i)                            //若最小数的位置不在 i 处
        {
            temp=a[k];
            a[k]=a[i];
            a[i]=temp;
        }
    }
    printf("排序后的结果为:\n");
    for(i=0;i<NUM;i++)
```

```
        printf("%6d", a[i]);
    printf("\n");
    return 0;
}
```

在简单选择排序过程中，所需移动数据的次数比较少。最好情况下，即待排序数据初始状态就已经是正序排列了，则不需要移动数据。最坏情况下，即第一个数据最大，其余数据从小到大有序排列，此时移动数据的次数最多，为3（n-1）次。简单选择排序是一种不稳定的排序方法。

5.3　解决应用问题：查找

在一些工程运算问题中，数据存储量一般很大，为了在大量信息中找到某些值，需要用到查找技术。本节介绍顺序查找法和折半查找法。

5.3.1　顺序查找法

顺序查找法的基本思想是从数组第1个元素开始，从前往后依次与关键字进行比较。若找到该数，则显示元素对应的位置值，直到查找到数组尾部；若未找到该数，则输出该数不存在。

参考程序代码如下：

```
#include <stdio.h>
#define N 10
int main()
{
    int a[N], m, i, flag=0;  //变量flag是一个标记，找到为1，没找到为0
    printf("输入10个数：\n");
    for(i=0;i<N;i++)
        scanf("%d",&a[i]);
    printf("\n请输入待查找的数:");
    scanf("%d",&m);
    i=0;
    while(i<N)
    {
        if(a[i]!=m)
          i++;
        else
        {
            printf("\n找到了，位置为%d\n", i+1);
            flag=1;
            i++;
        }
    }
    if(flag==0)
      printf("此数不存在!\n");
    return 0;
}
```

5.3.2 折半查找法

折半查找也称对分查找，其基本思想是，首先选取位于数组中间的元素，将其与查找值进行比较，如果它们的值相等，则查找值被找到，返回数组中间元素的下标；否则将查找的区间缩小为原来区间的一半，即在一半的数据元素中继续查找。每次查找前先确定数组中查找范围的区间：low（区间左端点）和 high（区间右端点）（low≤high），然后比较查找值与中间位置下标（mid）中的元素值。如果查找值大于中间位置元素的值，则下一次查找范围放在中间位置之后的元素中，查找范围的左端点为中间元素位置下标加 1，即 low=mid+1；反之，则下一次查找范围放在中间位置之前的元素中，查找范围的右端点为中间元素位置下标减 1，即 high=mid-1。直到 low>high，查找结束。

参考程序代码如下：

```
#include <stdio.h>
#define N 10
int main()
{
    /*数组元素有序*/
    int num[N]={1,3,5,21,43,54,77,96,121,324}, i, number;
    /*区间左端点 low 置为 0，右端点 high 置为 N-1*/
    int low=0, high=N-1, mid;
    printf("请输入需要查找的数字：");
    scanf("%d", &number);
    while(low<=high)            /*若左端点小于等于右端点，则继续查找*/
    {
        mid=(high+low)/2;       /*取数据区间的中点*/
        if(number>num[mid])     /*若 number>num[mid]，则修改区间的左端点*/
            low=mid+1;
        /*若 number<num[mid]，则修改区间的右端点*/
        else if(number<num[mid])
            high=mid-1;
        else
        {
            printf("找到");
            break;
        }
    }
    if(low>high)        /*循环结束仍未找到，则显示抱歉，没有找到该数*/
        printf("抱歉，没有找到该数");
    return 0;
}
```

在编写代码时需要考虑所有可能情况，如果数组长度很大，使得 low 和 high 之和超出了 limits.h 中定义的有符号整数的范围，那么执行语句 mid = (high + low) / 2;就会发生数据溢出。这时可用 mid=low+(high-low)/2;来解决。

当待查数据是有序序列时，折半查找法比顺序查找法的平均查找速度要快得多。折半查找法的使用前提是被查找的数据集合是已排好序的。顺序查找法不受这一前提条件的约束，所以对于无序的数据而言，顺序查找是可行的办法。

5.4　解决应用问题：卷积

在图像处理中，卷积操作是指使用一个卷积核对图像中的每个像素进行一系列操作。

卷积核是用来做图像处理的矩阵，图像处理也称为掩膜，是与原图像做运算的参数。卷积核通常是一个四方形的网格结构（如 3×3 的矩阵或像素区域），该区域上每个方格都有一个权重值。使用卷积进行计算时，需要将卷积核的中心放置在要计算的像素上，依次计算核中每个元素和其覆盖的图像像素值的乘积并求和，得到的结构就是该位置的新像素值。图像处理如图 5-8 所示。

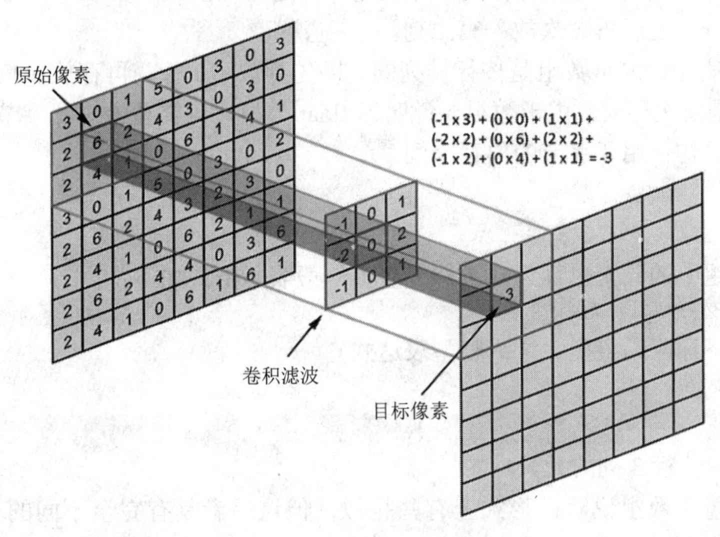

图 5-8　图像处理

卷积在数字图像处理中最常见的应用为锐化和边缘提取，此外，在人工智能中，图像处理也极为常见，这里的运算使用“零填充，单位滑动”（zero padding，unit strides）方式进行。

卷积这种运算使用已学知识来解决显然很困难，因此下面来学习二维数组。

5.4.1　二维数组

1. 定义

前面介绍的数组只有一个下标，称为一维数组，其数组元素也称为单下标变量。在实际问题中有很多场景需要用到多维数组，因此C语言允许构造多维数组。多维数组元素有多个下标，以标识它在数组中的位置，也称为多下标变量。本小节只介绍二维数组，多维数组可由二维数组类推得到。

二维数组定义的一般形式如下：

```
类型说明符 数组名[整型表达式1][整型表达式2];
```

其中，整型表达式 1 表示第一维下标的长度，整型表达式 2 表示第二维下标的长度。

例如：

```
float a[2][4];
```

说明了一个 2 行 4 列的数组，数组名为 a，元素的数据类型为浮点型。该数组共有 2×4 个元素，即

```
a[0][0],a[0][1],a[0][2],a[0][3]
a[1][0],a[1][1],a[1][2],a[1][3]
```

二维数组在概念上是二维的，就是说其下标在两个方向上变化，下标变量在数组中的位置也处于一个平面之中，而不像一维数组只是一个向量。但是，实际的硬件存储器却是连续编址的，也就是说存储器单元是按一维线性排列的。在一维存储器中存放二维数组有两种方式：一种是按行排列，即放完一行之后顺次放入第二行；另一种是按列排列，即放完一列之后再顺次放入第二列。

在 C 语言中，二维数组是按行排列的。即先存放 a[0]行，再存放 a[1]行。每行中的 4 个元素也是依次存放。由于数组 a 说明为 float 类型，该类型占用 4 字节的内存空间，因此每个元素均占用 4 字节的内存空间。

2. 引用

二维数组中的元素也称为双下标变量，一般表示形式如下：

```
数组名[下标][下标]
```

其中，下标应为整型常量或整型表达式。

例如：

```
a[2][3]
```

表示 a 数组中 2 行 3 列的元素。

下标变量和数组说明在形式上有些相似，但这两者具有完全不同的含义。数组说明的方括号中给出的是某一维的长度，而数组元素中的下标是该元素在数组中的位置标识。

3. 初始化

二维数组初始化同样是在类型说明时给各下标变量赋初值。二维数组可按行分段赋值，也可按行连续赋值。

例如，数组 a[5][3]有以下两种赋值方式。

（1）按行分段赋值。

```
int a[5][3]={ {80,75,92},{61,65,71},{59,63,70},{85,87,90},{76,77,85} };
```

（2）按行连续赋值。

```
int a[5][3]={ 80,75,92,61,65,71,59,63,70,85,87,90,76,77,85};
```

这两种赋初值的结果是完全相同的。

对于二维数组初始化赋值还有以下说明。

（1）可以只对部分元素赋初值，未赋初值的元素自动取 0 值。

例如：

```
int a[3][3]={{1},{2},{3}};
```

是对每一行的第一列元素赋值，未赋值的元素取 0 值。二维数组赋值后各元素的值为

$$\begin{bmatrix} 1 & 0 & 0 \\ 2 & 0 & 0 \\ 3 & 0 & 0 \end{bmatrix}$$

又如：

```
int a[3][3]={{0,1},{0,0,2},{3}};
```

二维数组赋值后各元素的值为

$$\begin{bmatrix} 0 & 1 & 0 \\ 0 & 0 & 2 \\ 3 & 0 & 0 \end{bmatrix}$$

（2）如对全部元素赋初值，则第一维的长度可以不给出。

例如：

```
int a[3][3]={1,2,3,4,5,6,7,8,9};
```

可以写为

```
int a[][3]={1,2,3,4,5,6,7,8,9};
```

（3）数组是一种构造类型的数据。二维数组可以看作由一维数组嵌套构成。设一维数组的每个元素也是一个数组，就组成了二维数组。当然，前提是各元素类型必须相同。根据上述分析，一个二维数组也可以分解为多个一维数组。C 语言允许这种分解。

例如，二维数组 a[3][4]，可分解为 3 个一维数组，其数组名分别为

$$\begin{bmatrix} a[0] \\ a[1] \\ a[2] \end{bmatrix}$$

这 3 个一维数组无须另作说明即可使用。这 3 个一维数组都有 4 个元素，例如，一维数组 a[0]的元素为 a[0][0]，a[0][1]，a[0][2]，a[0][3]。二维数组 a 与各个数组元素的关系，如图 5-9 所示。

$$a \rightarrow \begin{bmatrix} a[0] \\ a[1] \\ a[2] \end{bmatrix} \begin{matrix} \rightarrow \\ \rightarrow \\ \rightarrow \end{matrix} \begin{bmatrix} a[0][0] & a[0][1] & a[0][2] & a[0][3] \\ a[1][0] & a[1][1] & a[1][2] & a[1][3] \\ a[2][0] & a[2][1] & a[2][2] & a[2][3] \end{bmatrix}$$

图 5-9　二维数组 a 与各个数组元素的关系

必须强调的是，a[0]、a[1]、a[2]不能当作下标变量使用，它们是数组名，不是一个单纯的下标变量。

5.4.2　计算和输出

【例 5.4】 定义一个 4×3 的二维数组 a，数组元素的值 a[i][j]=i+j，i 的取值为[0,3]，j 的取值为[0,2]，按矩阵的形式输出 a。

分析：定义二维数组 a[4][3]，数组元素的值通过两层循环赋值为 a[i][j] = i + j；同时注意数组下标不能越界，即 $0 \leqslant i \leqslant 3$, $0 \leqslant j \leqslant 2$。以矩阵形式输出，则每行除了输出该行数组内容外还要输出换行。

参考程序代码如下：

```
#include <stdio.h>
int main()
{
    int i, j;
    int a[4][3];
    for(i=0;i<4;i++)
        for(j=0;j<3;j++)
            a[i][j]=i+j;
    for(i=0;i<4;i++)
    {
        for(j=0;j<3;j++)
            printf("%4d",a[i][j]);
        printf("\n");
    }
    return 0;
}
```

程序运行结果如下：

```
C:\WINDOWS\system32\cmd.exe
   0   1   2
   1   2   3
   2   3   4
   3   4   5
请按任意键继续. . .
```

以矩阵形式输出数组 a 时，外循环是针对行下标的，对其中的每一行，首先输出该行上的所有元素（用针对列下标的内循环实现），然后换行。

设 N 是正整数，定义一个 N 行 N 列的二维数组 a 后，数组元素表示为 a[i][j]，行下标 i 和列下标 j 的取值都是[0,N−1]。用该二维数组 a 表示 N×N 方阵时，矩阵的一些常用术语与二维数组行、列下标的对应关系如表 5-1 所示。

表 5-1　矩阵术语与二维数组下标的对应关系

术语	下标规律
主对角线	i==j
上三角	i<=j
下三角	i>=j
副对角线	i+j==n−1

【例 5.5】 现代五项运动包括射击、击剑、游泳、马术、跑步 5 个项目。2008 年北京奥运会之后，国际现代五项联盟对规则进行了重大修改，将射击和跑步合并成一项，称为跑射联项，也就是说现在的比赛是游泳、击剑、马术和跑射联项共 4 个项目，但运动项目的名称仍为“现代五项”。表 5-2 是中华人民共和国第十四届全国运动会部分运动员的现代五项成绩。请计算每人总分、各项平均分。

表 5-2　中华人民共和国第十四届全国运动会部分运动员的现代五项成绩

姓名	击剑	游泳	马术	跑射联项
刘畅	227	303	265	568
孔泳杨	219	299	251	547
贺英杰	253	299	265	574
罗帅	269	299	293	600
武博辰	244	285	293	599

分析：定义一个 5×4 二维数组，记录 5 人的现代五项运动成绩。其中每逻辑行记录一人击剑、游泳、马术、跑射联项成绩，共 5 行。再定义两个一维数组分别存储 5 人的个人总分和 4 项赛事平均分。使用循环计算总分与平均分。

参考程序代码如下：

```
#include <stdio.h>
int main()
{
    int i, j;
    int performance[5][4]={ 227,303,265,568,219,299,251,547,253,299,
                         265,574,269,299,293,600,244,285,293,599 };
    int personal_total_score[5]={ 0 }, performance_total_score[4]={ 0 };
    /*显示 5 人现代五项运动成绩，以矩阵形式输出*/
    for(i=0;i<5;i++)
    {
        for(j=0;j<4;j++)
            printf("%4d", performance[i][j]);
        printf("\n");
    }
    /*统计个人总分和 4 项赛事总分*/
    for(i=0;i<5;i++)
        for(j=0;j<4;j++)
        {
            personal_total_score[i]+=performance[i][j];
            performance_total_score[j]+=performance[i][j];
        }
    /*显示个人总分*/
    for(i=0;i<5;i++)
        printf("个人总分为%d\n", personal_total_score[i]);
    /*计算并显示各项赛事平均分*/
    for(i=0;i<4;i++)
    {
        performance_total_score[i]=performance_total_score[i]/5;
        printf("该项赛事平均分%d\n", performance_total_score[i]);
    }
    return 0;
}
```

【例 5.6】 在二维数组 a 中选出各行值最大的元素组成一个一维数组 b。

$$a=\begin{bmatrix}3 & 16 & 87 & 65\\ 4 & 32 & 11 & 108\\ 10 & 25 & 12 & 27\end{bmatrix}$$

$$b=[87 \quad 108 \quad 27]$$

分析：在数组 a 的每一行中寻找值最大的元素，找到之后将该值赋予数组 b 相应的元素。

参考程序代码如下：

```
#include <stdio.h>
int main()
{
    int a[3][4]={3,16,87,65,4,32,11,108,10,25,12,27};
    int b[3], i, j, m;
    for(i=0;i<=2;i++)
    {
        m=a[i][0];
        for(j=1;j<=3;j++)
            if(a[i][j]>m)
                m=a[i][j];
        b[i]=m;
    }
    printf("\narray a : \n");
    for(i=0;i<=2;i++)
    {
        for(j=0;j<=3;j++)
            printf("%5d",a[i][j]);
        printf("\n");
    }
    printf("\narray b : \n");
    for(i=0;i<=2;i++)
        printf("%5d",b[i]);
    printf("\n");
    return 0;
}
```

程序运行结果如下：

```
C:\WINDOWS\system32\cmd.exe

array a :
    3   16   87   65
    4   32   11  108
   10   25   12   27

array b :
   87  108   27
请按任意键继续. . .
```

程序中第一个 for 语句中又嵌套了一个 for 语句组成双重循环。外循环控制逐行处理，并将每行的第 0 列元素赋予 m。进入内循环后，将 m 与后面各列元素进行比较，并将比 m 大者赋予 m，内循环结束时 m 即为该行最大的元素，然后将 m 值赋予 b[i]。

等外循环全部完成时，数组 b 中已装入数组 a 各行中的最大值。后面的两个 for 语句分别用于输出数组 a 和数组 b。

5.4.3 矩阵及运算

1. 矩阵的概念

在数学中，矩阵是一个按照长方阵列排列的复数或实数集合，最早来自方程组的系数及常数所构成的方阵。这一概念由 19 世纪英国数学家凯利首先提出。矩阵是高等代数学中的常见工具，也常见于统计分析等应用数学学科中。在物理学中，矩阵在电路学、力学、光学和量子物理中都有应用；在计算机科学中，三维动画制作也需要用到矩阵，尤其在计算机的图像处理中，利用矩阵表示图像元素十分常见。矩阵的运算是数值分析领域的重要问题。将矩阵分解为简单矩阵的组合可以在理论和实际应用上简化矩阵的运算。

由 $m \times n$ 个数 a_{ij} 排成的 m 行 n 列的数表称为 m 行 n 列的矩阵，简称 $m \times n$ 矩阵。记作

$$\boldsymbol{A}=\begin{bmatrix} a_{11} & a_{12} & \cdots & a_{1n} \\ a_{21} & a_{22} & \cdots & a_{2n} \\ a_{31} & a_{32} & \cdots & a_{3n} \\ \vdots & \vdots & & \vdots \\ a_{m1} & a_{m2} & \cdots & a_{mn} \end{bmatrix}$$

这 $m \times n$ 个数称为矩阵 $\boldsymbol{A}$ 的元素，简称为元，数 a_{ij} 位于矩阵 $\boldsymbol{A}$ 的第 i 行第 j 列，称为矩阵 $\boldsymbol{A}$ 的 (i,j) 元，以数 a_{ij} 为 (i,j) 元的矩阵可记为 (a_{ij}) 或 $(a_{ij})m \times n$，$m \times n$ 矩阵 $\boldsymbol{A}$ 也记作 $\boldsymbol{A}_{mn}$。

注 意

矩阵的概念很多，而且矩阵的运算属于计算机图形学、数学等学科的必备知识。本节简单介绍矩阵运算，需要了解矩阵转置、矩阵加减乘除法，其中矩阵乘法在计算机中使用最多。

2. 矩阵的转置

矩阵的转置是矩阵的一种运算，在矩阵的所有运算法则中占有重要地位。一个矩阵的转置就是将原来的行变为列，从而得到一个新矩阵。

把 $m \times n$ 矩阵 $\boldsymbol{A}$ 的行换成同序数的列得到一个 $n \times m$ 矩阵，此矩阵称为 $\boldsymbol{A}$ 的转置矩阵，记做 $\boldsymbol{A}^{\mathrm{T}}$。例如，矩阵

$$\boldsymbol{A}=\begin{bmatrix} 1 & 2 & 0 \\ 3 & -1 & 4 \end{bmatrix}$$

的转置矩阵为

$$\boldsymbol{A}^{\mathrm{T}}=\begin{bmatrix} 1 & 3 \\ 2 & -1 \\ 0 & 4 \end{bmatrix}$$

3. 矩阵加减法

矩阵加减法运算规则：将两个矩阵的每一行每一列对齐，直接进行元素之间的相加或相减。例如：

$$\boldsymbol{A}=\begin{bmatrix} a_{11} & a_{12} & \cdots & a_{1n} \\ a_{21} & a_{22} & \cdots & a_{2n} \\ \vdots & \vdots & & \vdots \\ a_{m1} & a_{m2} & \cdots & a_{mn} \end{bmatrix} \qquad \boldsymbol{B}=\begin{bmatrix} b_{11} & b_{12} & \cdots & b_{1n} \\ b_{21} & b_{22} & \cdots & b_{2n} \\ \vdots & \vdots & & \vdots \\ b_{m1} & b_{m2} & \cdots & b_{mn} \end{bmatrix}$$

则

$$\boldsymbol{A}\pm\boldsymbol{B}=\begin{bmatrix} a_{11}\pm b_{11} & a_{12}\pm b_{12} & \cdots & a_{1n}\pm b_{1n} \\ a_{21}\pm b_{21} & a_{22}\pm b_{22} & \cdots & a_{2n}\pm b_{2n} \\ \vdots & \vdots & & \vdots \\ a_{m1}\pm b_{m1} & a_{m2}\pm b_{m2} & \cdots & a_{mn}\pm b_{mn} \end{bmatrix}$$

两个矩阵相加，即它们相同位置的元素相加。只有面对两个行数、列数分别相等的矩阵（即同型矩阵）时，加减法运算才有意义，即加减运算是可行的。同时，对于加法而言，$\boldsymbol{A}+\boldsymbol{B}$ 与 $\boldsymbol{B}+\boldsymbol{A}$ 是没有什么不同的，它们的结果运算是一样的。

4. 矩阵乘法

两个矩阵的乘法仅当第一个矩阵 $\boldsymbol{A}$ 的列数和另一个矩阵 $\boldsymbol{B}$ 的行数相等时才能定义。例如，$\boldsymbol{A}$ 是 $m\times n$ 矩阵和 $\boldsymbol{B}$ 是 $n\times p$ 矩阵，它们的乘积 $\boldsymbol{C}$ 是一个 $m\times p$ 矩阵，其元素

$$c_{i,j}=a_{i,1}b_{1,j}+a_{i,2}b_{2,j}+\cdots+a_{i,n}b_{n,j}=\sum_{r=1}^{n}a_{i,r}b_{r,j}$$

并将此乘积记为 $\boldsymbol{C}=\boldsymbol{AB}$。

例如：

$$\begin{bmatrix} 2 & -6 \\ 3 & 5 \\ 1 & -1 \end{bmatrix}\times\begin{bmatrix} 4 & -2 & -4 & -5 \\ -7 & -3 & 6 & 7 \end{bmatrix}=\begin{bmatrix} 50 & 14 & -44 & -52 \\ -23 & -21 & 18 & 20 \\ 11 & 1 & -10 & -12 \end{bmatrix}$$

【例 5.7】 有两个矩阵 $\boldsymbol{A}$ 和 $\boldsymbol{B}$，矩阵 $\boldsymbol{A}$ 是原矩阵，$\boldsymbol{B}$ 是卷积核。它们的运算过程如下。首先，对矩阵 $\boldsymbol{B}$ 进行翻转，如图 5-10 所示。

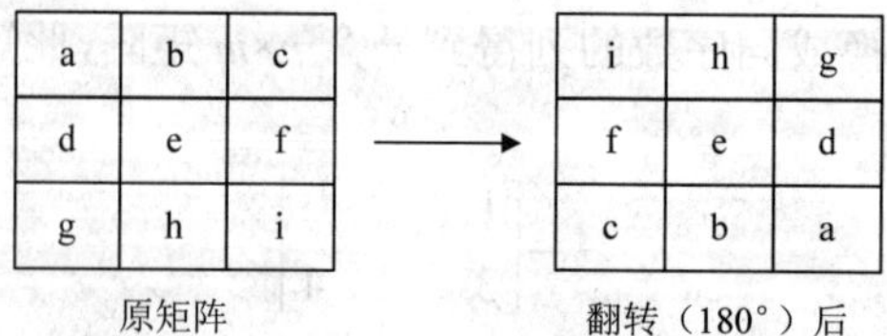

图 5-10　矩阵翻转

接着，将待处理矩阵的部分与卷积核逐个进行相对应的运算，本例由于按照边缘“0”处理的方式，如图 5-11 所示，运算的过程为 0×1+0×2+0×1+0×2+1×1+2×2+0×1+

1×2+2×1=9，这样一个值计算完成后，对每一个值再进行运算即可。

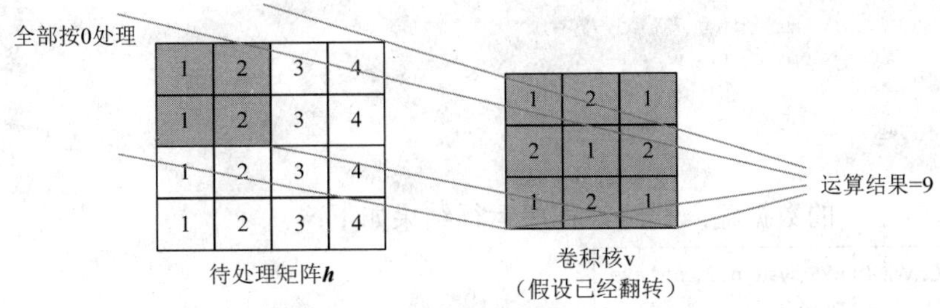

图 5-11　卷积算法

参考程序代码如下：

```
#include <stdio.h>
#define maxn 105
int main()
{
    int n, m, i, j, a, b;
    int org[maxn][maxn]={0};
    int ker[3][3]={0};
    int ans[maxn][maxn]={0};
    printf("输入矩阵行列数:");
    scanf("%d%d", &n, &m);
    /*输入待处理的矩阵的值*/
    printf("输入待处理的矩阵的值:\n");
    for(i=1;i<=n;i++)
        for(j=1;j<=m;j++)
            scanf("%d", &org[i][j]);
    /*直接以倒置的方式进行输入*/
    printf("卷积核:\n");
    for(i=2;i>=0;i--)
        scanf("%d%d%d", &ker[i][2], &ker[i][1], &ker[i][0]);
    /*卷积运算*/
    for(i=1;i<=n;i++)
    {
        for(j=1;j<=m;j++)
        {
            int tmp=0;
            for(a=0;a<3;a++)
            {
                for(b=0;b<3;b++)
                    tmp+=(ker[a][b]*org[i-1+a][j-1+b]);
            }
            ans[i][j]=tmp;
        }
    }
    /*结果输出*/
    printf("运算后的结果为: \n");
    for(i=1;i<=n;i++)
```

```
    {
        for(j=1;j<=m;j++)
            printf("%4d ",ans[i][j]);
        printf("\n");
    }
    return 0;
}
```

将图 5-11 中的数据输入程序，程序运行结果如下：

```
C:\WINDOWS\system32\cmd.exe
输入矩阵行列数:4 4
输入待处理的矩阵的值:
1 2 3 4
1 2 3 4
1 2 3 4
1 2 3 4
卷积核:
1 2 1
2 1 2
1 2 1
运算后的结果为:
   9   18   27   21
  13   26   39   32
  13   26   39   32
   9   18   27   21
请按任意键继续. . .
```

5.5 解决应用问题：奇妙的语言

英语中有一些有趣的回文句子，在不考虑标点符号和大小写字母的情况下，以字母为单位，顺读逆读意思都一样：

- Madam, I'm Adam.
  女士，我是亚当。
- Able was I ere I saw Elba.
  我见到厄尔巴之前不可一世。
- A man, a plan, a canal—Panama!
  一个人，一个计划，一条运河——巴拿马！
- Live on, Time, emit no evil.
  《时代》杂志，愿你永生，可别恶语伤人。

上面 4 个句子都是很有名的回文句，感兴趣的读者可查阅资料了解。如何判断一段英文是否是回文呢？先来学习字符数组、字符串的相关知识吧。

5.5.1 字符数组

1. 一维字符数组定义及初始化

字符数组也允许定义时作初始化赋值。

例如：

```
char c[10]={'c', ' ', 'p', 'r', 'o', 'g', 'r', 'a', 'm'};
```

当对全体元素赋初值时也可以省略长度说明。

例如：

```
char c[]={'c', ' ', 'p', 'r', 'o', 'g', 'r', 'a', 'm'};
```

这时c数组的长度自动定为9。

在C语言中没有专门的字符串变量，通常用一个字符数组来存放一个字符串。前文介绍字符串常量时，已说明字符串总是以'\0'作为结束符。因此将一个字符串存入一个数组时，也将结束符'\0'存入了数组，并以此作为该字符串是否结束的标志。有了结束符后，就不必再用字符数组的长度来判断字符串的长度了。

C语言允许用字符串的方式对数组进行初始化。例如：

```
char c[10]={"C program"};
```

或去掉{}写为

```
char c[10]="C program";
```

2. 字符数组的输入和输出

在C语言中，可以用两种方法访问字符数组。一种是采用数组元素的方式，即一个一个字符输出。另一种就是按照字符串整体方式输入输出。

（1）采用数组元素的方式输入输出。

例如：

```
char a[5]={'B','A','S','I','C'}, i;
for(i=0;i<5;i++)
    printf("%c ",a[i]);
```

先定义一个字符数组并初始化，然后通过循环方式一个一个字符输出。

（2）以字符串方式的标准输入输出。即采用scanf函数进行字符串输入，printf函数进行字符串输出，其控制字符采用%s。

例如：

```
char string[50];
scanf("%s",string);       //字符串输入
printf("%s\n",string);    //字符串输出
```

与前文介绍的数组属性一样，string是数组名，代表字符数组的首地址。

```
#include <stdio.h>
int main()
{
    char s[15];
    printf("input string: \n");
    scanf("%s",s);
    printf("%s\n",s);
    return 0;
}
```

程序运行结果如下：

```
input string:
I love China.
I
```

本例中由于定义数组长度为 15，因此输入的字符串长度必须小于 15，以留出一个字节用于存放字符串结束标志'\0'。应该说明的是，对一个字符数组，如果不做初始化赋值，则必须说明数组长度。还应该特别注意，当用 scanf 函数输入字符串时，字符串中不能含有空格，否则将以空格作为串的结束符。

从上例可以看出空格以后的字符都未能输出。为了避免这种情况，一种方案是多设几个字符数组分段存放含空格的字符串。还可以使用其他方式，如使用 gets 函数。

（3）采用 gets 函数和 puts 函数实现字符串的输入输出。即采用 gets 函数实现字符串输入，采用 puts 函数实现字符串输出。

gets 函数的一般形式如下：

```
gets(char *str)
```

其功能是从标准输入设备键盘上输入一个字符串。

本函数得到一个函数值，即为该字符数组的首地址。该函数并不以空格作为字符串输入结束的标志，而只以回车符作为输入结束的标志。这与 scanf 函数是不同的。

puts 函数的一般形式如下：

```
puts(char *str)
```

其功能是把字符数组中的字符串输出到显示器，即在屏幕上显示该字符串。其功能等价于采用 printf("%s\n",str)方式输出字符串，所以 puts 函数完全可以由 printf 函数取代。

5.5.2 字符串处理函数

字符串处理函数库提供了很多函数用于字符串处理操作，如复制字符串、拼接字符串、确定字符串长度等。若使用这些字符串处理函数，则必须在程序的开头将头文件<string.h>包含到源文件中。字符串处理函数库中的常用字符串处理函数如表 5-3 所示。

表 5-3 常用字符串处理函数

函数功能	函数调用的一般形式	功能描述及其说明
字符串长度	strlen(str);	由函数值返回字符串 str 的实际长度，即不包括\0 在内的实际字符的个数
字符串复制	strcpy(str1,str2);	将字符串 str2 复制到字符数组 str1 中，这里应确保字符数组 str1 的大小足以放下字符串 str2
	strncpy(str1,str2,n);	将字符串 str2 的至多前 n 个字符复制到字符数组 str1 中
字符串比较	strcmp(str1,str2);	比较字符串 str1 和字符串 str2 的大小，结果分为 3 种情况： ① 当 str1 大于 str2 时，函数返回值大于 0 ② 当 str1 等于 str2 时，函数返回值等于 0 ③ 当 str1 小于 str2 时，函数返回值小于 0 字符串的比较方法：对两个字符串从左至右按字符的 ASCII 码值大小逐个字符比较，直到出现不同的字符或遇到'\0'为止

续表

函数功能	函数调用的一般形式	功能描述及其说明
字符串比较	strncmp(strl,str2,n);	函数 strncmp (str1,str2,n)的功能与函数 strcmp (str1,str2)类似，它们的不同之处在于，前者最多比较 n 个字符
字符串连接	strcat(str1,str2);	将字符串 str2 添加到字符数组 str1 中字符串的末尾，字符数组 str1 中的字符串结束符被字符串 str2 的第一个字符覆盖，连接后的字符串存放在字符数组 str1 中，函数调用后返回字符数组 str1 的首地址。字符数组 str1 应定义得足够大，以便能存放连接后的字符串
	strncat(str1,str2,n);	将字符串 str2 的至多前 n 个字符添加到字符串 str1 的末尾。str1 的字符串结束符被 str2 中的第一个字符覆盖
字符串大写	strupr(str);	将字符串 str 转换为大写形式（只转换 str 中出现的小写字母，不改变其他字符）。返回结果仍存入该字符数组中
字符串小写	strlwr(str);	将字符串 str 转换为小写形式（只转换 srt 中出现的大写字母，不改变其他字符）。返回结果仍存入该字符数组中

【例 5.8】 字符串处理函数举例。

参考程序代码如下：

```
#include <stdio.h>
#include <string.h>
int main()
{
   char s1[]={"Miss Liu"};
   char s2[]="Hello, ";
   char s3[50];
   int k;
   printf("len(s1)=%d\n", strlen(s1));  //字符串 s1 的长度
   k=strcmp(s1, s2);                    //比较两个字符串 s1，s2
   if(k==0)
     printf("s1=s2\n");
   if(k>0)
     printf("s1>s2\n");
   if(k<0)
     printf("s1<s2\n");
   strcpy(s3, s2);                      //复制字符串 s2 到 s3
   strcat(s3, s1);                      //将字符串 s1 连接到 s3
   printf("s1: ");
   puts(s1);
   printf("s2: ");
   puts(s2);
   printf("s3: ");
   puts(s3);
   return 0;
}
```

程序运行结果如下：

```
C:\WINDOWS\system32\cmd.exe
len(s1)=8
s1 > s2
s1: Miss Liu
s2: Hello,
s3: Hello, Miss Liu
请按任意键继续. . .
```

5.5.3 字符串转换函数

C 语言中字符串与数值的相互转换可以使用拓展函数实现。

1. 字符串转数值

stdlib.h 头文件中提供了很多转换函数，用于将字符串转换为数值，如表 5-4 所示。

表 5-4 字符串转换函数

函数	功能
atof()	将字符串转换为双精度浮点型（double）
atoi()	将字符串转换为整数型（integer）
atol()	将字符串转换为长整型（long integer）
atoll()	将字符串转换为长整型（long long integer）
strtod()	将字符串转换为双精度浮点型（double）
strtof()	将字符串转换为浮点型（float）
strtol()	将字符串转换为长整型（long integer）
strtold()	将字符串转换为多精度浮点型（long double）
strtoll()	将字符串转换为长整型（long long integer）
strtoul()	将字符串转换为无符号长整型（unsigned long integer）
strtoull()	将字符串转换为无符号长整型（unsigned long long integer）

字符串转数值示例代码如下：

```
#include <stdio.h>
#include <stdlib.h>
int main()
{
    char s[15]="3141.5926";
    int a;
    double b;
    a=atoi(s);    //atoi 函数的参数是字符数组的首地址，将字符串转换为 int
    b=atof(s);    //atof 函数的参数是字符数组的首地址，将字符串转换为 double
    printf("%d\n", a);
    printf("%lf\n", b);
    return 0;
}
```

程序运行结果如下：

```
C:\WINDOWS\system32\cmd.exe
3141
3141.592600
请按任意键继续. . .
```

2. 数值转字符串

stdio.h 头文件提供了 sprintf 函数，用于将数值转换为字符串。该函数的功能是将格式化数据写入某个字符串缓冲区，如果成功，则返回写入的字符总数，不包括字符串追加在字符串末尾的空字符；如果失败，则返回一个负数。其使用方法与 printf 函数基本相同，输出的目的地略有不同，sprintf 函数是将格式化后的输出内容存入指定的字符数组中。

参考程序代码如下：

```
#include <stdio.h>
int main()
{
    char buffer [50];
    int n, a=5, b=3;
    /*输出内容存入 buffer 数组*/
    n=sprintf(buffer, "%d plus %d is %d", a, b, a+b);
    /*输出 buffer 数组内容*/
    printf("[%s] is a string %d chars long\n",buffer,n);
    return 0;
}
```

程序运行结果如下：

```
C:\WINDOWS\system32\cmd.exe
[5 plus 3 is 8] is a string 13 chars long
请按任意键继续. . .
```

该样例代码中 sprintf 函数将输出内容“5 plus 3 is 8”存入 buffer 数组，同时函数返回 13（写入字符数组中的字符个数）并赋值给变量 n。

3. 利用 sscanf 函数将字符串转换为数值

与 sprintf 函数相对应的是 sscanf 函数，它将字符串转换为数值。sscanf 函数与 scanf 函数用法基本相同，只是从键盘接收字符串改为从字符数组接收字符串。

参考程序代码如下：

```
#include <stdio.h>
int main()
{
    char sentence[]="Rudolph is 12 years old";
    char str[20];
    int i;
    sscanf(sentence,"%s %*s %d",str,&i);
    /*将 sentence 数组的部分内容存储到 str 数组和变量 i 中*/
    printf("%s -> %d\n",str,i);
    return 0;
}
```

程序运行结果如下：

```
C:\WINDOWS\system32\cmd.exe
Rudolph -> 12
请按任意键继续. . .
```

【例 5.9】 英语中有一些有趣的回文句子，在不考虑标点符号和大小写字母的情况下，以字母为单位，顺读逆读意思都一样。输入一个以回车符为结束标志的字符串（少于 80 个字符），判断该字符串是否为回文。例如，“Madam, I’m Adam.”“Was it a car or a cat I saw?”都是回文。

分析：在 C 语言中，字符串的存储和运算可以用一维字符数组来实现。数组长度取 80，以回车符作为输入结束符。

参考程序代码如下：

```
#include <stdio.h>
#include <string.h>
#include <ctype.h>   /*程序使用 isalpha、isupper 函数，故包含该头文件*/
int main()
{
    int i, j=0, k;
    char line[80],news[80];
    /*输入字符串*/
    printf("请输入一个字符串:");          /*输入提示*/
    k=0;
    while((line[k]=getchar())!='\n')
        k++;
    line[k]='\0';
    /*格式化字符串，去掉标点符号、空格，大写字母全部转换为小写字母*/
    for(i=0;i<strlen(line);i++)
        /*isalpha 函数用于判断字符是否为字母（a～z 和 A～Z）。*/
        if(isalpha(line[i]))
        {
            if(isupper(line[i]))  /*判断 line[i]中字符是否为大写英文字母*/
                news[j++]=tolower(line[i]);
            else
                news[j++]=line[i];
        }
    news[j]='\0';
    /*判断字符串 line 是否为回文*/
    i=0;                          /*i 是字符串首字符的下标*/
    k=j-1;                        /*k 是字符串尾字符的下标*/
    /*i 和 k 两个下标从字符串首尾两端同时向中间移动，逐对判断对应字符是否相等*/
    while(i<k)
    {
        if(news[i]!=news[k]) /*若对应字符不相等，则提前结束循环*/
            break;
        i++;
        k--;
    }
    if(i>=k)            /*判断 for 循环是否正常结束，若是则说明字符串是回文*/
        printf("是回文\n");
    else                /* for 循环非正常结束，说明对应字符不等*/
        printf("不是回文\n");
    return 0;
}
```

程序运行结果如下：

```
C:\WINDOWS\system32\cmd.exe
请输入一个字符串:Madam, I'm Adam.
是回文
请按任意键继续. . .
```

```
C:\WINDOWS\system32\cmd.exe
请输入一个字符串:Dollars make men covetous, then covetous men make dollars.
不是回文
请按任意键继续. . .
```

在该程序中，首先要求输入一个字符串，再处理该字符串。在判断字符串是否为回文时，定义了 i 和 k 两个下标分别指向字符串首尾两端，随着它们从字符串首尾两端同时向中间移动，逐对判断对应字符是否相等。程序中 ctype.h 是 C 标准函数库中的头文件，它定义了一批 C 语言字符分类函数，用于测试字符是否属于特定的字符类别，如字母字符、控制字符等。C 语言中既支持单字节字符，也支持宽字符。

5.6　解决工程问题：身份证核验系统

身份证号码编码规则：居民身份证号码是特征组合码，由 17 位数字本体码和 1 位数字或字符（X）校验码组成。排列顺序从左至右依次为 6 位地址码、8 位出生日期码、3 位顺序码和 1 位校验码。

（1）6 位地址码中，前 2 位表示省、自治区、直辖市。身份证前 6 位对应地区示例如图 5-12 所示。

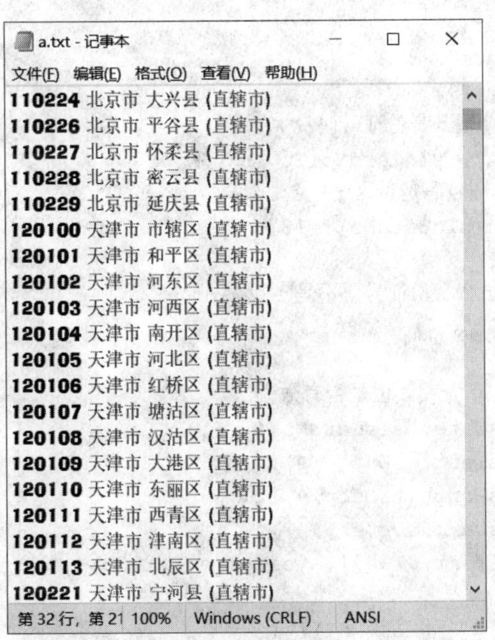
a.txt - 记事本
文件(F) 编辑(E) 格式(O) 查看(V) 帮助(H)
110224 北京市 大兴县 (直辖市)
110226 北京市 平谷县 (直辖市)
110227 北京市 怀柔县 (直辖市)
110228 北京市 密云县 (直辖市)
110229 北京市 延庆县 (直辖市)
120100 天津市 市辖区 (直辖市)
120101 天津市 和平区 (直辖市)
120102 天津市 河东区 (直辖市)
120103 天津市 河西区 (直辖市)
120104 天津市 南开区 (直辖市)
120105 天津市 河北区 (直辖市)
120106 天津市 红桥区 (直辖市)
120107 天津市 塘沽区 (直辖市)
120108 天津市 汉沽区 (直辖市)
120109 天津市 大港区 (直辖市)
120110 天津市 东丽区 (直辖市)
120111 天津市 西青区 (直辖市)
120112 天津市 津南区 (直辖市)
120113 天津市 北辰区 (直辖市)
120221 天津市 宁河县 (直辖市)
第 32 行，第 21 100% Windows (CRLF) ANSI

图 5-12　身份证号码前 6 位对应地区示例

（2）8 位出生日期码采用 8 位定长日期表示法：4 位年、2 位月、2 位日。

（3）3 位顺序码表示同一日出生的次序和性别，奇数代表男性，偶数代表女性。最后 1 位校验码用“0～9”和“X”表示。

（4）校验码通过数学计算得出。校验码的计算规则如下：首先对前 17 位数字加权求和，权重分配为{7,9,10,5,8,4,2,1,6,3,7,9,10,5,8,4,2}；然后将计算的和对 11 取模得到值 Z；最后按照以下关系对应 Z 值与校验码 M 的值：

```
Z: 0 1 2 3 4 5 6 7 8 9 10
M: 1 0 X 9 8 7 6 5 4 3 2
```

输入身份证号码，编程核验身份证号码的有效性，若有效，显示“这是一位出生于****年**月**日的（男|女）性来自********”；若无效显示错误原因。

参考程序代码如下：

```
#include <stdio.h>
#include <string.h>
#include <stdlib.h>
int main()
{
   int i;
   int iWeight[18]={7,9,10,5,8,4,2,1,6,3,7,9,10,5,8,4,2,1};
   char cCheck[11]={'1','0','X','9','8','7','6','5','4','3','2'};
   char sIdCardNo[20];
   char sDate[8+1];
   int iDate;
   int Sum=0;
   char areaString[60];
   char sYear[4];
   char sMonth[2];
   char sDay[2];
   printf("请输入身份证号码:");
   scanf("%s", sIdCardNo);
   /*核验身份证号码是否为 18 位*/
   if(strlen(sIdCardNo)!=18)
   {
      printf("身份证号码不是 18 位\n");
      exit(1);
   }
   /*身份证号码 7～14 位是否有效*/
   strncpy(sDate, sIdCardNo+6, 8);
   strncpy(sYear, sDate, 4);
   strncpy(sMonth, sDate+4, 2);
   strncpy(sDay, sDate+6, 2);
   if(atoi(sYear)<1900||atoi(sYear)>2023)
   {
      printf("年份有误\n");
      exit(1);
   }
   switch(atoi(sMonth))
   {
```

```
        case 1:
        case 3:
        case 5:
        case 7:
        case 8:
        case 10:
        case 12:
            if(atoi(sDay)<=0||atoi(sDay)>31)
            {
                printf("日期不对\n");
                exit(1);
            }
            break;
        case 4:
        case 6:
        case 9:
        case 11:
            if(atoi(sDay)<=0||atoi(sDay)>30)
            {
                printf("日期不对\n");
                exit(1);
            }
            break;
        case 2:
            if((atoi(sYear)%4==0&&atoi(sYear)%100!=0)||atoi(sYear)%400==0)
            {
                if(atoi(sDay)<=0||atoi(sDay)>29)
                {
                    printf("日期不对\n");
                    exit(1);
                }
            }
            else
            {
                if(atoi(sDay)<=0||atoi(sDay)>28)
                {
                    printf("日期不对\n");
                    exit(1);
                }
            }
            break;
        default:
            printf("月份有误\n");
            exit(1);
        }

        /*身份证号码18位校验位是否有效*/
        for(i=0;i<17;i++)
        {
```

```
        memset(sDate, 0, sizeof(sDate));
        sDate[0]=sIdCardNo[i];
        iDate=atoi(sDate);
        Sum+=iWeight[i]*iDate;
    }
    Sum%=11;
    if('x'==sIdCardNo[17])
    {
        sIdCardNo[17]='X';
    }
    if(cCheck[Sum]!=sIdCardNo[17])
    {
        printf("校验码有误\n");
        exit(1);
    }
    printf("OK\n");

    printf("这是一位出生于%d年%02d月%02d日的%s性",atoi(sYear),atoi(sMonth),
           atoi(sDay), (sIdCardNo[16]-'0')%2==0?"女":"男");
    /*身份证号码对应的归属地*/
    freopen("a.txt", "r", stdin);      /*将标准化输入重定向为a.txt文件*/
    strncpy(sDate, sIdCardNo, 6);
    iDate=atoi(sDate);
    while(scanf("%s", areaString)!=EOF)
    {
        if(atoi(areaString)==iDate)
        {
            printf("来自");
            for(i=0;i<3;i++)
            {
                scanf("%s",areaString);
                printf("%s",areaString);
            }
            break;
        }
        else
        {
            for(i=1;i<=3;i++)
                scanf("%s",areaString);
        }
    }
    return 0;
}
```

该程序首先使用 strlen 函数获取身份证号码的位数并核验是否为 18 位，再获取第 7 位数字到第 14 位数字判断出生日期的合法性，接着根据校验位的计算规则判断最后一位校验码是否正确，以上核验无误则显示出生年月日、性别及归属地。在归属地的判断中，由于使用文件 a.txt 中的内容来判断归属地，因此使用另一种重定向方法，即 freopen ("a.txt", "r", stdin);将标准化输入重定向为 a.txt 文件中的内容，其中"r"表示“只读访问”。

同时又使用 memset、atoi 函数辅助操作。

memset 函数是内存赋值函数，用来给某一块内存空间赋值，包含在<string.h>头文件中，可以用它对一片内存空间逐字节进行初始化。memset(sDate, 0, sizeof(sDate));表示向 sDate 所对应的空间填充 0，填充 sizeof(sDate)字节。

此外，在 C 语言学习中除了 C 语言语法，掌握常用的 C 语言标准库函数也非常必要。

习　题

一、选择题

1. 在 C 语言中，数组下标的数据类型是（　　）。

   A. 整型常量　　B. 整型表达式

   C. 整型常量或整型表达式　　D. 任何类型的表达式

2. 若有说明 int a[5];，则对数组元素的正确引用是（　　）。

   A. a[5]　　B. a[3.5]　　C. a(5)　　D. a[5−5]

3. 下列程序的运行结果是（　　）。

```
#include <stdio.h>
int main()
{
    int n[5]={0,0,0}, i, k=3;
    printf("%d\n", n[k]);
    return 0;
}
```

   A. 不确定的值　　B. 2　　C. 1　　D. 0

4. 若有说明 int a[3][4];，则对数组 a 元素的正确引用是（　　）。

   A. a[2][4]　　B. a[1,3]　　C. a[1+1][0]　　D. a(2)(1)

5. 下列语句中，能正确定义数组并赋初值的语句是（　　）。

   A. int n=5,b[n][n];　　B. int a[1][2]={{1},{3}};

   C. int c[2][]={{1,2},{3,4}}　　D. int a[3][2]={{1,2},{3,4}}

6. 在执行 int a[][3]={1,2,3,4,5,6};语句后，a[1][0]的值是（　　）。

   A. 4　　B. 1　　C. 2　　D. 5

7. 下列程序的运行结果是（　　）。

```
#include <stdio.h>
int main()
{
    int a[3][3]={{1,2},{3,4},{5,6}}, i, j, s = 0;
    for(i=1;i<3;i++)
        for(j=0;j<2;j++)
            s+=a[i][j];
    printf("%d\n",s);
    return 0;
}
```

A. 18　　B. 19　　C. 20　　D. 21

8. 下列语句中，不能正确赋值的是（　　）。

A. char s1[10];s1="test";　　B. char s2[]={'t','e','s','t'}

C. char s3[20]= "test";　　D. char s4[4]={ 't','e','s','t'}

9. 下列程序段的运行结果是（　　）。

```
char s[18]= "a book! ";
printf("%.4s",s);
```

A. a book!　　B. a book!

C. a bo　　D. 格式描述不正确，没有确定输出

10. 下列程序段的运行结果是（　　）。

```
char s[12]= "A book";
printf("%d\n",strlen(s));
```

A. 12　　B. 8　　C. 7　　D. 6

11. 下列程序的运行结果是（　　）。

```
#include <stdio.h>
int main()
{
    char cf[3][5]={"AAAA","BBB","CC"};
    printf("\"%s\"\n", cf[1]);
    return 0;
}
```

A. "AAAA"　　B. "BBB"　　C. "BBBCC"　　D. "CC"

12. 设有数组定义：char array[]="Computer";，则数组占用存储空间（　　）字节。

A. 7　　B. 8　　C. 9　　D. 10

13. 下列程序的运行结果是（　　）。

```
#include <stdio.h>
int main()
{
    char a[2][4];
    strcpy(a, "you");
    strcpy(a[1], "me");
    a[0][3]='&';
    printf("%s\n", a);
    return 0;
}
```

A. you&me　　B. me　　C. you　　D. me&you

14. 定义两个一维字符数组：char a[5],b[5];，下列输入语句中正确的是（　　）。

A. gets(a,b);　　B. gets('a')，get('b');

C. scanf("%s%s",&a,&b);　　D. scanf("%s%s",a,b);

15. 下列程序的运行结果是（　　）。

```
#include <stdio.h>
int main()
{
    char ch[7]={"65ab21"};
```

```
    int i, s=0;
    for(i=0;ch[i]>='0'&&ch[i]<='9';i+=2)
        s=10*s+ch[i]-'0';
    printf("%d\n", s);
    return 0;
}
```

A. 2ba56 B. 6521 C. 6 D. 62

二、填空题

1. 要求用冒泡排序法将给定的n个整数从小到大排序后输出。输出时相邻数字用一个空格隔开，行末不得有多余空格。请填空。

```
#include <stdio.h>
# define MAXN 10
int main()
{
    int i, index, j, n, temp;
    int a[MAXN];
    scanf("%d", &n);
    for(i=0;i<n;i++)
        scanf("%d",&a[i]);
    for( i=1;i<n;i++ )
    {
        for________________
        {
            if______________
            {
                temp=a[j];
                _______________;
                a[j+1]=temp;
            }
        }
    }
    for(i=0;i<n;i++)
    {
        if______________
            printf("%d",a[i]);
        else
            printf(" %d",a[i]);
    }
    printf("\n");
    return 0;
}
```

2. 输出数组中最大元素的下标（p表示最大元素的下标）。请填空。

```
#include <stdio.h>
int main()
{
    ___________
    int s[]={1,-3,0,-9,8,5,-20,3};
```

```
    for(i=0,p=0;i<8;i++)
       if(s[i]>s[p])
           __________;
    ______________
    return 0;
}
```

3. 输入 20 个数，输出它们的平均值，输出与平均值之差的绝对值最小的数组元素。请填空。

```
#include <stdio.h>
___________
int main()
{
    float a[20],pjz=0,s,t;
    int i,k;
    for(i=0;i<20;i++)
    {
       scanf("%f",&a[i]);
       pjz+=_________;
    }
    s=fabs(a[0]-pjz);
    t=a[0];
    for(i=1;i<20;i++)
       if(fabs(a[i]-pjz)<s)
       {  _______________
           t=a[i];
       }
    __________________
    return 0;
}
```

4. 输出行、列号之和为 3 的数组元素。请填空。

```
#include <stdio.h>
int main()
{
    char ss[4][3]={'A','a','f','c','B','d','e','b','C','g','f','D'};
    int x,y,z;
    for(x=0;_______;x++)
       for(y=0;______ ;y++)
       {
           z=x+y;
           if(_______)
              printf("%c\n",ss[x][y]);
       }
    return 0;
}
```

5. 将一个数组中的元素按逆序重新存放。例如，原顺序为 8、5、7、4、1，要求改为 1、4、7、5、8。请填空。

```
#include <stdio.h>
#define  N  7
int main()
```

```
{
    int a[N]={12,9,16,5,7,2,1},k,s;
    printf("\n初始数组:\n");
    for(k=0;k<N;k++)
       printf("%4d",a[k]);
    for(k=0;k<_______;k++)
    {
       s=a[k];
       a[k]= ______ ;
       ________=s;
    }
    printf("\n交换后的数组:\n");
    for(k=0;________;k++)
       printf("%4d",a[k]);
    return 0;
}
```

6. 有一行文字，要求删去某一个字符。此行文字和要删去的字符均由键盘输入，要删去的字符以字符形式输入（如输入 a 表示要删去所有的 a 字符）。请填空。

```
#include <stdio.h>
int main()
{
    /*str1表示原来的一行文字，str2表示删除指定字符后的文字*/
    char str1[100],str2[100];
    char ch;
    int i=0,k=0;
    printf("please input an sentence:\n");
    gets(str1);
    scanf("%c",&ch);
    for(i=0;________;i++)
       if(str1[i]!=ch)
       {
          str2[________]=str1[i];
          k++;
       }
    str2[________]='\0';
    printf("\n%s\n",str2);
    return 0;
}
```

7. 找出 10 个字符串中的最大者。请填空。

```
#include <stdio.h>
#include <string.h>
#define N 10
int main()
{
    char str[20],s[N][20];
    int i;
    for(i=0;i<N;i++)
       gets(_______);
    strcpy(str,s[0]);
```

```
    for(i=1;i<N;i++)
        if(________>0)
            strcpy(str,s[i]);
    printf("The longest string is : \n%s\n",str);
}
```

8. 某人有 4 张 3 分的邮票和 3 张 5 分的邮票，用这些邮票中的一张或若干张可以得到多少种不同的邮资？请填空。

```
#include <stdio.h>
int main()
{
    static int a[27];
    int i,j,k,s,n=0;
    for(i=0;i<=4;i++)
        for(j=0;j<=3;j++)
        {
            s=________;
            for(k=0;a[k];k++)
                if(s==a[k])
                    ________;
            if(_______)
            {
                a[k]=s;
                n++;
            }
        }
    printf("%d kind:",n);
    for(k=0;_______;k++)
        printf("%3d",a[k]);
    return 0;
}
```

9. 求矩阵的鞍点。鞍点即它的值在行中最大，在它所在的列中最小。请填空。

```
#include <stdio.h>
#define N 10
#define M 10
int main()
{
    int i,j,k,m,n,flag1,flag2;
    int a[N][M],max;
    printf("\n输入行数 n:");
    scanf("%d",&n);
    printf("\n输入列数 m:");
    scanf("%d",&m);
    for(i=0;i<n;i++)
        for(j=0;j<m;j++)
            scanf("%d", _______ );
    for(i=0;i<n;i++)
    {
        for(j=0;j<m;j++)
            printf("%5d",a[i][j]);
```

```
        ________ ;
    }
    flag2=0;
    for(i=0;i<n;i++)
    {
        max= ________;
        for(j=1;j<m;j++)
            if(a[i][j]>max)
                max=a[i][j];
        for(j=0;j<m;j++)
        {
            flag1=0;
            if(a[i][j]==max)
            {
                for(k=0,flag1=1;k<n&&flag1;k++)
                    if(_______)
                        flag1=0;
                if(flag1)
                {
                    printf("第%d行, 第%d列的 %d是鞍点\n", ________ );
                    flag2=1;
                }
            }
        }
    }
    if(!flag2)
      printf("\n矩阵中无鞍点!\n");
    return 0;
}
```

10. 使用二分查找法查找指定数据，要求如下：按照从小到大的顺序，输入 n 个整数并存入数组 a 中，然后在数组 a 中查找给定的 x。如果数组 a 中的元素与 x 的值相同，则输出相应的下标（下标从 0 开始）；如果没有找到，则输出“Not Found”。如果输入的 n 个整数没有按照从小到大的顺序排列，或者出现了相同的数，则输出“Invalid Value”。请填空。

```
#include <stdio.h>
# define MAXN 10
int main()
{
    int found, i, left, mid, n, right, sorted, x;
    int a[MAXN];
    scanf("%d %d", &n, &x);
    for(i=0;i<n;i++)
        scanf("%d",&a[i]);
    sorted=1;
    for(i=1;i<n;i++)
    {
        if______________
        {
            sorted=0;
```

```
            ____________
         }
      }
      if(sorted==0)
         printf("Invalid Value\n");
      else
      {
         found=0;
         left=_________;
         right=___________;
         while(left<=right)
         {
            mid=____________ ;
            if(x==a[mid])
            {
               found=1;
               break;
            }
            else if(x<a[mid])
               right=___________;
            else
               left=___________;
         }
         if(found!=0)
            printf("%d\n",mid);
         else
            printf("Not Found\n");
      }
      return 0;
   }
```

三、写出下列程序的运行结果

1. 输入如下内容：10　11　12　13　14　15　16　17　18　19　20，程序的运行结果是什么？

```
   #include <stdio.h>
   int main()
   {
      int n,i,j,t;
      scanf("%d",&n);
      int a[n];
      for(i=0;i<=n-1;i++)
         scanf("%d",&a[i]);
      for(i=0,j=n-1;i<j;i++,j--)
      {
         t=a[i];
         a[i]=a[j];
         a[j]=t;
      }
```

```
    for(i=0;i<n;i++)
        printf("%d ",a[i]);
    return 0;
}
```

2. 输入“1aei7ei**$23&=”，程序的运行结果是什么？

```
#include <stdio.h>
#define N 200
int main()
{
    char s[N];
    int n=0,i;
    scanf("%s",s);
    for(i=0;s[i]!=0;i++)
    {
        if(s[i]>='0' && s[i]<='9')
            n=n*10+s[i]-'0';
    }
    printf("%d",n);
    return 0;
}
```

3. 输入“10　2”，程序的运行结果是什么？

```
#include <stdio.h>
#define N 20
int main()
{
    int x,n,len,i=0,y;
    char str[N];
    scanf("%d%d",&x,&n);
    while(x)
    {
        y=x%n;
        x/=n;
        if(y<10)
            str[i]=y+'0';
        else
            str[i]=y-10+'A';
        i++;
    }
    len=i;
    for(i=len-1;i>=0;i--)
        printf("%c",str[i]);
    return 0;
}
```

4. 输入如下内容：1 2 3 4 5 1 2 3 4 5 1 2 3 4 5 1 2 3 4 5 1 2 3 4 5，程序的运行结果是什么？

```
#include <stdio.h>
#define M 5
int main()
```

```
{
    int a[M][M];
    int i,j;
    int sum=0;
    for(i=0;i<M;i++)
    {
        for(j=0;j<M;j++)
        {
            scanf("%d",&a[i][j]);
            if(i==j||i+j==M-1)
                sum=sum+a[i][j];
        }
    }
    printf("sum=%d\n",sum);
    return 0;
}
```

5. 程序代码如下，其运行结果是什么？

```
#include <stdio.h>
int main()
{
    int array[4][5]={{85,90,94,86,78},{88,89,87,76,90},{92,97,90,
                    89,80},{99,78,85,67,96}},sum=0,i,j;
    for(i=0;i<4;i++)
        for(j=0;j<5;j++)
            if(array[i][j]%2==0)
                sum+=array[i][j];
    printf("%d\n", sum);
    return 0;
}
```

四、编程题

1. 编程实现输入 40 名同学的成绩，计算最高分、最低分、平均分、及格率，使用选择排序法对成绩由低到高排序。

2. 从键盘上输入 9 个数存入一个 3×3 的二维整型数组。

（1）按 3 行 3 列输出这 9 个数。

（2）输出主对角线与次对角线元素之和。

（3）输出第二行元素之和。

（4）输出第三列元素的平均值。

3. 阅读 5.4.3 节内容编程实现矩阵的转置、加、减、乘运算。

4. 运用字符数组，实现 ISBN-13 校验。它使用 13 个数字，最后一个数字为校验和，使用下列公式计算得出:

$$d_{13} = 10 - (d_1 + 3d_2 + d_3 + 3d_4 + d_5 + 3d_6 + d_7 + 3d_8 + d_9 + 3d_{10} + d_{11} + 3d_{12})\%10$$

其中，$d_1,d_2,d_3,\cdots,d_{13}$ 代表 ISBN 的 13 个数字。

5. 2023 年是癸卯兔年，编程实现任意输入一个年份，输出该年份对应的生肖。

第6章 函数

学习目标

（1）理解函数在C语言程序设计中的作用和地位。

（2）掌握函数的定义、声明和调用方法。

（3）掌握函数的形参、实参、作用域和生命周期的基本概念。

（4）掌握递归函数的意义和编写方法。

（5）理解全局变量、局部变量、静态变量、内部函数和外部函数的作用域和生命周期。

人们在求解复杂问题时，一般采用逐步分解、分而治之的方法。在计算机编程中，这就是模块化程序设计的思想。C 语言中，函数是程序的基本组成单位，利用函数可以实现程序的模块化设计，代码清晰度高、可维护性好、重用性高。本章围绕粮食数据统计、气象数据计算等案例展开，主要介绍函数的定义、调用、参数传递、变量的作用域与存储类型、递归函数等内容，重点是掌握模块化程序设计的基本思想，为将来团队协作完成大型软件开发奠定基础。

6.1　解决工程问题：粮食数据统计

查阅国家统计局 2018 年至 2022 年粮食产量数据，了解我国粮食产量状况。

设计程序实现以下 3 项功能：

（1）根据用户输入的省（区、市）名查阅该省（区、市）农作物播种面积、粮食总产量、单位面积产量数据。

（2）输入年份计算全国粮食总产量、单位面积产量、播种面积较上一年度的变化。

（3）统计 2018～2022 年某省（区、市）粮食产量。其中，2022 年全国及各省（区、市）粮食产量数据基本结构如图 6-1 所示。

在设计一个复杂的应用程序时，往往将整个程序划分为若干功能较为单一的程序模块，然后分别予以实现，最后再将所有的程序模块像搭积木一样搭起来，这种在程序设计中分而治之的策略，称为模块化程序设计。模块化的目的是降低程序复杂度，简化程序设计、调试和维护等操作。它的主要思想是自顶向下，逐步细化。

2022年全国及各省（区、市）粮食产量

	播种面积（千公顷）	总产量（万吨）	单位面积产量（公斤/公顷）
全国总计	**118332.1**	**68652.8**	**5801.7**
北京	76.7	45.4	5910.9
天津	376.7	256.2	6802.1
河北	6443.8	3865.1	5998.1
山西	3150.3	1464.3	4647.9
内蒙古	6951.8	3900.6	5610.9
辽宁	3561.5	2484.5	6976.1
吉林	5785.1	4080.8	7053.9
黑龙江	14683.2	7763.1	5287.1
上海	122.8	95.6	7782.1
江苏	5444.4	3769.1	6922.9
浙江	1020.4	621.0	6085.3
安徽	7314.2	4100.1	5605.7
福建	837.6	508.7	6073.2
江西	3776.4	2151.9	5698.4
山东	8372.2	5543.8	6621.6
河南	10778.4	6789.4	6299.1
湖北	4689.0	2741.1	5846.0
湖南	4765.5	3018.0	6333.0
广东	2230.3	1291.5	5790.9
广西	2829.3	1393.1	4924.0
海南	273.0	146.6	5368.9
重庆	2046.7	1072.8	5241.8
四川	6463.5	3510.5	5431.4
贵州	2788.7	1114.6	3997.0
云南	4211.0	1958.0	4649.7
西藏	192.6	107.3	5573.6
陕西	3017.5	1297.9	4301.2
甘肃	2699.8	1265.0	4685.5
青海	303.5	107.3	3534.8
宁夏	692.3	375.8	5428.8
新疆	2433.9	1813.5	7451.0

注：此表中部分数据因四舍五入，分省合计数与全国数略有差异。

图 6-1　2022 年全国及各省（区、市）粮食产量

函数是 C 语言中模块化程序设计的最小单位，既可以将每个函数看作一个模块，也可以将若干相关的函数合并成一个模块。

6.1.1　函数的定义

C 语言是模块化程序设计语言，实现模块化程序设计的途径就是编写函数，每个模块就是函数。一个 C 语言源程序文件由一个主函数和若干函数组成。C 语言程序由一个或多个源程序文件组成。C 语言程序结构图如图 6-2 所示。

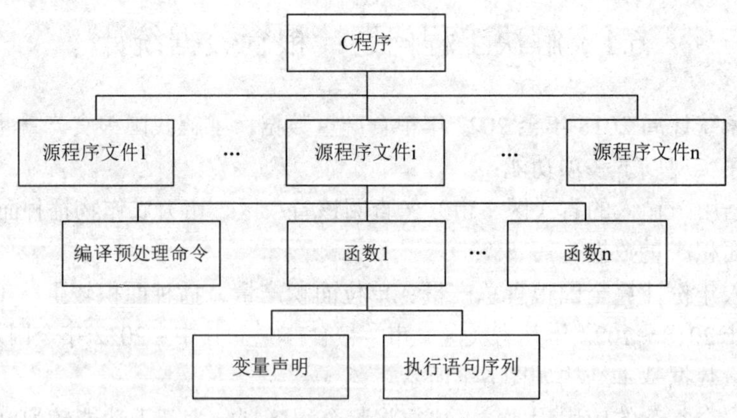

图 6-2　C 语言程序结构图

主函数（main 函数）是程序执行的起始点，其他函数中的代码只有被调用时才会执行。主函数可以调用其他函数，其他函数之间可以相互调用，但是其他函数不能调用主函数。从用户的使用角度可以将函数分为两种：标准函数和用户自定义函数。

1. 标准函数（库函数）

C 语言标准函数库是一组内置的 C 函数，包括常用的数学函数、字符串处理函数、输入输出函数等。这些内置函数分门别类地放在不同的头文件内，使用时无须定义，只需在程序最前面使用包含该函数原型的头文件，即使用#include 命令包含标准函数所对应的头文件名。常用的标准函数库及其头文件如表 6-1 所示。

表 6-1　常用的标准函数库及其头文件

标准函数库名	头文件名	标准函数库名	头文件名
断言验证	<assert.h>	复数算术运算	<complex.h>
字符类型	<ctype.h>	出错码	<errno.h>
浮点环境	<fenv.h>	浮点常量	<float.h>
整型格式转换	<inttypes.h>	替代记号	<iso646.h>
整型大小	<limits.h>	本地化	<locale.h>
数学	<math.h>	非局部跳转	<setjmp.h>
信号量处理	<signal.h>	可变参数	<stdarg.h>
布尔类型	<stdbool.h>	标准定义	<stddef.h>
整型类型	<stdint.h>	标准输入输出	<stdio.h>
实用函数	<stdlib.h>	字符串	<string.h>
通用类型数学宏	<tgmath.h>	时间日期	<time.h>
扩展多字节和宽字符	<wchar.h>	宽字符分类和映射	<wctype.h>

用户可以直接使用这些函数完成如输入输出、数学运算、字符串操作、时间运算等功能，提高程序的编程效率和稳定性。cplusplus 网站拥有 C 语言标准函数库更为细致全面的讲解，读者可以访问该网站学习使用。

2. 用户自定义函数

用户自定义函数是指用户为解决自己的具体问题而编写的函数。虽然 C 语言提供了丰富的库函数，但是不可能满足每个用户的各种特殊需要，因此大量的函数还要由用户自己编写。

C 语言函数定义的一般形式如下：

```
类型标识符  函数名(形参列表)                  //函数首部
{
    声明部分                                  //花括号括起来的部分称为函数体
    语句
}
```

说　明

（1）函数定义第一行为函数的首部。类型标识符用于指明函数返回值的类型。如果没有返回值，则类型标识符应为 void，即空类型。类型标识符省略时，默认为 int 类型。

（2）函数名用于唯一标识该函数，必须符合 C 语言标识符的命名规则，不能与其他函数或变量重名。

（3）形式参数（简称形参），用于指明该函数完成用户指定功能时需要获得的信息。形参列表中的每个形参都需要声明类型。

（4）根据形参的个数，可以将函数分为有参函数和无参函数。有参函数可以有一个或多个形参。若有多个形参，形参之间要以逗号分隔。若没有形参，则称该函数为无参函数。

（5）{}中的内容称为函数体，是函数要执行的程序，用于实现函数的功能。函数体中的语句可以是空的。

（6）不能在一个函数体中重定义另一个函数。

无参函数的定义程序源代码如下：

```
#include <stdio.h>
void printstar()          //自定义函数
{
   printf("***********************\n");
}
int main()
{
   printstar();           //调用自定义函数语句
   printf("\tHello\n");
   printstar();
   return 0;
}
```

程序运行结果如下：

```
C:\WINDOWS\system32\cmd.exe
***********************
        Hello
***********************
请按任意键继续. . .
```

有参函数的定义程序源代码如下：

```
#include <stdio.h>
int max(int x, int y)    //定义max函数
{
   int z;
   if(x>y)
      z=x;
   else
      z=y;
   return z;
}
int main()
{
   int a, b, c;
   a=10;
   b=12;
   c=max(a, b);           //调用max函数,并将返回的结果值赋给变量c
```

```
    printf("max=%d\n", c);
    return 0;
}
```

程序运行结果如下：

```
C:\WINDOWS\system32\cmd.exe
max = 12
请按任意键继续. . .
```

该程序主函数调用自定义函数 max 来判断两个整数大小，将大的数字作为结果返回并赋给变量 c，并输出。其中 max 也称被调函数，主函数作为调用 max 的函数又称为主调函数。

6.1.2 函数原型

1. 函数声明

编译器在编译一个源程序文件时，是从前往后顺序进行的。如果函数定义在前，那么编译器处理完函数定义后，自然会了解该函数的基本信息，后续代码中遇到该函数的调用，编译器也就可以直接处理了；反之，编译器遇到一个函数的调用，但尚未编译到该函数的定义，对该函数“一无所知”，可能会导致编译器提示错误信息。

C 语言规定在调用一个函数之前必须已声明该函数。函数声明用来说明函数的基本特征，如函数名、返回值和每个参数的类型。在程序中使用函数声明语句的目的是在编译源程序时对调用函数的合法性进行全面检查。当编译系统发现函数原型不匹配的函数调用（如函数类型不一致，参数个数不一致，参数类型不一致等）时，就会提示错误信息，用户可以根据提示的信息发现并改正函数调用中的错误。

一般情况下，将函数声明放在头文件（.h）中，将函数实现放在源程序文件中。调用这个函数，只需通过#include 将头文件包含进来。

多数情况下库函数仅提供目标代码给调用者链接，却没有提供源码形式的函数定义。调用者如何进行函数声明呢？方法就是函数原型。

2. 函数原型的一般形式

函数原型的一般形式如下：

```
类型标识符 函数名(参数类型 参数名,参数类型 参数名,…);
```

说 明

（1）函数原型以分号结束。

（2）参数名可以省略。因为参数名称不是形参与实参对应的依据，所以可以省略。

（3）函数原型书写在函数调用语句前面。若函数定义在前，调用在后，则可省略。

（4）当一个函数被同一个文件中的多个函数调用时，可以将该函数原型声明写在所有函数之前。

例如，如下程序：

```
#include <stdio.h>
int main()
{
    int a, b, c;
    a=10;
    b=12;
    c=max(a, b);                    //调用 max 函数
    printf("max=%d", c);
    return 0;
}
int max(int x, int y)               //定义 max 函数
{
    int z;
    if(x>y)
        z=x;
    else
        z=y;
    return z;
}
```

函数定义语句在函数调用语句之后，需要书写函数原型声明语句，否则程序编译时会提示警告信息。程序修改如下：

```
#include <stdio.h>
int main()
{
    int max(int x, int y);          //函数原型声明语句
    int a, b, c;
    a=10;
    b=12;
    c=max(a, b);
    printf("max=% d", c);
    return 0;
}
int max(int x, int y)
{
    int z;
    if(x>y)
        z=x;
    else
        z=y;
    return z;
}
```

上面的程序中，在调用函数 max 之前加上了一条函数原型声明语句。书写函数原型声明语句最简便的形式是在函数的首部信息后加一个分号，如本例中主函数中的第一条语句。该函数原型声明还可以书写为 int max(int ,int);。

函数原型语句属于 C 语言的声明部分，因此，必须放在函数或者语句块中所有执行语句的前面，或者函数外的全局范围内。

6.1.3 函数调用

C 语言程序可以看作变量定义和函数定义的集合。函数定义后函数之间的通信可以通过参数、函数返回值及外部变量进行。函数定义后，需要调用函数，才能执行函数体中的内容。

1. 函数调用规则

函数调用的一般形式如下：

```
函数名(实参列表)
```

说明

（1）实参列表由多个用逗号分隔的表达式组成，这些表达式的值称为函数的实参，即实际参数。实参可以是常量、变量、表达式、函数等。

（2）书写函数调用语句，实参必须有确定的值。调用函数时永远是实参向形参传递值。

（3）实参列表与形参列表中的参数在个数上、顺序上、类型上要匹配。如果两者类型不一致，并且都是数值型的数据，则根据自动类型转换规则，实参会自动或强制向形参数据类型转换。

（4）若调用无参函数，其调用形式为函数名()。

2. 函数调用方式

在 C 语言程序中，可以使用以下 3 种方式调用函数。

（1）函数语句。例如：

```
printstar();
```

函数调用的一般形式加上分号即构成函数语句。

（2）函数表达式。例如：

```
c=max(a,b)
```

这是一个赋值表达式，把 max 函数的返回值赋予变量 c。这种方式适用于有返回值的函数调用。当函数返回后，主调函数会临时开辟空间存储返回值，如果不立即使用这个返回值，空间会被释放，返回值也会被舍弃，通常的做法是将函数返回值赋值给一个变量保存起来。

（3）函数值作为参数。例如：

```
printf("max=%d",max(a,b));
```

即将 max 函数调用的返回值又作为 printf 函数的实参来使用。

3. 函数调用的过程

C 语言程序从主函数开始执行，当程序执行到函数调用语句时，程序执行流程转向被调函数，从被调函数的函数体的起始位置开始执行，并在执行完函数体中的语句遇到函数体的右花括号或者执行到一个 return 语句时返回，此时，程序流程转回主调函数的调用点继续往下执行。

例如，6.1.2 节示例求两个数中较大值程序的流程图如图 6-3 所示。

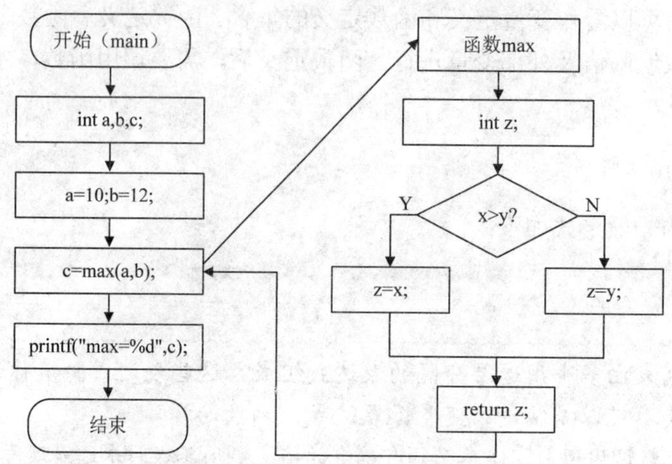

图 6-3 求两个数中较大值程序的流程图

函数调用的过程：首先，为被调函数 max 的所有形参 x、y 分配内存，再计算实参 a、b 的值，并一一对应地赋给相应的形参，如果是无参函数，则不需参数值的传递；其次，为函数体中定义的变量 z 分配存储空间，再依次执行函数体中的语句，当执行到 return 语句时，计算返回值，如果是无返回值的函数，则无须书写 return 语句；再次，释放 max 函数中定义的变量 z 和形参 x、y 所占用的存储空间；最后，将返回的值带到被调用处，程序继续往下执行。

程序中如果多次求两个整数的较大值，则可通过函数调用语句反复调用 max 函数。用于实现判断的代码，无须书写多次。可见，通过编写函数来解决问题的过程就是解决函数定义和调用的过程。

6.1.4 函数参数

函数的参数不仅可以是整型、实型、字符型，还可以是指针类型。

C 语言中函数形参与实参之间值的传递是单向的，即永远是实参给形参传递值。

参数的传递方式有两种：按值传递、按地址传递。

1. 变量或表达式作为实参

变量或表达式作为函数参数传递时，实现的是单向的按值传递。

【例 6.1】 身体质量指数（body mass index，BMI）是国际上常用的衡量人体胖瘦程度，以及是否健康的一个标准。BMI=体重÷身高^2（单位：kg/m^2）。中国成人正常的 BMI 值应在 18.5 到 23.9 之间，小于 18.5 为体重不足，大于 23.9 为超重，大于等于 28 为肥胖。编程计算 BMI 值及输出体形判断结果。

分析：编写一个函数根据身高和体重计算 BMI 值，再编写另一个函数根据 BMI 值判断体形。主函数负责数据的输入、自定义函数的调用和结果的输出。

参考程序代码如下：

```
#include <stdio.h>
double BMI(double, double);
void output(double);
int main()
{
    double height, weight, bmi;
    printf("请输入身高（cm）:");
    scanf("%lf",&height);
    printf("请输入体重（kg）:");
    scanf("%lf",&weight);
    bmi=BMI(height,weight);
    printf("BMI 指数: %.1lf", bmi);
    output(bmi);
    return 0;
}
double BMI(double h,double w)
{
    double bmi=w/((h/100)*(h/100));
    return bmi;
}
void output(double bmi)
{
    if(bmi<18.5)
        printf("\n 您的体形偏瘦！");
    else if(bmi<=23.9)
        printf("\n 您的体形正常！");
    else if(bmi<28)
        printf("\n 您的体形偏胖！");
    else
        printf("\n 您的体形肥胖！");
}
```

程序运行结果如下：

```
C:\WINDOWS\system32\cmd.exe
请输入身高（cm）:183
请输入体重（kg）:75
BMI指数：22.4
您的体形正常！
请按任意键继续. . .
```

2. 数组名作为实参

数组名是数组的首地址。以数组名作为函数参数时，是按地址进行传递，也就是说把实参数组的首地址传递给形参。形参取得该首地址之后，也指向同一数组，在被调函数中操作的数组实际上就是实参数组。

【例 6.2】 方差是一组数据中各个数据与这组数据的平均数的差的平方的平均数。在概率论和统计学中，一个随机变量的方差描述的是它的离散程度。若一组数的取值比较集中，则方差较小；反之，如果取值比较分散，则方差较大。自定义函数求一组数据的方差。

参考程序代码如下：

```
#include <stdio.h>
#define N 6
double Variance(double a[], int n);
int main()
{
    int i;
    double a[N]={81,36,57,11,78,93};
    printf("方差为:%.1lf\n", Variance(a,N));
    return 0;
}
/*计算方差*/
double Variance(double a[], int n)
{
    int i;
    double sum=0, avg;
    for(i=0;i<n;i++)
        sum+=a[i];
    avg=sum/n;
    for(i=0,sum=0;i<n;i++)
        sum+=(a[i]-avg)*(a[i]-avg);
    return sum/n;
}
```

程序运行结果如下：

```
C:\WINDOWS\system32\cmd.exe
方差为:806.2
请按任意键继续. . .
```

本例的函数定义中，当进行参数传递时，主函数传递的是数组 a 的首地址，数组元素本身不被复制。

调用 Variance 函数对数组 a 的元素计算方差的方法有多种，如表 6-2 所示。

表 6-2　将数组 a 作为实参调用 Variance 函数的方法

调用方法	含义
Variance(a,6)	对数组 a 全部 6 个元素计算方差
Variance(a,3)	对数组 a 前 3 个元素计算方差
Variance(&a[2],3)	对数组 a 中 a[2]、a[3]、a[4] 3 个元素计算方差

6.1.5 返回值

返回值是函数被调用后，执行函数体中的代码取得的结果并返回给主调函数的值。函数返回值通过 return 语句传递给主调函数。

return 语句的一般形式如下：

```
return(表达式);          //与 return 表达式；等价
```

说　明

（1）函数中可以有多条 return 语句，但每次调用函数只能有一条 return 语句被执行。

（2）一条 return 语句只能返回一个值。

（3）表达式的类型要与函数定义中的类型标识符所指定的类型保持一致。

（4）函数定义中的类型标识符为 void 类型，则函数体中不用书写 return 语句，或者 return 语句后面的表达式为空，什么都不写。

【例 6.3】 用牛顿迭代法求方程的根。方程为 $ax^3+bx^2+cx+d=0$，系数 a、b、c、d 由主函数输入。求 x 在 1 附近的一个实根。求出根后，由主函数输出。

分析：牛顿迭代法又称为牛顿-拉夫逊方法（Newton-Raphson method），如图 6-4 所示，x_1 比 x_0 更接近于 x^*。该方法的几何意义是，用曲线上某点（x_0,y_0）的切线代替曲线，以该切线与 x 轴的交点（$x_1,0$）作为曲线与 x 轴的交点（$x^*,0$）的近似（所以牛顿迭代法又称为切线法）。设 x_n 是方程解 x^* 的近似，迭代公式如下：

$$x_{n+1}=x_n-\frac{f(x_n)}{f'(x_n)}\ (n=0,1,2,\cdots)$$

这就是著名的牛顿迭代公式，通过迭代计算实现逐次逼近方程的解。

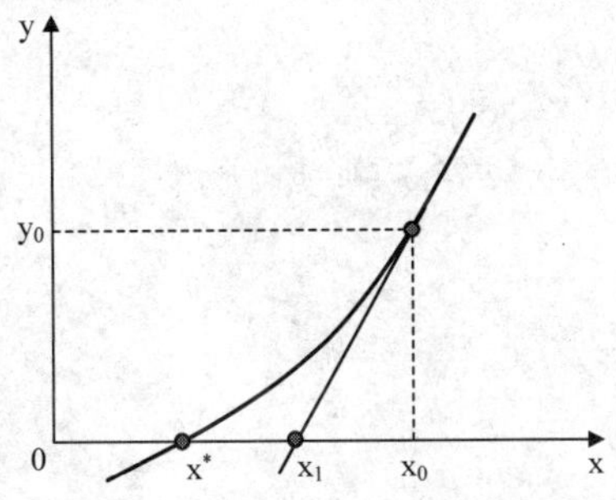

图 6-4　牛顿迭代法求方程的根

设迭代到 $x-x_0\leqslant 0.000001$ 时结束，参考程序代码如下：

```
#include <stdio.h>
#include <math.h>
int main()
{
   float iteration(float a,float b,float c,float d);
   float a, b, c, d;
   printf("请输入 a, b, c, d 的值：(以逗号区分)\n");
   scanf("%f,%f,%f,%f",&a,&b,&c,&d);
   printf("x=%10.7f\n", iteration(a,b,c,d));
   return 0;
}
/*iteration 函数求 1 附近的根*/
float iteration(float a,float b,float c,float d)
{
   float x=1, x0, f, f1;
```

```
    do
    {
        x0=x;
        f=((a*x0+b)*x0+c)*x0+d;
        f1=(3*a*x0+2*b)*x0+c;
        x=x0-f/f1;
    } while(fabs(x-x0)>=1e-6);          /*迭代到|x-x0|<0.000001*/
    return x;
}
```

程序运行结果如下：

```
C:\WINDOWS\system32\cmd.exe
请输入a，b，c，d的值：(以逗号区分)
1,2,3,4
x = -1.6506292
请按任意键继续. . .
```

本节开篇的粮食统计问题代码实现如下：

```
#include <stdio.h>
#define N 32
/*根据省（区、市）名查询*/
int search(char name[],char pro_name[][10])
{
    int i;
    for(i=0;i<N;i++)
        if(strcmp(name,pro_name[i])==0)
        {
            return i;
        }
}
/*输入 2018 年数据*/
void input_data_2018(int a[][3])
{
    int i;
    freopen("2018.txt", "r", stdin);
    for(i=0;i<N;i++)
        scanf("%d%d%d",&a[i][0],&a[i][1],&a[i][2]);
}
/*输入 2019 年数据*/
void input_data_2019(int a[][3])
{
    int i;
    freopen("2019.txt", "r", stdin);
    for(i=0;i<N;i++)
        scanf("%d%d%d",&a[i][0],&a[i][1],&a[i][2]);
}
/*输入 2020 年数据*/
void input_data_2020(int a[][3])
```

```
{
    int i;
    freopen("2020.txt", "r", stdin);
    for(i=0;i<N;i++)
        scanf("%d%d%d",&a[i][0],&a[i][1],&a[i][2]);
}
/*输入2021年数据*/
void input_data_2021(int a[][3])
{
    int i;
    freopen("2021.txt", "r", stdin);
    for(i=0;i<N;i++)
        scanf("%d%d%d",&a[i][0],&a[i][1],&a[i][2]);
}
/*输入2022年数据*/
void input_data_2022(int a[][3])
{
    int i;
    freopen("2022.txt", "r", stdin);
    for(i=0;i<N;i++)
        scanf("%d%d%d",&a[i][0],&a[i][1],&a[i][2]);
}
int main()
{
    char pro_name[N][10] = {"全国","北京","天津","河北","山西","内蒙古",
    "辽宁","吉林","黑龙江","上海","江苏","浙江","安徽","福建","江西","山东",
    "河南","湖北","湖南","广东","广西","海南","重庆","四川","贵州","云南",
    "西藏","陕西","甘肃","青海","宁夏","新疆" };
    int t_2018[N][3];
    int t_2019[N][3];
    int t_2020[N][3];
    int t_2021[N][3];
    int t_2022[N][3];
    char name[10];
    int year;
    int id;
    printf("请输入查询的省（区、市）名，若查询全国，则直接输入全国：");
    gets(name);
    id=search(name,pro_name);
    input_data_2018(t_2018);
    input_data_2019(t_2019);
    input_data_2020(t_2020);
    input_data_2021(t_2021);
    input_data_2022(t_2022);
    printf("2018年播种面积%d总产量%d单位面积产量%d\n", t_2018[id][0],
            t_2018[id][1], t_2018[id][2]);
```

```
        printf("2019 年播种面积%d 总产量%d 单位面积产量%d\n", t_2019[id][0],
                t_2019[id][1], t_2019[id][2]);
        printf("2020 年播种面积%d 总产量%d 单位面积产量%d\n", t_2020[id][0],
                t_2020[id][1], t_2020[id][2]);
        printf("2021 年播种面积%d 总产量%d 单位面积产量%d\n", t_2021[id][0],
                t_2021[id][1], t_2021[id][2]);
        printf("2022 年播种面积%d 总产量%d 单位面积产量%d\n", t_2022[id][0],
                t_2022[id][1], t_2022[id][2]);
        /*该省（区、市）粮食产量总和*/
        printf("该省（区、市）近 5 年粮食产量总和%d\n", t_2018[id][1] +
                t_2019[id][1] + t_2020[id][1] + t_2021[id][1] + t_2022[id][1]);
        /*输入年份计算全国粮食总产量、单位面积产量、播种面积较上一年度的变化*/
        freopen("CON", "r", stdin);    /*恢复重定向*/
        scanf("%d",&year);
        switch(year)
        {
        case 2018:printf("对不起，没有 2017 年数据\n"); break;
        case 2019:printf("%.1lf%%\n", (t_2019[id][0]-t_2018[id][0])*1.0/
                         t_2018[id][0] * 100); break;
        case 2020:printf("%.1lf%%\n", (t_2020[id][0]-t_2019[id][0])*1.0 /
                         t_2019[id][0] * 100); break;
        case 2021:printf("%.1lf%%\n", (t_2021[id][0]-t_2020[id][0])*1.0 /
                         t_2020[id][0] * 100); break;
        case 2022:printf("%.1lf%%\n", (t_2022[id][0]-t_2021[id][0])*1.0 /
                         t_2021[id][0] * 100); break;
        default:printf("sorry\n");
        }
        return 0;
    }
```

本例实现了根据用户输入的省（区、市）名来查询粮食信息，并统计某年度数据较上年度的变化情况。继续学习函数、指针等相关知识后再来完善这个项目吧。

6.2 解决应用问题：函数的调用形式

6.2.1 嵌套调用

一个函数内部不能包含另一个函数的定义，即不能嵌套定义函数。但是 C 语言程序允许函数的嵌套调用，在被调函数中又可以调用其他函数。

【例 6.4】 输入年月日，计算该日为该年的第几天，计算公式如下：

某日为该年第几天=该日期前整月的天数+所在月的天数

分析：定义 days 函数计算输入的日期为所在年的第几天；定义 month_days 函数计算每月天数，分 3 种情况，即为 28 天或 29 天、30 天和 31 天；定义 leap 函数判断是否是闰年。函数间的调用关系如图 6-5 所示。

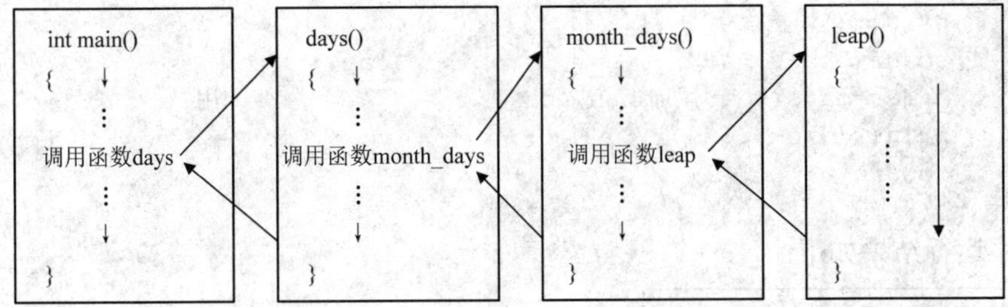

图 6-5 函数间的调用关系

参考程序代码如下：

```
#include <stdio.h>
int leap(int year)                                  /*判断是否是闰年*/
{
   int lp;
   lp=(year%4==0&&year%100!=0||year%400==0)?1:0;
   return lp;
}
int month_days(int year, int month)                 /*根据月份确定当月有多少天*/
{
   int d;
   switch(month)
   {
   case 1:
   case 3:
   case 5:
   case 7:
   case 8:
   case 10:
   case 12:d=31; break;
   case 2:d=leap(year)?29 : 28; break;          /*调用 leap 函数*/
   default:d=30;
   }
   return d;
}
int days(int year, int month, int day)              /*判断该日期是当年第几天*/
{
   int i, ds=0;
   for(i=1;i<month;i++)
      ds=ds+month_days(year,i);
   ds=ds+day;
   return ds;
}
int main()
{
   int leap(int year);
   int month_days(int year, int month);         /*函数声明语句*/
   int days(int year, int month, int day);
   int year, month, day, t_day;
```

```
    printf("请输入年 - 月 - 日:");
    scanf("%d-%d-%d", &year, &month, &day);
    t_day=days(year, month, day);              /*调用 days 函数*/
    printf("%d-%d-%d 是该年的第%d 天\n", year, month, day, t_day);
    return 0;
}
```

程序运行结果如下：

```
C:\WINDOWS\system32\cmd.exe
请输入年 - 月 - 日:2022-9-27
2022 - 9 - 27是该年的第269天
请按任意键继续. . .
```

【例 6.5】 计算整数 1 到 n 的阶乘和 1!+2!+3!+…+n!。

分析：根据题意需要编写一个求阶乘的函数 fact 和一个求 n 个整数之和的函数 sum，并在函数 sum 中调用 fact 函数完成阶乘求和的运算。函数间的调用关系如图 6-6 所示。

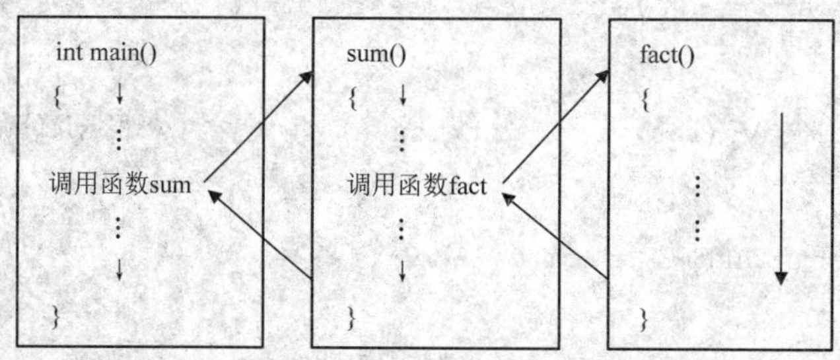

图 6-6　函数间的调用关系

参考程序代码如下：

```
#include <stdio.h>
int main()
{
    long sum(int m);                  /*函数声明语句*/
    long fact(int n);
    long result, number;
    printf("请输入一个数字：");
    scanf("%ld",&number);
    result=sum(number);
    printf("结果为：%ld\n", result);
    return 0;
}
long fact(int n)                      /*求阶乘*/
{
    long s=1;
    int i;
    for(i=1;i<=n;i++)
        s=s*i;
    return s;
}
long sum(int m)                       /*求和*/
{
```

```
        long t=0;
        int i;
        for(i=1;i<=m;i++)
            t=t+fact(i);        /*调用 fact 函数*/
        return t;
    }
```

程序运行结果如下：

```
C:\WINDOWS\system32\cmd.exe
请输入一个数字：5
结果为：153
请按任意键继续. . .
```

注 意

阶乘值增长得非常快，对于比较大的输入值，它的阶乘值可能超过 long 型整数的容量，从而得到错误的数据。

6.2.2 递归调用

函数直接或者间接调用函数本身的操作，称作递归。从递归的含义不难想到，函数不管是直接还是间接调用其本身都存在一个问题，就是如何终止函数的调用。这与循环结构程序设计遇到的问题类似，解决方法也类似，就是在调用本身的函数体中必须包含能够终止调用的方法。虽然递归并不常用，但是在某些情况下，它是一种非常有效的方法。

函数直接调用函数本身，称为直接递归。函数调用其他函数，而其他函数又调用该函数自身，称为间接递归。

（1）直接递归。例如：

```
    void fact()
    {
        ⋮
        fact();                /*函数 fact 直接调用函数本身，为直接递归*/
        ⋮
    }
```

（2）间接递归。例如：

```
    void fun1()                         void fun2()
    {                                   {
        ⋮                                   ⋮
        fun2();                             fun1();
        ⋮                                   ⋮
    }                                   }
```

函数 fun1 调用函数 fun2，而函数 fun2 中又调用了函数 fun1，这两个函数都是通过另一个函数来间接调用自己，这种情况称为间接递归。

递归主要用于解决复杂问题，下面就用计算整数的阶乘来进行说明。

【例 6.6】 使用递归法求 n!。

参考程序代码如下：

```
#include <stdio.h>
long fact(long);
int main()
{
    long number;
    printf("请输入一个正整数:");
    scanf("%ld",&number);
    printf("数字%ld 的阶乘为: %ld\n", number, fact(number));
    return 0;
}
long fact(long num)
{
    if(num<2)                          /*递归出口*/
        return num;
    else
        return num*fact(num-1);        /*直接递归,调用 fact 函数本身*/
}
```

程序运行结果如下：

```
C:\WINDOWS\system32\cmd.exe
请输入一个正整数:5
数字5的阶乘为: 120
请按任意键继续. . .
```

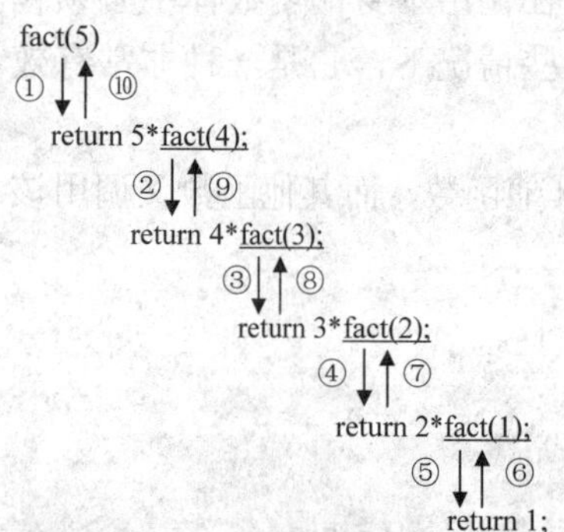

图 6-7 递归函数的调用过程

递归函数的调用过程如图 6-7 所示。

在主函数中语句 printf("数字%ld 的阶乘为: %ld\n", number, fact(number));中，调用 fact 函数，传递的值为 5。函数 fact 中形参 num 得到的值为 5，大于 1，则执行 return 5*fact(4);。只有当 fact(4)语句有返回值时，这个 return 语句中的表达式才会被计算。这样的调用将继续，直到最后一次调用函数 fact，参数值为 1 为止。在这种情况下，参数值为 1，不满足 if 语句的条件，则执行 return 1；将结果返回到该函数被调用处 return 2* fact(1)，执行 return 2*1 再返回到这次被调用处，直到返回到主函数，显示阶乘的结果。

从上面这个例子可知，数字 n 将调用 fact 函数 n 次。每次调用，都会给形参开辟空间以接收实参传递来的值及存储返回值。递归函数的调用越多，需要的内存也就越多，程序的开销也就越大。同样求阶乘的这个题目，使用循环来解决问题可能开销相对来说比较小，也比较快。如果确实需要使用递归，则必须找到一种不再重复递归调用的方法。本例中，就是检验形参 num 得到的值是否小于 2，如果是，就终止递归调用。

【例 6.7】 斐波那契数列是一个非常神奇的数列。在自然界中，可以看到很多现象符合斐波那契数列，如向日葵盘内的种子、松果种子、菜花表面、外耳廓形成的螺线，就是按照斐波那契数列进行排列的。在现代物理、准晶体结构、化学等领域，斐波纳契数列都有直接的应用。前面章节使用循环结构求解斐波那契数列，本例使用递归法求斐波那契数列。

参考程序代码如下：

```
#include <stdio.h>
int fib(int n)
{
    if(n==0)
        return 0;
    else if(n==1)
        return 1;
    else
        return fib(n-1)+fib(n-2);
}
int main()
{
    int i, n, x;
    printf("请输入待求Fibonacci项数：");
    scanf("%d", &n);
    for(i=1;i<=n;i++)
    {
        x=fib(i);
        printf("%d--->%d\n", i, x);
    }
    return 0;
}
```

程序运行结果如下：

```
C:\WINDOWS\system32\cmd.exe
请输入待求Fibonacci项数：10
1--->1
2--->1
3--->2
4--->3
5--->5
6--->8
7--->13
8--->21
9--->34
10--->55
请按任意键继续. . .
```

从该例可以看出，用递归编程更直观、清晰，可读性也更好，能自然描述问题的逻辑。这种方法不仅可以应用在数值计算领域，在非数值计算领域也有很好的应用，如汉诺塔、八皇后、骑士游历问题的求解。其中汉诺塔是一个典型的只有用递归才能解决的问题，还有些问题既可以用递归解决，也可以用迭代解决，需要根据实际情况选用合适的方式。例如，本例采用递归法求解斐波那契数列，当输入100时，程序会有输出结果吗？函数在每次递归调用时都需要进行参数传递、现场保护等操作，增加了函数调用的时空开销，导致递归程序的时空效率偏低。因此不建议在求解斐波那契问题时使用递归方法。

6.3　解决应用问题：存储类型和作用域

在C语言中，每一个变量都通过其类型和存储类型来描述。变量的存储类型决定了变量在内存中存放的位置、作用域和生命周期。变量的生命周期是指程序在执行过程中，从变量建立到释放销毁的时间。变量的作用域是指变量的作用范围，即在程序的什么范围内可以被引用，什么范围不可以被引用。

6.3.1 变量的存储类型

一个 C 程序运行时，程序使用的存储空间被分为 3 个部分，即动态存储区、静态存储区和代码区，如图 6-8 所示。

动态存储区
静态存储区
代码区

图 6-8 C 程序存储空间示意图

（1）动态存储区：一般就是“堆栈”和“栈”。程序运行期间，会根据需要动态分配存储空间。例如，函数的形参，函数定义时并不给其分配存储空间，只有在函数被调用时才给其分配，函数调用完毕后所占用的存储空间会被立即释放。其中，堆栈区用于存放自动变量、函数调用时现场保护信息和返回地址等；堆是自由存储区，程序可通过调用动态内存分配函数使用它。

（2）静态存储区：用于存放程序中定义的全局变量和静态局部变量。该存储区在程序开始执行时即在内存中被分配，程序运行期间其大小固定，程序执行完毕才会被释放。因此分配在该区的变量的生命周期是程序运行的全过程。

（3）代码区：用于存放程序的可执行代码。

CPU 运算器中的通用寄存器也可存放数据。由于通用寄存器可以直接与运算器中的算术逻辑单元进行信息交换，因此存取速度比内存快，但是寄存器数量有限。这类数据称为寄存器型。

变量的存储类型有 4 种，分别是动态（auto）、静态（static）、寄存器（register）和外部（extern）。

1. auto 类型

C 语言规定，如果不说明变量的存储类型，则默认是 auto 类型。例如，int x,y;等价于 auto int x,y;。前几章定义的变量实际上都是 auto 类型变量。auto 类型变量存放在内存的动态存储区（堆栈区）中。

考察动态变量值的源代码如下：

```
#include <stdio.h>
int fun()
{
   auto int x=1;
   x*=2;
   return x;
}
int main()
{
   int i, s=1;
   for(i=1;i<=2;i++)
      printf("%d\n",fun());
   return 0;
}
```

程序运行结果如下：

```
C:\WINDOWS\system32\cmd.exe
2
2
请按任意键继续. . .
```

当 fun 函数第一次被调用时，为变量 x 在内存中的堆栈区分配存储空间并赋值为 1，当执行 x*=2;后，x 的值为 2，将 x 的值返回给主调函数，输出 2；第二次调用 fun 函数，重新为 x 分配空间并赋值为 1，经过运算后，返回的值仍是 2。

2. static 类型

使用关键字 static 声明的变量称为静态类型变量，存放在内存的静态存储区，在编译程序时由系统分配存储空间，在整个程序运行期间始终占用该存储区域。例如，static int x;。

3. register 类型

register 类型变量存放在运算器的通用寄存器中，其生命周期与 auto 类型相同。对寄存器的存取比内存快，过量的寄存器声明不会有任何错误，编译器会忽略过量的或不支持的寄存器变量声明。在不同的机器中，对寄存器变量的数目和类型的具体要求也不同。例如，register int i;定义了一个 int 类型的寄存器变量。

4. extern 类型

extern 类型变量也称外部变量，是指在函数外部定义的变量，作用域从变量定义处开始，到本程序文件的末尾。外部变量只需在某个程序文件中定义一次，其他文件引用此变量时，用 extern 加以说明即可。

例如，一个程序包含如下两个源文件 file1.c 和 file2.c：

```
********file1.c********
float x,y;
int main()
{
    ⋮
}

********file2.c********
extern float x,y;
func()
{  y=x+1;
    ⋮
}
int main()
{
    ⋮
}
```

x、y 在源文件 file1.c 中被定义为外部变量，在源文件 file2.c 中使用它们时，应在源文件 file2.c 的开头用 extern 进行说明。有了这个说明之后，file2.c 中的各个函数就都可以使用该外部变量了。

如果外部变量是在同一个源文件中定义，则在其定义之前的函数中使用它时，也应该使用 extern 进行说明。例如：

```
extern float x,y;
func()
{  y=x+1;
    ⋮
}
float x,y;
int main()
{
    ⋮
}
```

6.3.2 全局变量和局部变量

变量的作用域是指变量的作用范围。根据变量的作用域可以将变量分为局部变量和全局变量两类。

1. 局部变量

(1) 局部变量的概念。

在函数内部或者复合语句内部定义的变量称为局部变量。局部变量的作用范围就是所在的函数内部或复合语句内部，离开这个范围再使用是非法的。不同函数或者是复合语句中可以使用同名变量，因为它们的作用范围不同，分配的存储空间也不同，互不干扰。例如：

```
int fun1(int m)              ┐
{                            │
    int n;                   ├ m,n 有效
    …                        │
}                            ┘
float fun2(float a,float b)  ┐
{                            │
    float c;                 ├ a,b,c 有效
    …                        │
}                            ┘
int main()                   ┐
{                            │
    int x,y;                 │
    float a,b;               │
    …                        │
    {                        │
        int s;     ┐         ├ x,y,a,b 有效
        s=a+b;     ├ s 有效  │
        …          ┘         │
    }                        │
    return 0;                │
}                            ┘
```

说　明

（1）函数的形参也是局部变量，只在所在的函数内部有效。例如，fun1 函数中的 m，fun2 函数中的 a、b。

（2）不同函数的局部变量可以同名。例如，主函数中的 a、b 与 fun2 函数中的形参 a、b。

（3）复合语句中定义的变量，只在复合语句内部有效。例如，主函数内部的复合语句，其中定义了变量 s，它的作用范围只限复合语句内部，超出该范围，所占用的存储空间就会被释放。

（2）局部变量的存储类型。

局部变量的存储类型有 3 种：auto、static、register。下面详细介绍用 static 关键字修饰的局部变量。

使用 static 关键字修饰的局部变量称为静态局部变量，存放在内存的静态存储区中。因此，静态局部变量的生命周期是整个程序运行期间。只有当程序运行结束时，才释放变量所占用的存储空间。但是静态局部变量的作用范围与 auto 类型变量相同，仅限于定义它的函数或复合语句内部。

静态局部变量示例源代码如下：

```
#include <stdio.h>
int fun();
int main()
{
    int i, s=1;
    for(i=1;i<=2;i++)
        s=fun();
    printf("%d\n",s);
    return 0;
}
int fun()
{
    static int x=1;        /*定义静态局部变量*/
    x*=2;
    return x;
}
```

程序运行结果如下：

```
C:\WINDOWS\system32\cmd.exe
4
请按任意键继续. . .
```

在 fun 函数中，变量 x 使用关键字 static 修饰，是静态局部变量。程序运行，虽然没有一开始就调用 fun 函数，但是已经给静态局部变量 x 分配了存储空间并赋值为 1。主函数通过循环两次调用 fun 函数，每次调用都将 x 的值乘 2，下次调用时 x 是上次返回前修改后的值。虽然在程序运行期间 x 变量一直存在，但是它的作用范围，仅在 fun 函数内部有效。

说 明

（1）静态局部变量属于静态存储类型，在静态存储区内分配存储单元，在程序整个运行期间都不释放。而自动变量（即动态局部变量）属于动态存储类型，占用动态存储空间，函数调用结束后即释放。

（2）静态局部变量在编译时赋初值，即只赋初值一次；而对自动变量赋初值是在函数调用时进行的，每调用一次函数重新赋一次初值，相当于执行一次赋值语句。

（3）如果在定义局部变量时不赋初值，则静态局部变量编译时自动赋初值 0（对数值型变量）或空字符（对字符变量）。而对自动变量来说，如果不赋初值，则它的值是一个不确定的值。

2. 全局变量

（1）全局变量的概念。

不在任何函数内部定义的变量称为全局变量。其作用域从变量定义的位置开始，到所在源文件末尾结束。例如：

```
#include <stdio.h>
int x,y; /*全局变量 x, y*/
void num()
{
    int a,b;
    …
}
float m,n;    /*全局变量 m,n*/
int main()
{
    int m,n;  /*局部变量 m,n*/
}
```

虚线框是全局变量 x,y 的作用范围

实线框是全局变量 m,n 的作用范围

说 明

（1）全局变量 x、y、m、n 的作用范围不同。num 函数和主函数都可以使用 x 和 y，但只有主函数可以使用 m 和 n。

（2）如果全局变量和局部变量同名，则在定义该局部变量的函数外同名的全局变量有效（同名的局部变量不存在），在该函数内同名的局部变量有效。

（3）全局变量使函数间多了一种传递信息的方式。如果一个程序中的多个函数都要对一个变量进行运算，则可以将这个变量定义为全局变量。尽管如此，编程时仍然建议尽量避免使用或者少使用全局变量。因为使用全局变量会使函数的通用性降低，函数间的耦合性加大。

分析下面程序的运行结果：

```
#include <stdio.h>
int a=1;
```

```
int func(int x, int y)
{
    return x*y;
}
int b;
int main()
{
    int c;
    b=2;
    c=func(a, b);
    printf("a=%d,b=%d,c=%d\n",a,b,c);
    return 0;
}
```

程序运行结果如下：

```
C:\WINDOWS\system32\cmd.exe
a = 1, b = 2, c = 2
请按任意键继续. . .
```

变量 a、b 在函数外部定义，是全局变量，从变量定义位置开始到本文件结束一直有效。变量 x、y、c 在函数内部定义，是局部变量，只在它所在的函数内部有效。程序从主函数开始执行，a、b 作为实参给形参 x、y 传值，使 x 得到的值为 1，y 得到的值为 2；执行 return 语句将 x*y 的结果 2 返回到被调用处，并赋值给局部变量 c。

分析下面程序的运行结果：

```
#include <stdio.h>
int a=5;
void fun(int b)
{
    int a=10;      /*局部变量与全局变量同名，局部有效*/
    a+=b;
    printf("%d\n",a);
}
int main()
{
    int c=20;
    fun(c);
    a+=c;
    printf("%d\n",a);
    return 0;
}
```

程序运行结果如下：

```
C:\WINDOWS\system32\cmd.exe
30
25
请按任意键继续. . .
```

（2）全局变量的存储类型。

全局变量的存储类型有两种：static 和 extern。

使用 static 关键字修饰的全局变量称为静态全局变量。它的作用域限制在它所在的源文件。当一个程序包含多个文件时，在一个源文件中定义的静态全局变量，只能被所在源文件引用，不能被其他文件引用，实现了数据隐藏。

extern 用于说明全局变量的来源，扩展了全局变量的作用域。全局变量的作用域从它被定义的位置开始，到所在文件末尾结束。因此，在全局变量定义之前的函数不能引用它。若在全局变量前使用 extern 关键字修饰它，那么它前面的函数也可以引用它。一个程序由多个文件组成，在其中一个文件内定义了全局变量，在其他文件中引用它只需对该全局变量使用 extern 进行声明，不必重新定义，可以多次使用 extern 声明，扩大全局变量的引用范围，实现数据共享。静态全局变量不能通过 extern 扩展其作用域。

使用 extern 扩展全局变量作用域示例源代码如下：

```
#include <stdio.h>
void num()
{
    extern int x, y;
    int a=25, b=15;
    x=a-b;
    y=a+b;
}
int x, y;
int main()
{
    int a=16, b=8;
    x=a+b;
    y=a-b;
    num();
    printf("%d, %d\n", x,y);
    return 0;
}
```

程序运行结果如下：

```
C:\WINDOWS\system32\cmd.exe
10, 40
请按任意键继续. . .
```

程序运行时，在主函数中，x 和 y 分别被赋值为 24 和 8，调用 num 函数时，由于 extern 扩展了全局变量 x 和 y 的作用域，x 和 y 分别被赋值为 10 和 40。

6.4　解决应用问题：程序组织结构

6.4.1　内部函数和外部函数

函数一旦被定义，从本质上来看就是全局的。因为函数被定义就是要被其他函数调用，但是有些时候不希望函数被其他文件中的函数调用。因此，将函数分为内部函数和外部函数。

1. 内部函数

内部函数又称静态函数，是指只能被本文件中的其他函数调用的函数。定义内部函数要使用关键字 static 说明。其一般形式如下：

```
static 类型标识符 函数名(形参列表)
```

文件 file1.c 代码如下：

```
void func();
static void PrintSomething()
{
    printf("Print something in file1.c\n");
}
int main()
{
    PrintSomething();
    func();
    return 0;
}
```

文件 file2.c 代码如下：

```
static void PrintSomething()
{
    printf("Print something in file2.c.\n");
}
void func()
{
    PrintSomething();
}
```

文件 file1.c 和 file2.c 中都定义了一个内部函数 PrintSomething，二者互不影响。如果限制某个函数的可见性，首先将函数的存储类别定义为 static，其次将所有需要调用该函数的函数与函数本身放在同一个文件中，即主调函数与被调函数放在同一个文件中。

2. 外部函数

外部函数是指可以被程序中其他文件中的函数调用的函数。在定义函数时，在函数首部前使用关键字 extern 说明，则表示该函数是外部函数。其一般形式如下：

```
extern 类型标识符 函数名(形参列表)
```

在定义函数时省略 extern，则默认为外部函数。本章前面定义的函数均为外部函数。文件 file1.c 代码如下：

```
extern void PrintHello()
int main()
{
    PrintHello();
}
```

文件 file2.c 代码如下：

```
extern void PrintHello()
```

```
    {
        printf("Hello!\n");
    }
```

file1.c 文件中的主函数可以调用 file2.c 文件的外部函数 PrintHello。

6.4.2 多文件结构

多文件结构可以含有多个头文件和源文件。多文件结构本质上反映了结构化设计的内在要求，同时多文件结构也是高效率的编程模式。如果只使用一个文件，即使它的函数设计很符合结构化设计，也会给查错和维护带来不便。

1. 使用多个文件进行模块设计

假设要求编制两个函数，一个计算体感温度，一个计算相对湿度，然后使用主函数调用它们。将这两个函数分别设计在 a.c 和 b.c 文件中，主函数在 work.c 文件中。这样，每个文件是一个单独模块，功能单一，容易查错，两个函数模块互不干涉，有利于分工合作来完成复杂的项目设计。

2. 使用头文件和函数原型

如果要在文件中调用其他文件的函数，需要有函数原型声明，而且每个文件均是如此。如果函数原型声明比较多，在每个文件中都写上函数原型声明不是好办法，很难管理。例如，某个函数定义有变动，那么所有含有这个函数声明的调用文件都需要找出来，逐一修改。可以自行编写头文件（.h）解决这个问题。

头文件除了函数声明外，往往还包括全局性常量、宏定义等信息，但头文件一般不包括定义内容，如函数定义和变量定义，而只包含声明内容。这是因为头文件会被多次包含，如果包含定义内容会导致重复定义，这是编写自定义头文件的重要原则。定义内容和程序实现代码等应放在对应的源文件中。

头文件中还可以加载其他头文件，因此有可能产生重复加载。例如，a.h 和 b.h 都加载了 c.h，然后 foo.c 同时加载了 a.h 和 b.h，这意味着 foo.c 会编译两次 c.h。最好避免这种重复加载，虽然多次定义同一个函数原型并不会报错，但是有些语句重复使用会报错。解决重复加载的常见方法是，在头文件中设置一个专门的宏，加载时一旦发现这个宏存在，就不再继续加载当前文件了，涉及使用条件编译写头文件、文件包含方法等在后面章节再详细介绍。

3. 组合为工程

在集成开发环境中可以创建项目，在项目中添加多个源文件及头文件，实现多文件结构编程。一般比较大的程序设计常常会分成多个源文件，每个源文件有自己的头文件，然后组成工程文件。

【例 6.8】 编写函数实现：从主函数输入要查找的职工号，输出该职工的姓名。

（1）输入 10 名职工的姓名和职工号。

（2）按职工号由小到大排序，姓名顺序也随之调整。

（3）要求输入一个职工号，用折半查找法找出该职工的姓名。

分析：需要定义两个数组分别存放职工的姓名和职工号，定义一个 sort 函数使用选择排序法对职工号排序，职工号和姓名的变化要保持同步，定义一个 search 函数根据职工号用折半查找法找出该职工的姓名。

file.h 文件代码如下：

```
#include <stdio.h>
#include <stdlib.h>
#include <string.h>
void input(int num[], char name[][8], int n);
void sort(int num[], char name[][8], int n);
int search(int id, int num[], char name[][8], int n);
```

6-8.c 文件代码如下：

```
#include "file.h"
int main()
{
    int num[10], number, c, no;
    char name[10][8];
    system("cls");
    input(num, name, 10);          /*调用 input 函数，输入 10 条员工数据*/
    sort(num, name, 10);           /*调用 sort 函数，按升序排序*/
    while(1)
    {
        printf("\n 请输入要查找的职工号:");
        scanf("%d",&number);
        no=search(number, num, name, 10);
        if(no!=-1)
            printf("职工号: %d, 姓名 : %s.\n", num[no], name[no]);
        else
            printf("不能找到! \n");
        printf("是否继续 ? (Y / N)");
        getchar();
        c=getchar();
        if(c=='N'||c=='n')
            break;
    }
    return 0;
}
```

finput.c 文件代码如下：

```
#include "file.h"
void input(int num[], char name[][8], int n)
{
    int i;
    for(i=0;i<n;i++)
    {
        printf("\n 请输入职工号: ");
        scanf("%d",&num[i]);
        getchar();
```

```
        printf("请输入姓名：");
        gets(name[i]);
    }
}
```

fsort.c 文件代码如下：

```
#include "file.h"
void sort(int num[], char name[][8], int n)        /*使用选择法排序*/
{
    int i, j, min, temp1;
    char temp2[8];
    for(i=0;i<n-1;i++)
    {
        min=i;
        for(j=i;j<n;j++)
            if(num[min]>num[j])
                min=j;
        if(min!=i)
        {
            temp1=num[i];
            num[i]=num[min];
            num[min]=temp1;
            strcpy(temp2, name[i]);
            strcpy(name[i], name[min]);
            strcpy(name[min], temp2);
        }
    }
    printf("\n 排序后的结果为：\n");
    for(i=0;i<n;i++)
        printf("\n%5d%10s", num[i], name[i]);
}
```

fsearch.c 文件代码如下：

```
int search(int id, int num[], char name[][8], int n)
/*用折半查找法查找职工信息*/
{
    int low, high, mid;
    low=0;
    high=n-1;
    while(low<=high)
    {
        mid=(low+high)/2;
        if(id>num[mid])
            low=mid+1;
        else if(id<num[mid])
            high=mid-1;
        else
            return mid;                    /*返回要查找的数所在的位置*/
    }
    return -1;                             /*未找到返回-1*/
}
```

多文档结构如图 6-9 所示。

图 6-9　多文档结构

6.5　解决工程问题：气象数据计算

气象数据关系国计民生。党的二十大报告提出，高质量发展是全面建设社会主义现代化国家的首要任务。气象强国建设蹄疾步稳，相信在未来气象监测会更精密，气象预报更精准，气象服务更精细。

下面从中国气象局天气预报网站获取天气数据进行分析，了解天气状况。在气象学中，通常以一天中 2 时、8 时、14 时和 20 时这 4 个时刻的气温平均值作为一天的平均气温，即日平均气温，结果保留一位小数。

【例 6.9】 用二维数组存储每天 4 个时刻的温度。计算一周中每天的日平均气温与日温差（最高温度与最低温度之差），然后输出每天的日平均温度和日温差，并找出哪天日温差最大。

分析：任务可以分解为求一维数组的均值、极大值、极小值。定义 4 个函数分别求日平均温度和日温差、输出日平均温度和日温差。

```
#include<stdio.h>
#define N 7
#define M 4
/*求日平均温度*/
void Avg(float t[][M],int n,int m,float a[])
{
    int i,j;
    for(i=0;i<n;i++)
    {
        /*每行的各列值求平均值，保存到一维数组中*/
        a[i]=0;
        for(j=0;j<m;j++)
            a[i]+=t[i][j];
        a[i]/=m;
    }
```

```
}
/*求日温差*/
int Diff(float t[][M],int n,int m,float a[])
{
    int i,j, iMaxDiff=0;
    for(i=0;i<n;i++)
    {
        int iMax=0, iMin=0;
        for(j=1;j<m;j++)
        {
            if(t[i][j]>t[i][iMax])
                iMax=j;
            if(t[i][j]<t[i][iMin])
                iMin=j;
        }
        a[i]=t[i][iMax]-t[i][iMin];
        if(a[i]>a[iMaxDiff])
            iMaxDiff=i;
    }
    return iMaxDiff;
}
/*输出日平均温度*/
void OutputAvg(float a[],int n)
{
    int i;
    for(i=0;i<n;i++)
        printf("%-6.1f",a[i]);
}
/*输出日温差*/
void OutputDiff(float a[],int n)
{
    int i;
    for(i=0; i<n; i++)
        printf("%-8.1f",a[i]);
    printf("\n");
}
int main()
{
    float t[N][M];
    float avg[N];
    float DayDiff[N];
    int index;
    int i, j;
    printf("请输入一周 7 天，2 时、8 时、14 时、20 时这 4 个时刻的温度:\n");
    for(i=0;i<N;i++)
        for(j=0;j<M;j++)
            scanf("%f",&t[i][j]);
    Avg(t, N, M, avg);
    printf("\n 一周的日平均温度为: \n");
    printf("日    一    二    三    四    五    六\n");
```

```
    OutputAvg(avg, N);
    index=Diff(t, N, M, DayDiff);
    printf("\n\n 一周内日温差最大的是周%d, 温差值是: %.1f\n", index,
            DayDiff[index]);
    printf("\n 每天的温差为: ");
    printf("\n 日\t 一\t 二\t 三\t 四\t 五\t 六\n");
    OutputDiff(DayDiff, N);
    return 0;
}
```

输入云南省景洪市 2023/02/06 20:00 发布的一周天气预报数据，程序运行结果如下：

```
C:\WINDOWS\system32\cmd.exe
请输入一周7天，2时、8时、14时、20时这4个时刻的温度:
15.7    11.8    25.6    25
17.5    11.8    25.6    25
16      12      27.2    24.2
15.2    11.2    27      23.2
16.1    11.4    26      24.6
14.4    11.9    27.3    25
14.6    12.1    28.5    26

一周的日平均温度为:
日      一      二      三      四      五      六
19.5    20.0    19.9    19.2    19.5    19.6    20.3

一周内日温差最大的是周6, 温差值是: 16.4

每天的温差为:
日      一      二      三      四      五      六
13.8    13.8    15.2    15.8    14.6    15.4    16.4
请按任意键继续. . .
```

习　　题

一、选择题

1. 在 C 语言中，当调用函数时，下列说法中正确的是（　　）。
   A. 实参和形参各占一个独立的存储单元
   B. 实参和形参共用存储单元
   C. 可以由用户指定实参和形参是否共用存储单元
   D. 由系统自动确定实参和形参是否共用存储单元
2. 下列函数调用语句中实参的个数为（　　）。

```
exce((v1,v2),(v3,v4,v5),v6);
```

   A. 3　　B. 4　　C. 5　　D. 6
3. 如果在一个函数的复合语句中定义了一个变量，则该变量（　　）。
   A. 只在该复合语句中有效，在该复合语句外无效
   B. 在该函数中任何位置都有效
   C. 在本程序的原文件范围内均有效
   D. 此定义方法错误，其变量为非法变量
4. C 语言允许函数值类型省略定义，此时该函数值隐含的类型是（　　）。
   A. float 型　　B. int 型　　C. long 型　　D. double 型

5. C 语言规定，函数返回值的类型由（　　）。
   A. return 语句中的表达式类型所决定
   B. 调用该函数时的主调函数类型所决定
   C. 调用该函数时系统临时决定
   D. 在定义该函数时所指定的函数类型决定
6. 在 C 语言程序中，下列描述中正确的是（　　）。
   A. 函数的定义可以嵌套，但函数的调用不可以嵌套
   B. 函数的定义不可以嵌套，但函数的调用可以嵌套
   C. 函数的定义和函数的调用均不可以嵌套
   D. 函数的定义和函数的调用均可以嵌套
7. 下列叙述中正确的是（　　）。
   A. 全局变量的作用域一定比局部变量的作用域范围大
   B. 静态变量的生存期贯穿整个程序的运行期间
   C. 函数的形参都属于全局变量
   D. 未在定义语句中赋初值的 auto 变量和 static 变量的初值都是随机值
8. 下列程序的运行结果是（　　）。

```
#include <stdio.h>
void sub(int s[],int y)
{
    static int t=3;
    y=s[t];
    t--;
}
int main()
{
    int a[]={1,2,3,4},i,x=0;
    for(i=0;i<4;i++)
    {
        sub(a,x);
        printf("%d",x);
    }
    printf("\n");
    return 0;
}
```

   A. 1234　　B. 4321　　C. 0000　　D. 4444
9. 下列程序的运行结果是（　　）。

```
#include <stdio.h>
int main()
{
    int w=5;
    fun(w);
    printf("\n");
    return 0;
}
```

```
fun(int k)
{
   if(k>0)
      fun(k-1);
   printf("%d",k);
}
```

A. 5 4 3 2 1　　B. 0 1 2 3 4 5　　C. 1 2 3 4 5　　D. 5 4 3 2 1 0

10. 下列各函数首部，正确的是（　　）。

A. void play(vat a:Integer,var b:Integer)

B. void play(int a,b)

C. void play(int a,int b)

D. Sub play(a as integer,b as integer)

11. 当调用函数时，实参是一个数组名，则向函数传递的是（　　）。

A. 数组的长度　　B. 数组的首地址

C. 数组每个元素的地址　　D. 数组每个元素中的值

12. 在调用函数时，如果实参是简单变量，它与对应形参之间的数据传递方式是（　　）。

A. 地址传递　　B. 单向值传递

C. 由实参传给形参，再由形参传回实参　　D. 传递方式由用户指定

13. 下列函数值的类型是（　　）。

```
fun(float x)
{
   float y;
   y=3*x-4;
   return y;
}
```

A. int　　B. 不确定　　C. void　　D. float

14. 下列程序的运行结果是（　　）。

```
#include <stdio.h>
int MyFuntion(int n);
int main()
{
   int entry=12345;
   printf("%5d",MyFuntion(entry));
   return 0;
}
int MyFuntion(int Par)
{
   int result;
   result=0;
   do
   {
      result=result*10+Par%10;
      Par/=10;
   }while(Par);
```

```
    return result;
}
```

A. 12345　　B. 543　　C. 5432　　D. 54321

15. 下列程序的输出结果是（　　）。

```
#include <stdio.h>
int x=5, y=6;
void incxy()
{
    x++;
    y++;
}
int main()
{
    int x=3;
    incxy();
    printf("%d, %d\n", x, y);
    return 0;
}
```

A. 3, 6　　B. 4, 7　　C. 3, 7　　D. 6, 7

二、填空题

1. 编写一个验证正整数 M 是否为素数的函数，若 M 是素数，则将 1 送到 T 中，否则将 0 送到 T 中。在主函数中读入 N 个正整数，每读入一个整数就调用函数，判断它是否为素数，在主函数中将 T 的值累加到另一个变量中。用此方法可求出 N 个数中素数的个数。请填空完成上述功能的程序。

```
#include <stdio.h>
#include <math.h>
int prime(int m)
{
    int i, pp=1;
    for(i=2; _______;i++)
        if(m%i==0)
            pp = 0;
    if(m==1)
        _________
    return(pp);
}
int main()
{
    int a[20], i, sum=0;
    for(i=0;i<10;i++)
    {
        scanf("%d",&a[i]);
        sum= ________
    }
    printf("the number of prime data is:%d", sum);
    return 0;
```

```
    }
```

2. 编写一个函数，由实参传来一个字符串，统计此字符串中字母、数字、空格和其他字符的个数，在主函数中输入字符串并输出上述结果。请填空完成上述功能的程序。

```
#include <stdio.h>
#include <ctype.h>
void fltj(char str[],int a[])
{
   int ll, i;
   ll=______
      for(i=0;i<ll;i++)
      {
         if(______)
            a[0]++;
         else if(______)
            a[1]++;
         else if(______)
            a[2]++;
         else
            a[3]++;
      }
}
int main()
{
   static char str[60];
   static int a[4]={0,0,0,0};
   gets(str);
   fltj(str, a);
   printf("%s char:%d digit:%d space:%d other:%d",str,a[0],a[1],
         a[2],a[3]);
   return 0;
}
```

3. 用递归方法求N阶勒让德多项式的值，递归公式为

$$P_n=\begin{cases}1 & (n=0)\\ x & (n=1)\\ ((2n-1)\cdot x\cdot p_{n-1}(x)-(n-1)\cdot p_{n-2}(x))/n & (n>1)\end{cases}$$

```
#include <stdio.h>
int main()
{
   float pn();
   float x, lyd;
   int n;
   scanf("%d%f",&n,&x);
   lyd=______
   printf("pn=%f",lyd);
   return 0;
}
float pn(float x,int n)
{
```

```
    float temp;
    if(n==0)
       temp=_______
    else if(n==1)
       temp=_______
    else
       temp=_______
    return(temp);
}
```

4. 下列函数的功能是求 x^y，请填空。

```
double fun(double x, int y)
{
    int i;
    double z;
    for(i=1,z=x;i<y;i++)
       z=z* ________;
    return z;
}
```

5. 输入正整数 n，输出 1！～n！的值。要求定义并调用含静态变量的函数 fact_s(n)计算 n!，其中 n 的类型是 int，函数类型是 double。请填空完成上述功能的程序。

```
#include <stdio.h>
double fact_s(int n);
int main()
{
    int i, n;
    scanf("%d",&n);
    for(i=1;i<=n;i++)
       printf("%3d!=%.0f\n", i, fact_s(i));
    return 0;
}
double fact_s(int n)
{
    ___________
    f= ___________ ;
    return  f;
}
```

三、写出下列程序的运行结果

1. 输入“Y”，程序运行的结果是什么？

```
#include <stdio.h>
void YesNo (char ch);
int main()
{
    char ch;
    ch=getchar();
    YesNo(ch);
    return 0;
}
```

```
void YesNo(char ch)
{
   switch(ch)
   {
      case 'y':
      case 'Y': printf("Yes."); break;
      default: printf("No.");
   }
}
```

2. 输入“3”，程序的运行结果是什么？

```
#include <stdio.h>
double fact_s(int n);
int main()
{
   int i, n;
   scanf("%d", &n);
   for(i=1;i<=n;i++)
      printf("%3d!=%.0f\n",i,fact_s(i));
   return 0;
}
double fact_s(int n)
{
   static double f=1;
   f=f*n;
   return  f ;
}
```

3. 程序代码如下：

```
#include <stdio.h>
int main()
{
   int i;
   int is(int n,int digit);
   for(i=150;i<=200;i++)
      if(is(i,9))
         printf("%d ",i);
   printf("\n");
   return 0;
}
int is(int n,int digit)
{
   int number,count=0;
   do
   {
      number=n%10;
      if(number==digit)
         count++;
      n=n/10;
   }while(n!=0);
   if(count==1)
```

```
        return 1;
    else
        return 0;
}
```

4. 程序代码如下：

```
#include <stdio.h>
int s;
int f(int m)
{
    static int k=0;
    for(;k<=m;k++)
        s++;
    return s;
}
int main()
{
    int s=1;
    s=f(2)+f(2);
    printf("%d#%d#",s,f(20));
    return 0;
}
```

5. 程序代码如下：

```
#include <stdio.h>
double sum(int n)
{
    if(n<=0)
        return 0;
    else
        return n+sum(n-1);
}
int main()
{
    int n;
    scanf("%d",&n);
    printf("结果为:%lf",sum(n));
    return 0;
}
```

四、编程题

1 输入圆柱体的高 h 和半径 r，求圆柱体积，volume=$\pi \times r^2 \times h$。要求定义和调用函数 cylinder (r, h)计算圆柱体的体积。

2. 编写函数，接收一个字符串和一个字符，如果此字符出现在字符串中，就将字符串中的该字符删除。要求删除该字符后，后续的字符向前移，以填充该空位。

3. 请编写一个函数 int fun(int x)，函数的功能是判断整数 x 是否是同构数。若是同构数，则函数返回 1；否则返回 0。所谓“同构数”是指这样的数，它出现在它的平方数的右边。

例如，输入整数5，5的平方数是25，5是25中右侧的数，所以5是同构数。x的值由主函数由键盘读入，要求不大于100。

4. 请编写一个函数float fun(double h)，函数的功能是对变量h中的值保留2位小数，并对第三位进行四舍五入（规定h中的值为正数）。

例如，h值为8.32433，则函数返回8.32；h值为8.32533，则函数返回8.33。

5. 编写一个函数void fun (char *s)，函数的功能是把字符串s中的所有字符前移一个位置，字符串中的第一个字符移到最后。

例如，s中原来的字符串为Mn.123xyZ，则调用该函数后，s中的内容变更为n.123xyZM。

第7章 指针

学习目标

（1）理解指针的概念。

（2）掌握指针变量的定义和引用方法。

（3）掌握数组与指针、字符串与指针之间的联系。

（4）掌握指针函数和函数指针的使用方法。

（5）掌握动态内存分配和释放的基本方法。

指针是C语言的一种数据类型，利用指针变量可以表示各种数据结构，方便地使用数组和字符串，动态分配和使用内存等，从而编写出高效的程序。本章围绕变量值的交换、数组逆置、电码加密、字符串排序、字符定位、围棋棋局等案例展开，主要介绍指针的概念和使用方法、数组与指针、字符串与指针、指针数组、指向指针的指针、内存的动态分配等内容，重点是掌握指针对复杂数据的处理，以及对计算机内存进行分配控制的基本方法。

7.1 解决应用问题：变量值的交换

【例7.1】 假设有两个值分别存放在变量a和b中，要求通过函数调用，交换变量a和b的值。

分析：根据已有知识，可以定义swap函数实现交换操作，在主函数中调用swap函数。请思考该程序能否在函数调用后改变主调函数中多个变量的值。

【例7.2】 基本类型作为函数参数，尝试交换变量a和b的值。

参考程序代码如下：

```
#include <stdio.h>
void swap(int x,int y)
{
    int temp;
    temp=x;
    x=y;
    y=temp;
}
int main()
```

```
    {
        int a,b;
        printf("请输入两个数字：");
        scanf("%d%d",&a,&b);
        swap(a,b);
        printf("调用函数后值为：%d %d\n",a,b);
        return 0;
    }
```

程序运行结果如下：

```
C:\WINDOWS\system32\cmd.exe
请输入两个数字：1 2
调用函数后值为：1 2
请按任意键继续. . .
```

假定输入的数字分别为 1 与 2。如图 7-1 所示，函数调用时，为形参分配单元，并将实参 a 和 b 的值传到形参 x 和 y 中，然后通过变量 temp 交换 x 与 y 的值。

调用结束后，形参单元被释放，实参单元仍保留并维持原值，变量 a 和 b 的值没有发生变化。这是因为参数的传递方式是按值传递的。

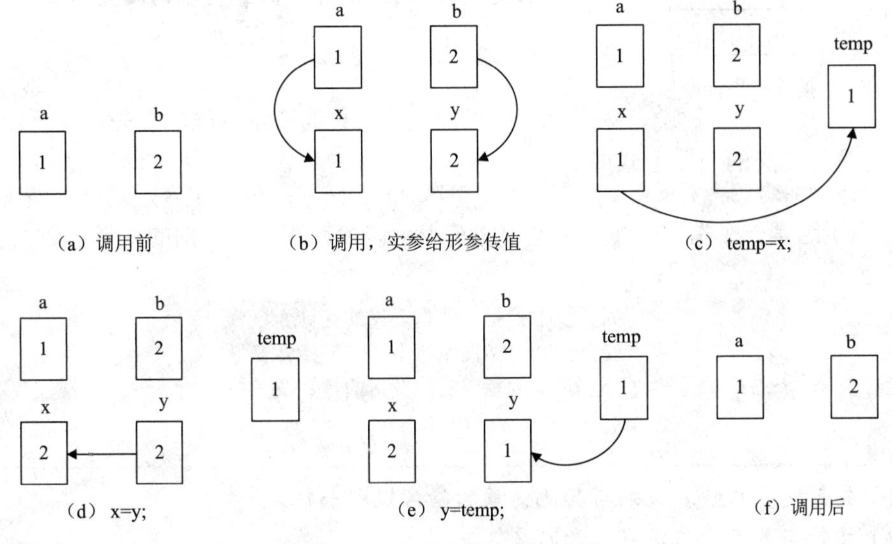

图 7-1　变量内容变化示意图

那么，如何实现变量 a、b 值的交换呢？

参数的传递方式有两种：按值传递、按地址传递。可以用后一种方法来解决这个问题。要实现按地址传递，首先需要认识地址及指针。

7.1.1　初识指针

1. 地址及指针

在计算机中，所有数据都存放在存储器中。一般将存储器中的 1 字节称为一个内存单元，不同数据类型占用的内存单元数也不同。为了能够正确地访问这些内存单元，必须为每个内存单元编号，根据内存单元的编号即可准确地找到所需的内存单元。内存单元的编号也称为地址。由于通过内存单元的编号（或地址）就可以找到所需的内存单元，因此将这个编号（或地址）称为指针。

注 意

内存单元的指针和内存单元中的内容是两个不同的概念。对于一个内存单元，单元的地址即为指针，其中存放的数据才是该单元的内容。

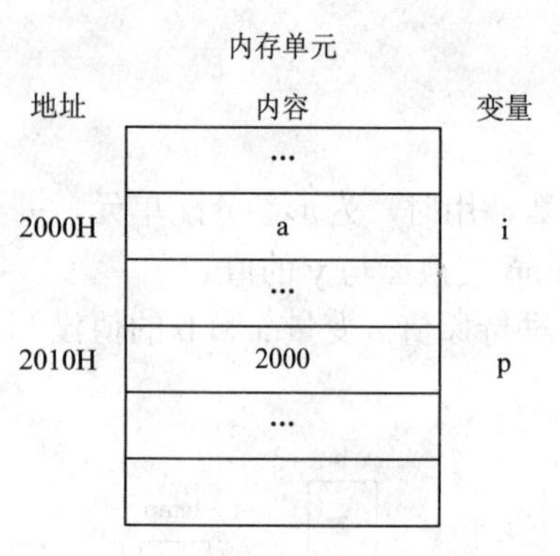

图 7-2　指针与指针变量

在 C 语言程序中，允许用一个变量存放指针，这种变量称为指针变量。因此，一个指针变量的值就是某个内存单元的地址（指针）。

如图 7-2 所示，设有字符型变量 i，其内容为字符'a'。假设 i 在内存单元的地址为 2000（实际的存储地址可能与图 7-2 不同）。设有指针变量 p，内容为变量 i 的地址（指针）2000，则称指针变量 p 指向变量 i，通过指针变量 p 可以访问变量 i。

2. 指针变量的定义

指针变量与普通变量一样，要先定义再使用。

指针变量定义的一般形式如下：

```
类型说明符　*指针变量名;
```

其中，*表示这是一个指针变量，类型说明符表示该指针变量所指向的变量的数据类型。

例如：

```
int *p1;          //定义 p1 为指向整型变量的指针变量
char *p2;         //定义 p2 为指向字符型变量的指针变量
float *p3;        //定义 p3 为指向实型变量的指针变量
```

注 意

（1）指针变量的命名规则与其他变量的命名规则一样。

（2）指针变量不能与现有变量同名。

（3）一个指针变量只能指向同类型的变量，如上例中的 p3 只能指向实型变量，不能时而指向一个实型变量，时而又指向一个字符型变量。

C 语言提供了一种特殊的空类型指针，定义的一般形式如下：

```
void *p;
```

表示不指定 p 是指向哪一种类型数据的指针变量，使用时需要进行强制类型转换。

3. 指针变量的赋值

指针变量定义后，需要赋值，将其与变量的地址相关联。

指针变量只能赋予地址（指针），不要将一个整数（或任何其他非地址类型的数据）

赋给一个指针变量。

地址可以通过取地址运算符（&）获得。例如，&i表示变量i的地址（变量i本身必须预先定义）。

设有指向字符型变量的指针变量p，如要将字符型变量i 的地址赋予p，可以有以下两种方式。

（1）定义指针变量的同时进行赋值。例如：

```
char i;
char *p=&i;     //使用单目运算符（&）获取i的地址，然后将该地址赋给指针变量p
```

（2）定义指针变量之后再赋值。例如：

```
char i;
char *p;
p=&i;
```

注 意

定义指针变量之后赋值时，被赋值的指针变量前不能再加“*”说明符，写为*p=&i;是错误的。

指针初值可赋值为空值，称为空指针，定义如下：

```
int *p=NULL;
```

其中，NULL是一个标准规定的宏定义。

NULL在C/C++中的定义如下：

```
#ifdef _cplusplus                    //C++环境
#define NULL 0                       //C++中NULL就是0
#else
#define NULL (void *)0               //C中NULL是强制类型转换为void *的0
#endif
```

注 意

p赋值为NULL与未对p赋值不同。指针变量未赋值时，可以是任意值，但不能使用，否则将造成意外错误；而指针变量赋NULL值后可以使用，只是它不指向具体的变量而已。所以空指针可以避免指针变量的非法引用。

同时，空指针在程序中常作为状态比较，如在后续链表的学习中，可以通过判断p是否为空来控制循环。

4. 指针变量的引用

指针变量有以下两种引用形式。

（1）*指针变量名：代表所指变量的值。其中，*为指针运算符（或称“间接访问”运算符），表示取指针变量指向变量的值。

（2）指针变量名：代表所指变量的地址。

假设：

```
char i='a',x;
```

```
char *p;
```

定义了两个字符型变量 i、x，并且定义了一个指向字符型变量的指针变量 p。i、x 中可存放字符，而 p 中只能存放字符型变量的地址。可以将 i 的地址赋给 p，即

```
p=&i;
```

此时指针变量 p 指向字符型变量 i，可以通过指针变量 p 间接访问变量 i，如 x=*p; 赋值表达式等价于 x=i;。

另外，指针变量和普通变量一样，存放的值是可以改变的，也就是说可以改变它们的指向。

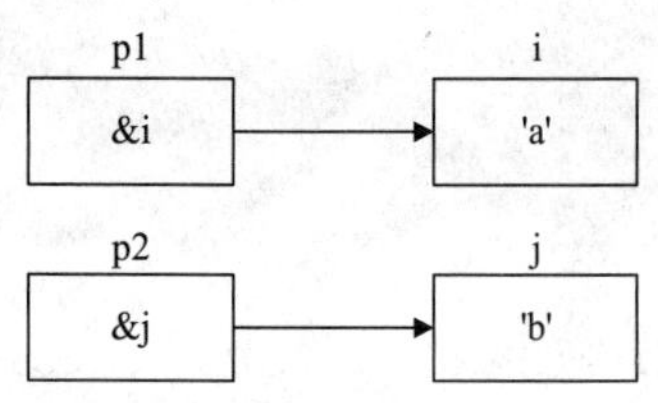

图 7-3　指针变量 p1 和 p2 的指向

假设：

```
char i,j,*p1,*p2;
i='a';
j='b';
p1=&i;
p2=&j;
```

建立如图 7-3 所示的指向关系，指针变量 p1 指向变量 i，指针变量 p2 指向变量 j。

若有赋值表达式 p2=p1，则 p2 与 p1 指向同一对象 i，此时*p2 就等价于 i，而不是 j。

【例 7.3】 应用指针间接访问变量 a 和 b，交换变量 a 和 b 的值。

参考程序代码如下：

```
#include <stdio.h>
int main()
{
    int a,b,temp;
    int *px=&a,*py=&b;
    printf("请输入两个数字：");
    scanf("%d%d",&a,&b);
    temp=*px;          //将 px 指向的变量 a 的值取出，存放在 temp 中
    *px=*py;           //将 py 指向的变量 b 的值取出，赋值给 px 所指向的变量 a
    *py=temp;          //将 temp 的值赋值给 py 指向的变量 b
    printf("交换后的值为：%d %d\n",a,b);
    return 0;
}
```

程序运行结果如下：

```
C:\WINDOWS\system32\cmd.exe
请输入两个数字：1 2
交换后的值为：2 1
请按任意键继续. . .
```

7.1.2　指针作为函数参数

指针也可以作为函数参数，作用是将一个变量的地址传递给另一个函数。

被调函数的一般形式如下：

```
类型说明符 函数名(类型说明符 *指针变量名,…)
{
```

```
    函数体
}
```

相应地，调用函数时必须用变量的地址或者指向该变量的指针变量作为实参。

【例 7.4】 指针作为函数参数，交换变量 a 和 b 的值。

分析：

（1）实参传递的是指针。

（2）形参相应为指针变量。

（3）被调函数中利用指针间接访问主调函数中变量 a 和 b 的数据，实现交换。

参考程序代码如下：

```
#include <stdio.h>
void swap(int *px,int *py)
{
    int temp;
    temp=*px;      //将 px 指向的变量 a 的值取出，存放在 temp 中
    *px=*py;       //将 py 指向的变量 b 的值取出，赋值给 px 所指向的变量 a
    *py=temp;      //将 temp 的值赋值给 py 指向的变量 b
}
int main()
{
    int a,b;
    int *pa,*pb;
    pa=&a;
    pb=&b;
    printf("请输入两个数字：");
    scanf("%d%d",&a,&b);
    swap(pa,pb);
    printf("调用函数后值为：%d %d\n",a,b);
    return 0;
}
```

程序运行结果如下：

```
C:\WINDOWS\system32\cmd.exe
请输入两个数字：1 2
调用函数后值为：2 1
请按任意键继续. . .
```

在主函数中使用运算符&获取变量 a、b 的地址。swap 函数的所有参数都被声明为指针类型，并且通过这些指针变量间接访问它们所指向的内存空间，如图 7-4 所示。

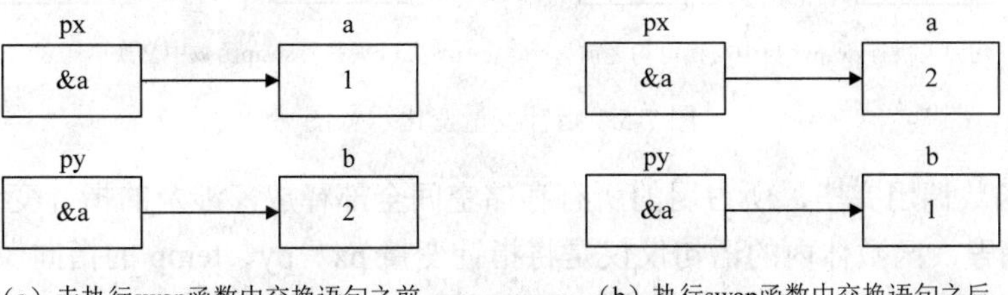

图 7-4　变量内容变化示意图

通过该例可知，指针作为参数可以使被调函数能够访问和修改主调函数中变量的值。再来分析下面的程序。

【例 7.5】 指针作为函数参数，尝试交换变量 a 和 b 的值。

参考程序代码如下：

```
#include <stdio.h>
void swap(int *px,int *py)
{
    int *temp;
    temp=px;        //将 px 值存放在 temp 中
    px=py;          //将 py 指针的值赋给 px
    py=temp;        //将 temp 的值赋给 py
}
int main()
{
    int a,b;
    int *pa,*pb;
    pa=&a;
    pb=&b;
    printf("请输入两个数字：");
    scanf("%d%d",&a,&b);
    swap(pa,pb);
    printf("调用函数后值为：%d %d\n",a,b);
    return 0;
}
```

该程序能否交换 a 和 b 的值呢？

程序运行结果如下：

```
C:\WINDOWS\system32\cmd.exe
请输入两个数字：1 2
调用函数后值为：1 2
请按任意键继续. . .
```

这个程序中指针变量的变化如图 7-5 所示。

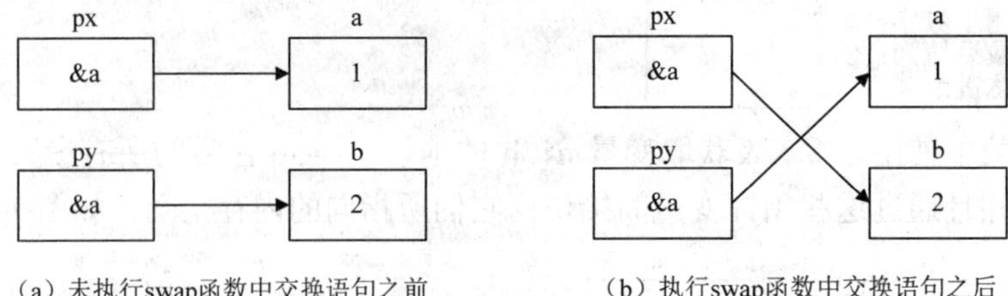

图 7-5　指针变量变化示意图

swap 函数调用完毕，所占用的所有存储空间全部释放，涉及的指针变量 px、py、temp 全部销毁，函数体内的语句仅仅是将指针变量 px、py、temp 的指向做了变化，但未通过间接访问去修改所指向内存空间中存储的值，也就是对实参 a、b 没有任何影响，值仍旧为 1 和 2。

因此，并不是所有的指针作为函数的参数进行传递，都会改变主调函数中变量的值，要视情况而定。

为了使被调函数能够改变主调函数的变量，应该做到以下 3 点。

（1）在主调函数中，将该变量的地址或者指向该变量的指针变量作为实参。

（2）在被调函数中，用指针类型形参接收该变量的地址。

（3）在被调函数中，通过间接访问改变形参所指向变量的值。

通过上面的方式，将指针作为函数参数，可以返回多个运算结果。下面再完成一个问题的求解。

【例 7.6】 编写 prime_maxmin 函数，求任意闭区间[a,b]内的所有素数的个数，以及其中的最大素数、最小素数。

分析：

（1）函数返回值。需要返回多个结果：素数个数、最大素数、最小素数。这里都采用指针作为形参来“返回”结果。

（2）函数形参。

① 调用函数时需要指出闭区间的上限和下限，故形参应包含 int a、int b。

② 主调函数中使用 3 个变量存放本函数返回的结果，需要把它们的地址传递给本函数，因此，形参还应包含 int *pcount、int *pmax、int *pmin。

（3）函数体的实现。

① 穷举[a,b]中的每个数，判断其是否为素数，是素数则计数增 1。

② 将素数存放在指针 pmax 指向的变量 max 中（后续更大的素数覆盖小的）。

③ 当素数个数为 1 时，该素数一定是最小素数，将其放入指针 pmin 指向的变量 min 中。

④ 调用函数 prime 判断某数是否为素数，是素数返回 1，否则返回 0。

参考程序代码如下：

```
#include <stdio.h>
#include <math.h>
int prime(int x)                    //判断 x 是否为素数，是返回 1，否则返回 0
{
    int i;
    for(i=2;i<=sqrt(x);i++)
        if(x%i==0)
            return 0;
    return 1;
}
void prime_maxmin(int a,int b,int *pcount,int *pmax,int *pmin)
{
    int k;
    for(k=a;k<=b;k++)                //穷举[a,b]中的所有整数
        if(prime(k))                 //判断 k 是否为素数
        {
            *pcount=*pcount+1;   //若是素数，pcount 指向的变量中的数据增 1
            *pmax=k;                 //素数放在 pmax 指向的变量中
```

```
            if(*pcount==1)         //第 1 个素数一定是最小素数
                *pmin=k;
        }
}
int main()
{
    int a1,b1,count=0,max,min;
    scanf("%d%d",&a1,&b1);     //输入任意闭区间的下限 a1 和上限 b1
    prime_maxmin(a1,b1,&count,&max,&min);    //调用函数
    printf("count=%d,max=%d,min=%d\n",count,max,min);
    return 0;
}
```

程序运行结果如下：

```
C:\WINDOWS\system32\cmd.exe
2 100
count=25,max=97,min=2
请按任意键继续. . .
```

7.2 解决应用问题：数组逆置

【例 7.7】 通过函数调用将数组 a 中 n 个整数按相反顺序存放，实现数组逆置。

分析：数组逆置的过程是将数组中 0 号元素与（n-1）号元素对换，再将 1 号元素与（n-2）号元素对换……即将 i 号元素与（n-1-i）号元素对换。交换次数为(n-1)/2+1 次。

本案例要求调用函数将数组逆置后的结果返回，需要使用指针。下面一起认识指向数组的指针变量。

7.2.1 一维数组与指针

1. 数组元素的指针

一个变量有一个地址，一个数组包含若干元素，每个数组元素都在内存中占用存储单元，它们都有相应的地址（指针）。指针变量可以指向变量，当然也可以指向数组元素（将某一元素的地址放到一个指针变量中）。

定义一个指向数组元素的指针变量的一般形式如下：

```
类型说明符  *指针变量名;
```

其中，类型说明符表示所指数组元素的类型。从一般形式可以看出，指向数组元素的指针变量和指向普通变量的指针变量的说明是相同的。

例如：

```
int a[10];          //定义 a 为包含 10 个整型数据的数组
int *p;             //定义 p 为指向整型变量的指针
```

下面对已定义的指针变量 p 赋值：

```
p=&a[0];
```

这里表示把 a[0]元素的地址赋给指针变量 p，p 指向数组 a 的 0 号元素。数组 a 与指

针变量 p 的关系如图 7-6 所示。

C 语言规定，数组名代表数组的首地址，也就是 0 号元素的地址。因此，语句 p=&a[0];与 p=a;等价。

定义指针变量的同时可以赋初值：

```
int *p=&a[0];
```

该语句等价于

```
int *p; p=&a[0];
```

当然，定义时也可以写作

```
int *p=a;
```

从图 7-6 中可以看出有以下关系：p、a、&a[0]均指向同一单元，它们是数组 a 的首地址，也是 0 号元素 a[0]的首地址。应该说明的是，p 是变量，而 a、&a[0]都是常量。在编程时应予以注意。

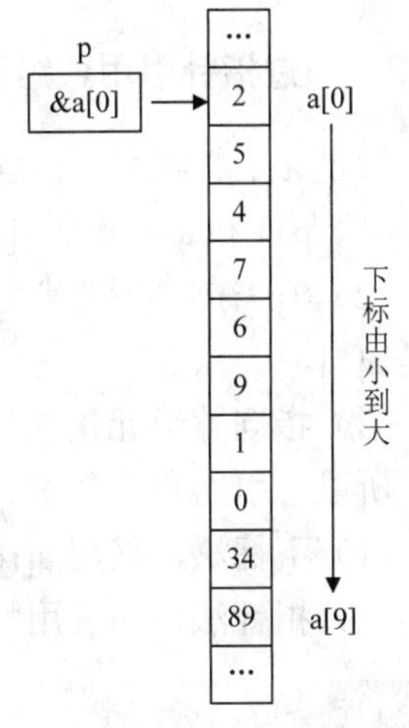

图 7-6　数组 a 与指针变量 p 的关系

2. 指向数组元素的指针变量的运算

指向数组元素的指针变量可以进行某些运算，但其运算的种类是有限的，主要限于部分算术运算及关系运算。

（1）加减算术运算。

对于指向数组元素的指针变量，可以加上或减去一个整数 n。设 p 是指向数组 a 中元素的指针变量，则 p+n、p−n、p++、++p、p−−、−−p 运算都是合法的。

C 语言规定，对于指向数组元素的指针变量 p，p+1 表示指向下一个元素，而非简单地将 p 值加 1。因此，p+1 所代表的地址为 p+1×d（d 为 p 指向的数组元素所占字节数），即 p+1 不是按数学意义计算，而是按指针的地址意义计算。

例如：

```
int a[10],*p;
p=a;                //p 的值为数组 a 的地址，即指向 a[0]
p=p+2;              //p 指向 a[2]，即 p 的值为&a[2]
```

注　意

指针变量的加减运算只能对指向数组元素的指针变量进行，对指向其他类型的指针变量做加减运算是毫无意义的。

（2）两个指针变量之间的运算。

① 两个指针变量相减：对于两个指向数组元素的指针变量，两个指针变量相减所得之差是两个指针所指数组元素之间相差的元素个数。两个指针变量不能进行加法运算。

② 两个指针变量进行关系运算：对于两个指向数组元素的指针变量，两个指针变量进行关系运算可以表示它们所指数组元素之间的关系。设 p1 和 p2 为两个指向数组元素的指针变量，则 p1==p2 表示 p1 和 p2 指向同一数组元素；p1>p2 表示 p1 处于高地址位置；p1<p2 表示 p1 处于低地址位置。

7.2.2 通过指针引用数组元素

假定 a 是数组名，p 是指向数组元素的指针变量，其初值为&a[0]，则有如下结论。

（1）p+i 和 a+i 就是 a[i]的地址，它们指向数组 a 的 i 号元素。

（2）*(p+i)或*(a+i)就是 p+i 或 a+i 所指向的数组元素，即 a[i]。例如，*(p+5)或*(a+5)就是 a[5]。

（3）指向数组元素的指针变量也可以带下标，如 p[i]与*(p+i)等价。

所以，引用一个数组元素可以采用以下两类方法。

（1）下标法，采用 a[i]或 p[i]形式访问数组元素。

（2）指针法，即采用*(a+i)或*(p+i)形式间接访问数组元素。

注 意

（1）指针变量可以实现自身值的改变。例如，p++是合法的，而 a++是非法的。因为 a 是数组名，它是数组的首地址，是常量。

（2）要注意指针变量的当前值。

【例 7.8】 使用指针变量输出数组 a 的 10 个元素。

参考程序代码如下：

```
#include <stdio.h>
int main()
{
    int *p,i,a[10];
    p=a;
    for(i=0;i<10;i++)
       *p++=i;
    for(i=0;i<10;i++)
       printf("a[%d]=%d\n",i,*p++);
    return 0;
}
```

程序运行结果如下：

```
C:\WINDOWS\system32\cmd.exe
a[0]=-858993460
a[1]=-858993460
a[2]=2
a[3]=-858993460
a[4]=-858993460
a[5]=5242560
a[6]=-858993460
a[7]=-2132429892
a[8]=5242652
a[9]=6494831
请按任意键继续. . .
```

本例中，输出的数值并不是数组 a 中各元素的值。指针变量 p 的初值为数组 a 首地址，但执行第一个 for 循环时，每次要执行 p++操作，当第一个 for 循环结束后，p 已指向数组 a 的末尾。因此，在执行第二个 for 循环时，p 的起始值并不是&a[0]，而是 a+10。虽然定义数组时指定它包含 10 个元素，但指针变量可以指到数组以后的内存单元，系统并不认为非法，但这些存储单元中的值是不可预料的。

通过上面的分析可知，在第二个 for 循环之前增加一个赋值语句，使 p 的初值回到 &a[0]，就可以实现输出数组 a 的 10 个元素。

【例 7.9】 对例 7.8 中的程序进行改正，输出数组 a 的 10 个元素。

参考程序代码如下：

```
#include <stdio.h>
int main()
{
    int *p,i,a[10];
    p=a;
    for(i=0;i<10;i++)
        *p++=i;
    p=a;                        //p 指向 a[0]
    for(i=0;i<10;i++)
        printf("a[%d]=%d\n",i,*p++);
    return 0;
}
```

程序运行结果如下：

```
C:\WINDOWS\system32\cmd.exe
a[0]=0
a[1]=1
a[2]=2
a[3]=3
a[4]=4
a[5]=5
a[6]=6
a[7]=7
a[8]=8
a[9]=9
请按任意键继续. . .
```

注 意

（1）对于*p++，由于++和*同优先级，结合方向自右而左，因此它等价于*(p++)。

（2）*(p++)与*(++p)作用不同。若 p 的初值为 a，则*(p++)等价于 a[0]，而*(++p)等价于 a[1]。

（3）(*p)++表示 p 所指向的元素值加 1。

（4）如果 p 当前指向数组 a 中的 i 号元素，则

```
*(p--)        //等价于 a[i--]
*(++p)        //等价于 a[++i]
*(--p)        //等价于 a[--i]
```

7.2.3 数组名作为函数参数

数组名是数组的首地址，是一个指针常量。数组名作为函数参数可以将实参数组的首地址传递给形参。形参取得该首地址之后，也指向同一数组，在被调函数中操作的数组实际上就是实参数组。

同样，存放数组首地址的指针变量也可以作为函数的参数。

实参可以是数组名或指针变量，形参接收的是实参传递的数组首地址，应该是指针变量。但因为C语言程序编译时将形参数组名作为指针变量处理，所以形参也可以是数组名。

因此，当主调函数中有一个数组，需要在被调函数中改变此数组的元素值时，实参与形参的对应关系可以有图 7-7 所示的 4 种情况。

（1）实参、形参都用数组名。

（2）实参用数组名，形参用指针变量。

（3）实参用指针变量，形参用数组名。

（4）实参、形参都用指针变量。

实参	形参
数组名	数组名
数组名	指针变量
指针变量	数组名
指针变量	指针变量

图 7-7　实参与形参的对应关系

下面，使用这 4 种情况分别实现数组逆置。

【例 7.10】 实参与形参都用数组名，实现数组逆置。

参考程序代码如下：

```
#include <stdio.h>
#define N 10
void inv(int x[], int n)
{
    int t,i,j,m=(n-1)/2;
    for(i=0;i<=m;i++)
    {
        j=n-1-i;
        t=x[i];
        x[i]=x[j];
        x[j]=t;
    }
}
int main()
{
    int i,a[N];
    for(i=0;i<N;i++)                //输入
        scanf("%d",&a[i]);
    inv(a,N);                       //调用 inv 函数
    printf("The array has been inverted:\n");
    for(i=0;i<N;i++)                //输出
        printf("%d ",a[i]);
    printf("\n");
```

```
    return 0;
}
```

程序运行结果如下：

```
C:\WINDOWS\system32\cmd.exe
1 2 3 4 5 6 7 8 9 10
The array has been inverted:
10 9 8 7 6 5 4 3 2 1
请按任意键继续. . .
```

因为编译系统将形参数组作为一个指针变量处理，所以并不为 inv 函数中的形参数组 x 开辟数组空间。在主函数中，函数调用语句 inv(a,N);的实参是数组名和数组元素个数。它将数组首元素地址传递给形参 x，数组元素的个数传递给形参 n，使形参 x 指向实参数组。在 inv 函数中操作数组，实际上就是操作实参数组。

【例 7.11】 实参用数组名，形参用指针变量，实现数组逆置。

参考程序代码如下：

```
#include <stdio.h>
#define N 10
void inv(int *x, int n)
{
    int t,*p,*i,*j,m=(n-1)/2;
    i=x;
    j=x+n-1;
    p=x+m;
    for(;i<=p;i++,j--)
    {
        t=*i;
        *i=*j;
        *j=t;
    }
}
int main()
{
    int i,a[N];
    for(i=0;i<N;i++)                    //输入
        scanf("%d",&a[i]);
    inv(a,N);                           //调用 inv 函数
    printf("The array has been inverted:\n");
    for(i=0;i<N;i++)                    //输出
       printf("%d ",a[i]);
    printf("\n");
    return 0;
}
```

程序运行结果如下：

```
C:\WINDOWS\system32\cmd.exe
1 2 3 4 5 6 7 8 9 10
The array has been inverted:
10 9 8 7 6 5 4 3 2 1
请按任意键继续. . .
```

在定义 inv 函数时，指针变量作为形参。引用形参数组时，使用指针法。在 inv 函数中，定义了 3 个指针变量，i、j 是指向当前交换的两个元素的指针变量，p 是指向终止交换操作元素的指针变量。函数调用过程及参数传递同例 7.10。

【例 7.12】 实参用指针变量，形参用数组名，实现数组逆置。

参考程序代码如下：

```
#include <stdio.h>
#define N 10
void inv(int x[], int n)
{
    int t,i,j,m=(n-1)/2;
    for(i=0;i<=m;i++)
    {
        j=n-1-i;
        t=x[i];
        x[i]=x[j];
        x[j]=t;
    }
}
int main()
{
    int i,a[N],*p=a;
    for(i=0;i<N;i++,p++)          //输入
        scanf("%d",p);
    p=a;                          //将数组首地址赋给 p
    inv(p,N);                     //调用 inv 函数
    printf("The array has been inverted:\n");
    for(p=a;p<a+N;p++)            //输出
        printf("%d ",*p);
    return 0;
}
```

程序运行结果如下：

```
C:\WINDOWS\system32\cmd.exe
1 2 3 4 5 6 7 8 9 10
The array has been inverted:
10 9 8 7 6 5 4 3 2 1
请按任意键继续. . .
```

实参 p 为指针变量，先使指针 p 指向数组 a，即 p=a;，然后将 p 的值传给 x，使 x 获取数组 a 的首地址。

【例 7.13】 实参与形参都用指针变量，实现数组逆置。

参考程序代码如下：

```
#include <stdio.h>
#define N 10
void inv(int *x, int n)
{
    int t,*i,*j,*p,m=(n-1)/2;
    i=x;
    j=x+n-1;
```

```
        p=x+m;
        for(;i<=p;i++,j--)
        {
            t=*i;
            *i=*j;
            *j=t;
        }
    }
    int main()
    {
        int i,a[N],*p=a;
        for(i=0;i<N;i++,p++)        //输入
            scanf("%d",p);
        p=a;                        //将数组首地址赋给 p
        inv(p,N);                   //调用 inv 函数
        printf("The array has been inverted:\n");
        for(p=a;p<a+N;p++)          //输出
            printf("%d ",*p);
        return 0;
    }
```

程序运行结果如下：

```
C:\WINDOWS\system32\cmd.exe
1 2 3 4 5 6 7 8 9 10
The array has been inverted:
10 9 8 7 6 5 4 3 2 1
请按任意键继续. . .
```

实参与形参均用指针变量，二者皆指向同一数组 a。

7.2.4 二维数组与指针

1. 二维数组的行指针和列指针

设有整型二维数组：

```
int a[3][4]={{0,1,2,3},{4,5,6,7},{8,9,10,11}};
```

C 语言程序允许将一个二维数组分解为多个一维数组来处理。因此，数组 a 可分解为 3 个一维数组，即 a[0]、a[1]、a[2]。其中每个一维数组又含有 4 个元素。

例如，a[0]数组，含有 a[0][0]、a[0][1]、a[0][2]、a[0][3]共 4 个元素。

数组及数组元素的地址表示如下。

从二维数组的角度来看，a 是二维数组名，a 代表整个二维数组的首地址，也是二维数组 0 行的首地址。a[0]是第一个一维数组的数组名和首地址，则*(a+0)或*a 与 a[0]等价，都表示一维数组 a[0][0]号元素的首地址。&a[0][0]是二维数组 a 的 0 行 0 列元素首地址。因此，a、a[0]、*(a+0)、*a、&a[0][0]是等价的。

同理，a+1 是二维数组 1 行的首地址。a[1]是第二个一维数组的数组名和首地址。&a[1][0]是二维数组 a 的 1 行 0 列元素地址。因此，a+1、a[1]、*(a+1)、&a[1][0]是等价的。

由此可得出：a+i、a[i]、*(a+i)、&a[i][0]是等价的。

此外，&a[i]和 a[i]也是等价的。因为在二维数组中不能把&a[i]理解为元素 a[i]的地址，不存在元素 a[i]。C 语言规定，它是一种地址计算方法，表示数组 a 的 i 行首地址。由此可以得出：a[i]、&a[i]、*(a+i)和 a+i 也是等价的。

另外，a[0]也可以看作 a[0]+0，是一维数组 a[0]的 0 号元素的首地址，而 a[0]+1 则是 a[0]的 1 号元素首地址，由此可得出 a[i]+j 是一维数组 a[i]的 j 号元素首地址，它等价于&a[i][j]。

由 a[i]等价于*(a+i)得出 a[i]+j 等价于*(a+i)+j。由于*(a+i)+j 是二维数组 a 的 i 行 j 列元素的首地址，所以，该元素的值等于*(*(a+i)+j)。

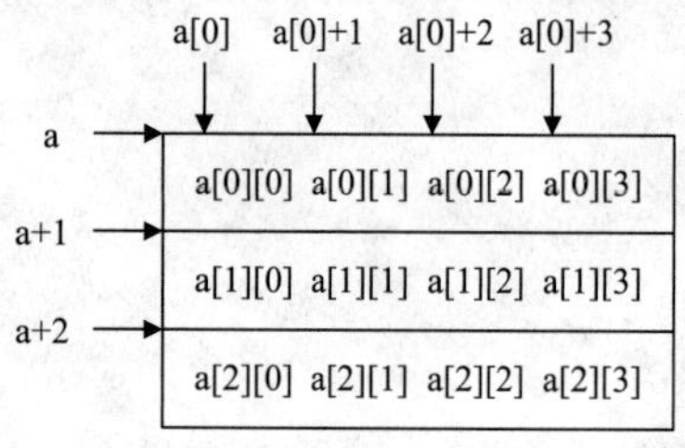

图 7-8　二维数组的行指针与列指针

总结：a+i=&a[i]=a[i]=*(a+i)=&a[i][0]，它们的值相等，但含义不同。

（1）a+i 与&a[i]表示 i 行首地址，指向行，它们为行指针。

（2）a[i]、*(a+i)及&a[i][0]表示 i 行 0 列元素地址，指向列，它们为列指针。

如图 7-8 所示，a+i 为行指针，a[i]为列指针。

2. 通过指针引用二维数组元素

根据行指针和列指针，可以用两种方法实现指针对二维数组元素的引用。

（1）指向数组元素的指针变量。

【例 7.14】 使用指向数组元素的指针变量输出二维数组元素的值。

参考程序代码如下：

```
#include <stdio.h>
int main()
{
    int a[3][4]={0,1,2,3,4,5,6,7,8,9,10,11};
    int *p;
    for(p=a[0];p<a[0]+12;p++)//p=a[0]表示将 0 行 0 列元素的地址赋给 p，指向列
    {
        printf("%4d",*p);
        if((p+1-a[0])%4==0)
            printf("\n");
    }
    return 0;
}
```

程序运行结果如下：

```
C:\WINDOWS\system32\cmd.exe
   0   1   2   3
   4   5   6   7
   8   9  10  11
请按任意键继续. . .
```

指针变量 p 指向整型的数组元素。每次使 p 值加 1，移向下一元素。if 语句的作用是使一行输出 4 个数据，然后换行。

（2）指向一维数组的指针变量。

指向一维数组的指针变量定义的一般形式如下：

```
类型说明符 (*指针变量名)[长度]
```

其中，“类型说明符”为所指数组的数据类型。“*”表示其后的变量是指针类型。“长度”表示二维数组分解为多个一维数组时，一维数组的长度，也就是二维数组的列数。应注意“(*指针变量名)”两边的括号不可少，如缺少括号则表示是指针数组（本章后面将对此介绍），意义就完全不同了。

【例 7.15】 使用指向一维数组的指针变量输出二维数组元素的值。

参考程序代码如下：

```
#include <stdio.h>
int main()
{
    int a[3][4]={0,1,2,3,4,5,6,7,8,9,10,11};
    int (*p)[4];                          //定义指向一维数组的指针变量p
    int i,j;
    p=a;                                  //将二维数组的行指针a赋给p
    for(i=0;i<3;i++)
    {
        for(j=0;j<4;j++)
            printf("%4d",*(*(p+i)+j));    //*(*(p+i)+j)是i行j列元素的值
        printf("\n");
    }
    return 0;
}
```

程序运行结果如下：

```
C:\WINDOWS\system32\cmd.exe
   0   1   2   3
   4   5   6   7
   8   9  10  11
请按任意键继续. . .
```

例 7.14 中的指针变量 p 指向数组元素，其值为列指针，p 的增值以元素为单位。例 7.15 中的指针变量 p 指向包含 4 个元素的一维数组，其值为行指针，p 的增值以一维数组的长度为单位。

7.3 解决应用问题：电码加密

【例 7.16】 为了防止信息被他人轻易窃取，需要把电码明文通过加密变换为密文。假设变换规则为小写字母 z 变换成为 a，其他小写字母变换为该字母 ASCII 码值顺序后 1 位的字母，如 o 变换成为 p。请编写函数实现电码加密。

分析：本案例需要编写函数对字符串进行电码加密，同样需使用指针，使函数返回多个运算结果。

操作字符串有两种方法：一种是使用字符数组，另一种是使用字符指针。在字符串处理中，使用字符指针往往比使用字符数组更方便。

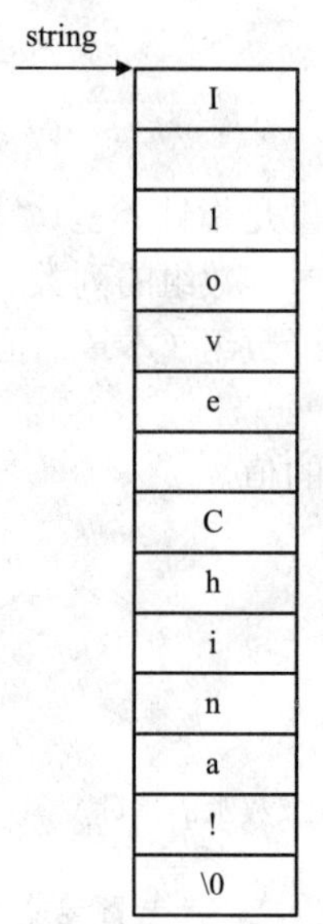

图 7-9 字符串存储结构与指针

7.3.1 字符串与指针

前面已经介绍过，字符串使用字符数组进行存储，并在最后一个字符后加存一个字符串结束符'\0'。例如，char string[]="I love China!"，其存储结构如图 7-9 所示。根据数组与指针的概念，字符串的指针就是其存储单元的首地址，字符数组名 string 也表示字符串的首地址。

7.3.2 通过指针引用字符串

同前面的数组元素引用一样，通过指针引用字符串也有两种方法：一种是通过所定义的字符数组名(指针)引用；另一种是通过所定义的指针变量引用。

1. 通过字符数组名(指针)引用

字符数组名就是表示字符串的指针，通过指针可以对字符串及字符串中的字符进行引用。下面通过一个例子说明引用方法。

【例 7.17】 定义一个字符数组存放字符串“I love China!”，输出该字符串和其 7 号元素。

参考程序代码如下：

```
#include <stdio.h>
int main()
{
    char string[]="I love China!";
    printf("%s\n",string);
    printf("%c\n",*(string+7));
    return 0;
}
```

程序运行结果如下：

```
C:\WINDOWS\system32\cmd.exe
I love China!
C
请按任意键继续. . .
```

分析：

（1）在 printf("%s\n",string);中使用%s 格式描述符和数组名（指针）将字符串整体输出，这里与数值型数组不同。在 C 语言中，%s 格式描述符与指针配合，能实现字符串的整体输出或输入。其具体过程为，先使指针指向字符串的首字符，输出首字符，指针自动加 1；然后指向下一个字符，输出该字符；以此类推，直到遇到字符串结束符'\0'为止。

（2）printf("%c\n",*(string+7));中的*(string+7)使用指针引用字符串中的 7 号元素 string[7]。

2. 通过指针变量引用

指向字符串的指针变量同样必须先定义后使用，而且指针变量只有赋初值后才能建立指向。

字符指针变量定义的一般形式如下：

```
char *指针变量名;
```

其中，char 规定了指针变量指向字符型数据。

给字符指针变量赋初值的方式同样有两种：一是定义的同时赋初值；二是先定义，再赋初值。

例如，下面两种定义和赋初值的方式是等价的：

```
①char *p_string="I love China!";
②char *p_string;
  p_string="I love China!";
```

该例将字符串常量“I love China!”的地址（系统自动在内存开辟空间存放字符串常量）赋值给 p_string。

【例 7.18】 通过指针变量实现例 7.17 的功能。

参考程序代码如下：

```
#include <stdio.h>
int main()
{
    char *p_string="I love China!";
    printf("%s\n",p_string);
    printf("%c\n",*(p_string+7));
    return 0;
}
```

程序运行结果如下：

```
C:\WINDOWS\system32\cmd.exe
I love China!
C
请按任意键继续. . .
```

分析：与例 7.17 相比，例 7.18 定义了字符指针变量，用指针变量引用字符串和字符串中的字符，程序运行结果完全一样。

下面是字符数组与字符指针变量的比较。

（1）字符数组由若干元素组成，每个元素可存放 1 个字符；字符指针变量存放的是字符串的首地址，不是将字符串存放到字符指针变量中。

（2）对字符指针变量赋初值时，赋值语句：

```
char  *p_string="I love China!";
```

等价于

```
char *p_string;
p_string="I love China!";
```

这里赋给 p_string 的是字符串的首地址，而非字符串。

将数组初始化时，赋值语句：

```
char  string[14]="I love China!";
```

不可写作：

```
char  string[14];
string[ ]="I love China!";
```

即数组可以在定义时整体赋初值，但不能在赋值语句中整体赋值。

（3）数组在编译时被分配内存单元，有确定的地址，可以写成如下形式：

```
char string[14];
scanf("%s",string);
```

指针变量必须赋予一个确定的地址值，因为指针变量的默认值指向的内存不一定是本程序的存储空间。随意修改容易引起错误。

例如：

```
char *p_string;
scanf("%s",p_string);                    //可能引起错误
```

可以改写为

```
char  *p_string,string[14];
p_string=string;
scanf("%s",p_string);
```

（4）指针变量的地址值可以改变，而数组名的地址值不能改变，程序如下：

```
#include <stdio.h>
int main()
{
    char *p_string="I love China!";
    p_string=p_string+7;
    printf("%s",p_string);
    return 0;
}
```

程序运行结果为 China!。

下面的写法是错误的：

```
#include <stdio.h>
int main()
{
     char string[ ]="I love China!";
     string=string+7;
     printf("%s",string);
     return 0;
}
```

7.3.3 字符指针作为函数参数

同数组名一样，字符指针也可以作为函数参数，参数间传递指针值，使实参和形参指针共同指向字符串存储区。在被调函数中可以改变字符串的内容，主调函数中可以引用改变后的字符串。

【例 7.19】 用函数调用实现电码加密。

实现思路：定义一个加密函数实现电码加密，在主函数中提供电码明文，调用加密函数后输出密文。函数参数可以是字符数组名或字符指针变量。

使用字符指针作为参数，参考程序代码如下：

```
#include <stdio.h>
#define MAXLINE 100
void encrypt(char *s);
int main()
{
    char line[MAXLINE];
    printf("Input the string: ");
    gets(line);
    encrypt(line);                  //实参为字符数组名
    printf("%s%s\n", "After being encrypted: ", line);
    return 0;
}
void encrypt(char *s)               //形参为字符指针变量
{
    for(;*s!='\0';s++)
        if(*s=='z')
            *s='a';
        else if(*s>='a'&&*s<='y')
            *s=*s+1;
}
```

程序运行结果如下：

```
C:\WINDOWS\system32\cmd.exe
Input the string: Cat
After being encrypted: Cbu
请按任意键继续
```

7.4 解决应用问题：字符串排序

【例 7.20】 多个字符串进行字典排序。

分析：对字符串进行字典排序即按照字符从小到大的顺序排序，字符串的比较可以用字符串处理函数 strcmp 实现。排序的方法有多种，可采用选择排序算法。

因为字符串本身就是一个字符数组，存放多个字符串需要设计一个二维字符数组。但在定义二维数组时，需要确定列数，一旦列数设定，二维数组中每一行就包含特定数量的元素。实际上，各个字符串的长度一般是不相等的。如果按最长的字符串来定义列数，则会浪费许多存储单元。并且，交换字符串的物理位置是通过字符串复制函数完成的，反复的交换将使字符串处理的效率降低。

指针数组能有效解决上述问题。

7.4.1 指针数组

若一个数组的元素均为指针类型数据，则称为指针数组。也就是说，指针数组中每一个元素都存放一个地址，相当于一个指针变量。

1. 指针数组的定义

指针数组定义的一般形式如下：

```
类型说明符 *数组名[数组长度];
```

指针数组与基本类型数组定义的区别：类型说明符与数组名之间加了一个“*”，用于表示数组元素是指针类型。从 C 语言运算符优先级看，由于[]比*优先级高，因此数组名先与[数组长度]结合，这显然是数组形式。

例如：

```
int *a[4];
```

定义了数组 a，它包含 4 个指针类型元素，这些指针元素都指向整型数据。

请注意指针数组定义与指向一维数组的指针变量定义的区别。如果写成 int (* a)[4];，就成为指向一维数组的指针变量的定义了。

2. 指针数组的赋值

例如：

```
char *pointer[ ]={"Respect others","Confidence","Unite","Honesty",
                  "Goodness"};
```

依次将 Respect others、Confidence、Unite、Honesty、Goodness 的首地址赋给指针数组 pointer 的 5 个元素。如图 7-10 所示，pointer[0]存放了字符串“Respect others”的首地址，即是 pointer[0]指向字符串“Respect others”。

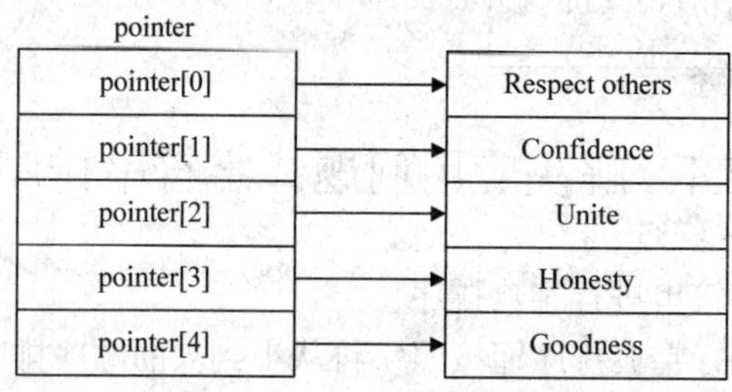

图 7-10 指针数组的指向示意图

3. 指针数组的操作

指针数组元素的操作与同类型指针变量的操作相同。

【例 7.21】 使用指针数组实现字符串排序。

实现思路：定义一个指针数组，用各字符串对其进行初始化，即将各字符串首字符地址赋给指针数组各元素。用选择法排序，不移动字符串，而只改变指针数组各元素的指向。

参考程序代码如下：

```
#include <stdio.h>
#include <string.h>
void sort(char *pointer[],int n)
{
```

```
        char *temp;
        int i,j,k;
        for(i=0;i<n-1;i++)                          //选择排序算法
        {
            k=i;
            for(j=i+1;j<n;j++)
                if(strcmp(pointer[k],pointer[j])>0)
                    k=j;
            if(k!=i)
            {                                       //指向互换
                temp=pointer[i];
                pointer[i]=pointer[k];
                pointer[k]=temp;
            }
        }
    }
    int main()
    {
        char *pointer[]={"Respect others","Confidence","Unite","Honesty",
                         "Goodness"};
        int n=5,i;
        sort(pointer,n);                            //调用 sort 函数
        for(i=0;i<n;i++)
            printf("%s\n",pointer[i]);
        return 0;
    }
```

程序运行结果如下：

```
C:\WINDOWS\system32\cmd.exe
Confidence
Goodness
Honesty
Respect others
Unite
请按任意键继续. . .
```

两个字符串的比较采用 strcmp 函数实现。字符串比较后交换时，只交换指针数组元素的值，也就是将其指向互换（图 7-11），而不交换具体的字符串，这样可以大幅减少时间开销，提高运行效率。

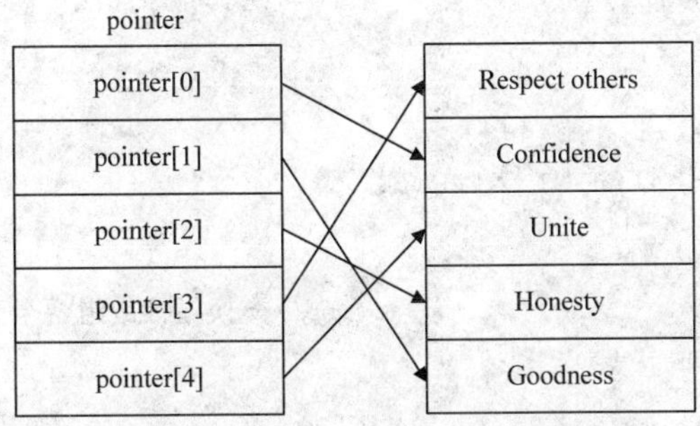

图 7-11　排序后指针数组元素的指向

7.4.2 指向指针的指针

指针数组的存储同基本类型数组一样，按元素顺序连续存储在一个存储区，每个元素都有一个存储地址。所以，可以定义一个指向指针数组元素的指针变量，然后通过该指针变量引用指针数组中的元素。这种指针变量称为指向指针数据的指针变量，也称为二级指针。如图 7-12 所示，指针变量 1 指向指针数据，它就是二级指针。

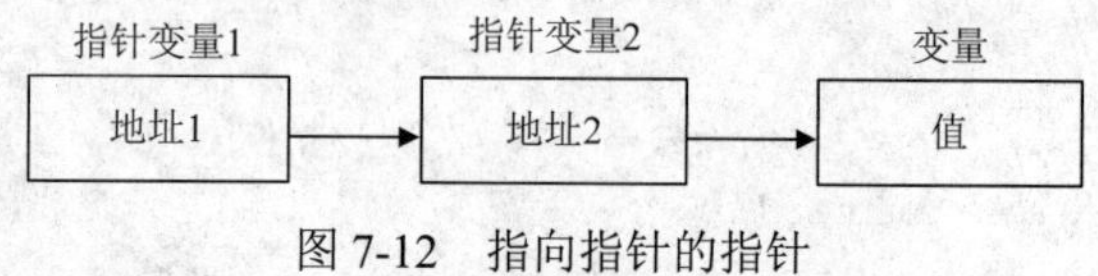

图 7-12　指向指针的指针

指向指针数据的指针变量定义的一般形式如下：

```
类型说明符 **变量名;
```

例如：

```
char **p;
```

p 的前面有两个*，*运算符的结合性是从右到左，因此，char **p 相当于 char *(*p)，显然，*p 是指针变量的定义形式。它前面的 char *，表示指针变量 p 指向一个字符指针变量。

通过指针访问变量称为间接访问。由于指针变量直接指向变量，因此又称为“单级间址”。如果通过指向指针的指针变量来访问变量，则构成“二级间址”。对于已经定义的二级指针变量 p，*p 就是取 p 所指向的指针变量，**p 就是取 p 所指向的指针变量所指的字符型数据。

【例 7.22】 使用指向指针的指针变量实现字符串排序。

实现思路：定义一个指针数组，并对其初始化，使数组中的元素分别指向各个字符串。定义指向指针数据的指针变量，对指针数组各元素进行操作。

参考程序代码如下：

```
#include <stdio.h>
#include <string.h>
void sort(char **p,int n)
{
    char *temp;
    int i,j,k;
    for(i=0;i<n-1;i++)                  //选择排序算法
    {
        k=i;
        for(j=i+1;j<n;j++)
            if(strcmp(p[k],p[j])>0)
                k=j;
        if(k!=i)
        {                               //交换指针数组两个元素的值，也就是指向互换
            temp=p[i];
            p[i]=p[k];
            p[k]=temp;
```

```
        }
    }
}
int main()
{
    char **p;
    char *pointer[]={"Respect others","Confidence","Unite","Honesty",
                     "Goodness"};
    int n=5,i;p=pointer;
    //将指针数组的首地址赋给二级指针 p
    sort(p,n);
    for(i=0;i<n;i++)
        printf("%s\n",*p++);
    return 0;
}
```

程序运行结果如下：

```
C:\WINDOWS\system32\cmd.exe
Confidence
Goodness
Honesty
Respect others
Unite
请按任意键继续. . .
```

7.5 解决应用问题：字符定位

【例 7.23】 输入一个字符串和一个字符，如果该字符在字符串中，就从该字符首次出现的位置开始输出字符串中的字符。例如，输入字符 r 和字符串 program 后，输出 rogram。

要求：定义函数 match(s,ch)，在字符串 s 中查找字符 ch。如果找到，则返回第一次找到的该字符在字符串中的位置（地址）；否则，返回空指针 NULL。

7.5.1 指针函数

函数不仅可以返回整型、字符型、实型等数据，也可以返回指针类型的数据，这种函数称为指针函数。指针作为函数的返回值，可以减少函数间传递的数据量，是提高程序效率的有效方法。

指针函数定义的一般形式如下：

```
类型说明符 *函数名(形参列表)
{
    函数体
}
```

指针函数和基本类型函数定义的区别是指针函数的类型说明符和函数名之间加了一个“*”。从 C 语言运算符优先级来讲，因( )优先级高于*，所以函数名先与( )结合，显然这是函数形式。函数前有一个*，表示此函数是指针型函数（函数返回值的类型是指针）。最前面的类型说明符用于说明返回的指针所指向的数据是什么类型。

例如：

```
int *fun1();          //函数返回一个指向整型数据的指针
char *fun2();         //函数返回一个指向字符型数据的指针
```

【例 7.24】 使用指针函数实现字符定位。

分析：设计函数 char *match(char *s, char ch)，通过循环结构将字符 ch 与 s 所指字符串中的字符依次进行比较，一旦查找到相等的字符，就返回字符串中与字符 ch 相等的字符的位置（地址）。如果循环结束仍未找到相等的字符，则返回空指针 NULL。

```
#include <stdio.h>
char *match(char *s,char ch)          //函数返回值的类型是字符指针
{
    while(*s!='\0')
        if(*s==ch)
            return s;                 //若找到字符 ch，返回相应的地址
        else
            s++;
    return NULL;                      //若没有找到 ch，返回空指针
}
int main()
{
    char ch, str[80], *p=NULL;
    printf("Please Input the string:\n");    //提示输入字符串
    gets(str);                               //输入要查找的字符串
    ch=getchar();                            //输入要查找的字符
    if((p=match(str, ch))!=NULL)             //调用 match 函数
        printf("%s\n", p);
    else
        printf("Not Found\n");
    return 0;
}
```

程序运行结果如下：

```
C:\WINDOWS\system32\cmd.exe
Please Input the string:
I love China!
C
China!
请按任意键继续. . .
```

match 函数返回一个地址（指针）。在主函数中，用字符指针 p 接收 match 函数返回的地址，从 p 指向的存储单元开始，连续输出其中的内容，直至遇到'\0'为止。

思考：如果将 str 的定义及相应的数据输入都放在 match 函数中，结果会如何？请分析如下程序代码：

```
char *match()
{
    char ch, str[80],*s=str;                 //定义局部字符数组
    printf("Please Input the string:\n");    //输入
    scanf("%s", str);
    getchar();
```

```
        ch=getchar();
        while(*s!='\0')
            if(*s==ch)
                return s;                                  //返回局部字符数组地址
            else
                s++;
        return  NULL;
    }
```

函数返回指针值时，不能返回在被调函数内部定义的局部变量的地址，这是因为被调函数的所有局部变量在函数返回时就会消亡。函数只是将指针复制后返回了，但是指针所指向的内容已经被释放，指针所指向的内容不可预料，调用会出错。

指针函数一般返回的是全局变量或主调函数中变量的地址。

7.5.2 函数指针

程序中的每一个函数编译时，系统都会为其分配一定的存储空间。一个函数代码存储空间的起始地址就是函数调用的入口地址。在引入指针之前，用函数名调用函数事实上就是用函数名表示函数的入口地址。本质上，函数调用会使程序指针转到函数入口处执行。

函数的指针就是函数代码存储的起始地址，也就是函数调用时的入口地址。可以通过指向函数入口的指针变量（简称指向函数的指针变量）来调用函数，这样更加灵活，也更具有通用性。

1. 函数指针变量的定义

函数指针变量定义的一般形式如下：

```
    类型说明符 (*变量名)(参数类型表);
```

其中，“类型说明符”表示被指向的函数的返回值的类型。(*变量名）表示*后的变量是定义的指针变量。最后的括号表示指针变量所指的是一个函数。

例如：

```
    int (*p)(int,int);
```

其表示定义一个函数指针变量 p，它可以指向返回值类型为 int 的函数。

说 明

（1）一个函数指针变量可以先后指向不同的函数。

（2）函数指针变量不能进行算术运算。对于指向函数的指针变量 p，进行 p+n、p++、--p 等运算是无意义的。

函数指针有两个用途：调用函数和作为函数的参数。

2. 通过函数指针调用函数

函数指针变量与一般指针变量一样，定义了一个指向函数的指针变量后，并没有指向哪一个函数，只有在被赋初值后，才能建立明确的指向。如果将一个已定义的函数名赋给已定义的函数指针变量，则指针变量与该函数就建立了明确的指向。

例如：

```
int add(int,int);
int (*p)(int,int)=add;
```

函数名 add 赋给了函数指针变量 p，则 p 指向函数 add。

通过函数指针调用函数有两种方式：一是通过函数指针(函数名)；二是通过指向函数的指针变量。通过函数名调用函数，因函数名仅表示一个固定地址，故只能调用一个固定的函数。指向函数的指针变量的值可以变化，可使其指向不同的函数，分别实现不同函数的调用。

指向函数的指针变量调用函数的一般形式如下：

```
(*函数指针)(实参列表)      或者：函数指针(实参列表)
```

所以，在指向函数的指针被定义并且赋值后，可以使用以下 3 种方式调用 add 函数：

```
c=add(x,y);
c=(*p)(x,y);
c=p(x,y);
```

3. 函数指针作为函数参数

函数指针作为函数参数时，实参将函数的入口地址传递给形参，在被调函数中可以通过形参来调用实参所指向的函数。通常，把一类函数（多个功能操作的函数）定义在一个函数中，由指向函数的指针变量作为参数，通过实参传递不同函数的入口地址，就可以实现一类函数的调用。这正是函数指针作为函数参数的一个重要用途。下面通过一个例子说明这种方法的应用。

【例 7.25】 输入两个整数，实现它们的加法、减法、乘法运算并输出结果。要求使用同一个函数的 3 次调用分别得出不同的结果。

分析：分别设计实现两个整数加法、减法、乘法运算的函数，再设计一个参数为函数指针变量的函数，在主函数中传递不同运算函数的指针，形参接收函数指针后，调用不同的运算函数。

参考程序代码如下：

```
#include <stdio.h>
int add(int x,int y)
{
   return x+y;
}
int sub(int x,int y)
{
   return x-y;
}
int mul(int x,int y)
{
   return x*y;
```

```
}
void fun(int x,int y,int (*p)(int,int))
{
    int z;
    z=(*p)(x,y);                    //通过指向函数的指针变量调用函数
    printf("%d\n",z);
}
int main()
{
    int x,y;
    printf("请输入两个整数：");
    scanf("%d%d",&x,&y);
    printf("%d与%d的和值是：",x,y);
    fun(x,y,add);                   //函数指针作为参数
    printf("%d与%d的差值是：",x,y);
    fun(x,y,sub);
    printf("%d与%d的积值是：",x,y);
    fun(x,y,mul);
    return 0;
}
```

程序运行结果如下：

```
C:\WINDOWS\system32\cmd.exe
请输入两个整数：1 2
1与2的和值是：3
1与2的差值是：-1
1与2的积值是：2
请按任意键继续. . .
```

在 fun 函数定义中，x、y 是两个接收运算数的形参，int(*p)(int,int)是指向函数的指针变量，接收函数的指针。在函数体中，由指针调用相应运算函数。

程序运行时，在主函数中依次把两个运算数和相应功能运算函数指针传递给形参，由 z=(*p)(x,y);语句调用相应功能运算函数。

从本例可以清楚地看到，fun 函数没有改变，3 次调用 fun 函数时，实参传递不同的函数名。在不同的情况下，fun 函数调用不同函数得到的 z 值是不同的。这提升了函数使用的灵活性。

7.6 解决工程问题：围棋棋局

【例 7.26】 围棋作为中华文明盛行已久的一种策略性棋牌游戏，蕴含着丰富的文化内涵。本案例要求创建一个棋盘，在棋盘生成后初始化棋盘，根据初始化后棋盘中棋子的位置判断此时的棋局是否为一局好棋，具体要求如下。

（1）棋盘的大小根据用户的指令确定。

（2）棋盘中棋子的数量也由用户设定。

（3）棋子的位置由随机数函数随机确定，假设生成的棋盘中，在同一行上有相邻棋

子或同一列上有相邻棋子，则判定为“好棋”，否则判定为“不是好棋”。

分析：根据用户输入的数据分别确定棋盘的大小和棋子的数量，因此棋盘的大小是不确定的。为了避免存储空间浪费，防止因空间不足造成数据丢失，本案例可动态地申请存储空间存储棋盘。

C 语言提供了程序动态申请和释放内存空间的库函数：malloc、calloc、free 和 realloc。上述函数的原型定义包含在头文件 stdlib.h 或 malloc.h 中。下面分别介绍这 4 个库函数。

7.6.1 内存空间的动态分配

1. malloc 函数

malloc 函数的原型定义如下：

```
void *malloc (unsigned int size)
```

其功能是在内存的动态存储区中分配一个长度为 size 的连续空间。返回值是一个指向所分配的连续存储域的起始地址的指针。当函数未能成功分配存储空间（如内存不足）时，则返回一个 NULL 指针。void *类型可以强制转换为任何其他类型的指针。

例如：

```
int *p;
p=(int *) malloc (sizeof(int)*128);
```

其功能是分配 128 个（可根据实际需要替换该数值）整型存储单元，并将这些存储单元的首地址存储到指针变量 p 中。其中，(int *)为强制类型转换。

又如：

```
double *pd=(double *) malloc (sizeof(double)*12);
```

其功能是分配 12 个 double 型存储单元，并将它们的首地址存储到指针变量 pd 中。

2. calloc 函数

calloc 函数的原型定义如下：

```
void *calloc(unsigned n,unsigned size)
```

其功能是在内存的动态存储区中分配 n 个长度为 size 的连续空间，函数返回一个指向分配起始地址的指针；如果分配不成功，则返回一个空指针 NULL。

例如：

```
p=(struct student *)calloc(3,sizeof(struct student));
```

其功能是按照 struct student 的长度分配 3 块连续的空间，强制转换为 struct student *类型，并将首地址赋给指针变量 p。

calloc 函数与 malloc 函数的区别是 calloc 在动态分配完内存后，自动初始化该内存空间为 0，而 malloc 不初始化，其中的数据是随机的；calloc 函数可以一次性分配 n 块空间。

7.6.2 内存空间的释放

1. free 函数

free 函数的原型定义如下：

```
void free(void *ptr)
```

其功能是释放 ptr 所指向的内存空间。ptr 是一个指针变量，指向被释放内存空间的首地址。被释放内存空间是由 malloc 或 calloc 函数所分配的内存区域。

2. realloc 函数

realloc 函数的原型定义如下：

```
void *realloc(void *mem_address, unsigned int newsize)
```

其功能是修改 mem_address 所指内存区域的大小为 newsize 长度。可以使原先分配的内存区域扩大缩小。函数返回值是新的存储区域的首地址。如果重新分配内存空间成功，则返回指向被分配内存的指针，否则返回空指针 NULL。当内存不再使用时，应使用 free()函数将内存块释放。注意，这里原始内存中的数据还是保持不变的，但是新的首地址不一定与原首地址相同，因为为了增加空间，会根据实际空间的大小来决定是额外增加空间还是重新分配空间。

【例 7.27】 创建一个棋盘，在棋盘生成后初始化棋盘，根据初始化后棋盘中棋子的位置来判断此时的棋局是否是一局好棋。

实现思路：棋盘从创建到释放，可以分为以下 4 个功能模块。

（1）创建棋盘。棋盘由 n×n 个表格组成，其形式类似矩阵，所以本案例中设计使用二级指针指向棋盘地址。在创建棋盘函数中应实现棋盘空间的动态申请，并返回一个指向棋盘的二级指针。

（2）初始化棋盘。创建好的棋盘是一个空的棋盘，棋盘在显示之前应先被初始化。棋盘信息的初始化可利用指针完成。当棋盘上棋子的数量确定后，在棋盘的范围内使用随机数函数随机确定每个棋子的位置。

（3）输出棋盘。创建并初始化的棋盘包含棋盘的逻辑信息，棋盘的输出应包含棋盘的格局。根据创建棋盘函数和初始化棋盘函数确定的棋盘信息搭建棋盘，棋盘的外观可使用制表符搭建。若棋盘对应的位置上有棋子，则将制表符替换为表示棋子的符号。

（4）销毁棋盘。在创建棋盘时申请的存储空间，应在使用完之后手动释放。

主函数中实现棋盘大小和棋子数量的设置，其中应定义一个二级指针，存放创建棋盘的函数返回的棋盘地址，随后依次调用初始化棋盘函数、输出棋盘函数和销毁棋盘的函数。

参考程序代码如下：

```
#include <stdio.h>
#include <time.h>
#include <stdlib.h>
int **createBoard(int n);                    //创建一个棋盘
```

```
int initBoard(int **p,int n,int tmp);    //初始化棋盘
int printfBoard(int **p,int n);          //输出棋盘
void freeBoard(int **p,int n);           //销毁棋盘
int main()
{
    int n=0,tmp=0,**p;
    srand((unsigned int)time(NULL));
    printf("设置棋盘大小:");
    scanf("%d",&n);                      //输入棋盘行（列）值
    p=createBoard(n);                    //创建棋盘
    printf("设置棋子数量:");
    scanf("%d",&tmp);                    //输入棋盘上的棋子数量
    initBoard(p,n,tmp);                  //初始化棋盘
    printfBoard(p,n);                    //打印棋盘
    freeBoard(p,n);                      //释放棋盘
    return 0;
}
//创建一个棋盘
int **createBoard(int n)
{
    int **p=(int**)calloc(n,sizeof(int*));
    int i=0;
    for(i=0;i<n;i++)
    {
        p[i]=calloc(n,sizeof(int));      //动态申请空间
    }
    return p;
}
//初始化棋盘
int initBoard(int **p,int n,int tmp)     //用随机数函数设置棋子位置
{
    int i,j;
    int t=tmp;
    while(t>0)
    {
        i=rand()%n;
        j=rand()%n;
        if(p[i][j]==1)                   //坐标内已有棋子则再次循环
            continue;
        else
        {
            p[i][j]=1;
            t--;
        }
    }
    return 0;
}
//输出棋盘
```

```
int printfBoard(int **p, int n)
{
    int i,j;
    for(i=0;i<n;i++)
    {
        for(j=0;j<n;j++)
        {
            if(p[i][j]==1)                          //输出棋子
            {
                printf("●");
            }
            else                                    //搭建棋盘
            {
                if(i==0&&j==0)
                    printf(" ┏-");
                else if(i==0&&j==n-1)
                    printf("┓ ");
                else if(i==n-1&&j==0)
                    printf(" ┗-");
                else if(i==n-1&&j==n-1)
                    printf("┛ ");
                else if(j==0)
                    printf(" ┣-");
                else if(i==n-1)
                    printf("┻-");
                else if(j==n-1)
                    printf("┫ ");
                else if(i==0)
                    printf("┳-");
                else
                    printf("╋-");
            }
        }
        putchar('\n');
    }
    for(i=0;i<n;i++)        //用行列两个循环判断是否行列上有两个相邻的棋子
    {
        for(j=0;j<n;j++)
        {
            if(p[i][j]==1)
            {
                if(j>0&&p[i][j-1]==1)           //判断同一行有无相邻棋子
                {
                    printf("好棋! \n");
                    return 0;
                }
                if(i>0&&p[i-1][j]==1)           //判断同一列有无相邻棋子
                {
```

```
                    printf("好棋! \n");
                    return 0;
                }
            }
        }
    }
    printf("不是好棋。\n");
    return 0;
}
//销毁棋盘
void freeBoard(int **p, int n)
{
    int i;
    for(i=0;i<n;++i)
    {
        free(p[i]);
    }
    free(p);
}
```

程序运行结果如下：

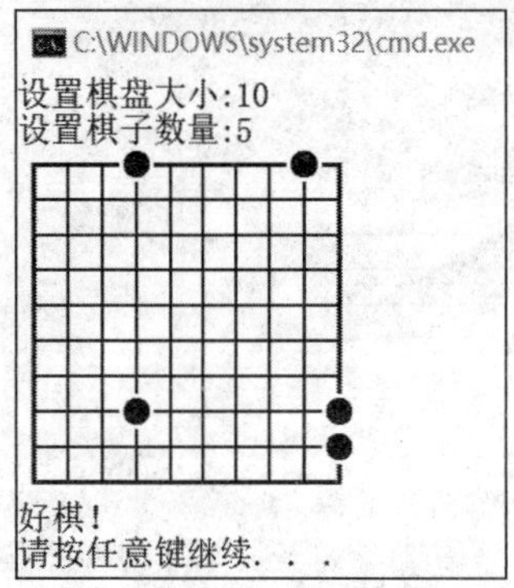

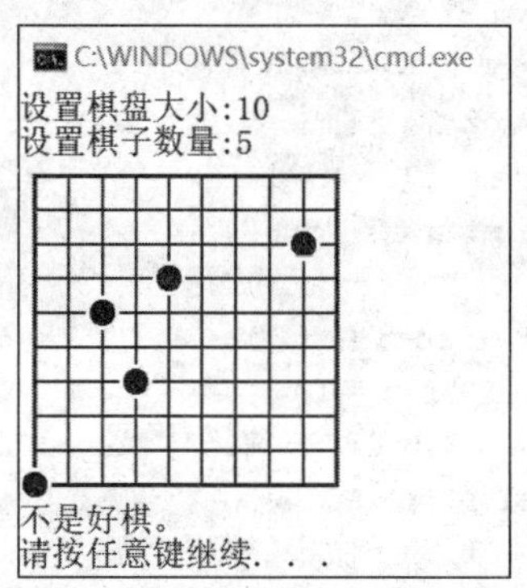

习　　题

一、选择题

1. 设有如下程序段：

```
char s[20]="Bejing",*p;
p=s;
```

则执行 p=s;语句后，下列描述中正确的是（　　）。

A. 可以用*p 表示 s[0]

B. s++与 p++等价

C. s 和 p 都是指针变量

D. 数组 s 中的内容和指针变量 p 中的内容相等

2. 下列函数的功能是（　　）。

```
fun(char *a,char *b)
{
    while((*b=*a)!='\0')
    {
        a++;
        b++;
    }
}
```

A. 将 a 所指字符串赋给 b 所指空间

B. 使指针 b 指向 a 所指字符串

C. 将 a 所指字符串和 b 所指字符串进行比较

D. 检查 a 和 b 所指字符串中是否有'\0'

3. 有下列程序：

```
#include <stdio.h>
int main()
{
    int n,*p=NULL;
    *p=&n;
    printf("input n:");
    scanf("%d",&p);
    printf("outpub n:");
    printf("%d\n",p);
    return 0;
}
```

该程序试图通过指针 p 为变量 n 读入数据并输出，但程序有多处错误，下列语句正确的是（　　）。

A. int n,*p=NULL;　　B. *p=&n;

C. scanf("%d",&p)　　D. printf("%d\n",p);

4. 若有定义语句 double x[5]={1.0,2.0,3.0,4.0,5.0},*p=x;，则错误引用 x 数组元素的是（　　）。

A. *p　　B. x[5]　　C. *(p+1)　　D. *x

5. 若有语句 char *line[5];，则下列描述中正确的是（　　）。

A. 定义 line 是一个数组，每个数组元素是一个指针

B. 定义 line 是一个指针变量，该变量可以指向一个长度为 5 的字符型数组

C. 定义 line 是一个指针数组，语句中的*称为间址运算符

D. 定义 line 是一个指向字符型函数的指针

6. 设有如下定义：

```
int (*p)();
```

则下列描述中正确的是（　　）。

A. p 是指向一维组数的指针变量　　B. p 是指向 int 型数据的指针变量

C. p 是指向函数的指针变量　　D. p 是一个函数名

7. 已有函数 max(a,b)，为了让函数指针变量 p 指向函数 max，正确的赋值方法是（　　）。

A. p=max;　　B. *p=max;　　C. p=max(a,b);　　D. *p=max(a,b);

8. 若有函数 max(a, b)，并且已使函数指针变量 p 指向函数 max，当调用该函数时，正确的调用方法是（　　）。

A. (*p)max(a,b);　　B. *pmax(a,b);　　C. (*p) (a,b);　　D. *p(a,b);

9. 在定义语句 int *f();中，f 代表的是（　　）。

A. 一个用于指向整型数据的指针变量

B. 一个用于指向一维数组的行指针

C. 一个用于指向函数的指针变量

D. 一个返回值为指针型的函数名

10. 若要利用下面的程序段使指针变量 p 指向一个存储整型变量的存储单元，则在横线上应有的内容是（　　）。

```
int *p ;
p = ______malloc(sizeof(int));
```

A. (int)　　B. int *　　C. (int *)　　D. *

二、填空题

1. 若有定义：char ch,*p;，则

（1）使指针变量 p 指向变量 ch 的语句是______。

（2）在（1）的基础上，通过指针变量 p 给变量 ch 读入字符的 scanf 调用语句是______。

（3）在（1）的基础上，通过指针变量 p 用格式输出函数输出 ch 中字符的语句是______。

2. 设有以下定义和语句，则*(*(p+2)+1)的值为______。

```
int a[3][2]={10, 20, 30, 40, 50, 60}, (*p)[2];
p=a;
```

3. my_cmp 函数的功能是比较字符串 s 和 t 的大小，当 s 等于 t 时返回 0，否则返回 s 和 t 的第一个不同字符的 ASCII 码差值，即当 s > t 时返回正值，当 s < t 时返回负值。请填空。

```
int my_cmp(char *s, char *t)
{
    while(*s==*t)
    {
        if(*s=='\0')
            return 0;
        ++s;
        ++t;
    }
    return __________;
}
```

4. 在数组中同时查找最大元素下标和最小元素下标，分别存放在 main 函数的变量

max 和 min 中。请填空。

```
#include <stdio.h>
void find(int *a,int n,int *max,int *min)
{
    int i;
    *max=*min=0;
    for(i=1;i<n;i++)
        if(a[i]>a[*max])
            __________;
        else if(a[i]<a[*min])
            __________;
    return;
}
int main()
{
    int a[7]={5,8,7,6,2,7,3};
    int max,min;
    find(_________);
    printf("%d,%d\n",max,min);
    return 0;
}
```

三、写出下列程序的运行结果

1. 程序代码如下：

```
#include <stdio.h>
void f(int *p,int *q );
int main()
{
    int m=1,n=2,*r=&m;
    f(r,&n);
    printf("%d,%d",m,n);
    return 0;
}
void f(int *p,int *q)
{
    p=p+1;
    *q=*q+1;
}
```

2. 程序代码如下：

```
#include <stdio.h>
void fun(int *a,int *b)
{
    int *c;
    c=a;
    a=b;
    b=c;
}
int main()
```

```
{
    int x=3,y=5,*p=&x,*q=&y;
    fun(p,q);
    printf("%d,%d",*p,*q);
    fun(&x,&y);
    printf("%d,%d\n",*p,*q);
    return 0;
}
```

3. 程序代码如下：

```
#include <stdio.h>
#include <string.h>
char *fun(char *t)
{
    char *p=t;
    return (p+strlen(t)/2);
}
int main()
{
    char *str="abcdefgh";
    str=fun(str);
    puts(str);
    return 0;
}
```

4. 程序代码如下：

```
#include <stdio.h>
int main()
{
    int m=1,n=2,*p=&m,*q=&n,*r;
    r=p;
    p=q;
    q=r;
    printf("%d,%d,%d,%d\n",m,n,*p,*q);
    return 0;
}
```

5. 程序代码如下：

```
#include <stdio.h>
void swap1(int c0[ ],int c1[ ])
{
    int t;
    t=c0[0];
    c0[0]=c1[0];
    c1[0]=t;
}
void swap2(int *c0,int*c1)
{
    int t;
    t=*c0;
    *c0=*c1;
    *c1=t;
```

```
}
int main()
{
    int a[2]={3,5},b[2]={3,5};
    swap1(a,a+1);
    swap2(&b[0],&b[1]);
    printf("%d%d%d%d\n",a[0],a[1],b[0],b[1]);
    return 0;
}
```

6. 程序代码如下：

```
#include <stdio.h>
#include <string.h>
#include <malloc.h>
int main()
{
    char *p;
    int i;
    p=(char *)malloc(sizeof(char)*20);
    strcpy(p,"welcome");
    for(i=6;i>=0;i--)
        putchar(*(p+i));
    printf("\n");
    free(p);
    return 0;
}
```

四、编程题

1. 用户画像是根据用户社会属性、生活习惯和消费行为等信息抽象出的一个标签化的用户模型。

用户画像最初是在电商领域得到应用的，在大数据时代背景下，用户信息充斥在网络中，将用户的每个具体信息抽象成标签，利用这些标签将用户形象具体化，从而为用户提供有针对性的服务，现已成为潮流。

假如一家公司要推出一款运动类 APP，该 APP 面向各个年龄段的用户，根据用户填写的信息为用户推荐合适的运动套餐。该运动 APP 将用户分为 3 个年龄段。

小于 30 岁：年轻用户。

31～55 岁：中年用户。

56 岁以上：老年用户。

请编写一个程序，勾勒用户画像，具体要求如下：

（1）用户输入 6 位数的出生日期，并用数组存储。根据用户输入的出生日期，使用指针实现用户出生年份的提取。

（2）计算用户的年龄，并判断用户属于哪个年龄阶段。

2. 已知奥运五环的 5 种颜色的英文单词按一定顺序排列，输入任意一个颜色的英文单词，从已有颜色中查找并输出该颜色的位置值，若没有找到，则输出“Not Found”。

3. 对于一个较大的整数 N(1≤N≤2000000000)，如 980364535，常常需要弄清它是几位数，但是如果为其加上千位符就很容易分辨了。例如，980,364,535。请编程给输入的数字加上千位符。

4. 输入一个 1～7 的整数，输出对应的星期名。请通过调用指针函数实现。

5. 有 n 个国家参加运动会，出场顺序以国名在英文字典中的位置先后为序，请输出一份各国出场顺序表。

自定义数据类型

学习目标☞

（1）掌握结构体、共用体和枚举数据类型的定义和使用方法。
（2）掌握结构体数组、结构体指针的定义及其应用。
（3）了解单向链表的创建、插入、删除等操作。
（4）掌握利用自定义数据类型解决数据处理的基本方法。

C语言的基本数据类型只能定义一些简单的数据类型，如果处理复杂的数据信息，就需要使用 C 语言提供的复杂数据类型来定义。本章围绕建立学生信息表、建立体测信息表、五色球组合问题、打鱼晒网、学生信息管理系统等案例展开，主要介绍结构体变量、结构体数组、结构体指针、共用体、枚举类型、typedef 语句和单向链表等内容，重点是掌握根据需求建立不同的数据类型，以解决更复杂的数据处理问题的方法。

8.1　解决应用问题：建立学生信息表

【例 8.1】 假设学生的基本信息包括学号、姓名、成绩，且最多需要处理 50 名学生的数据，请建立学生信息表。

分析：学生的基本信息包括学号、姓名、成绩，这些数据的类型并不一致。其中，学号为字符型数组，姓名为字符型数组，成绩为整型。

学号、姓名、成绩等都与某一学生相联系。如果将它们分别定义成互相独立的简单变量，则难以反映它们之间的内在联系。

结构体能够将有内在联系的不同类型的数据统一成一个整体，使它们相互关联。

8.1.1　结构体变量

1. 结构体类型的定义

结构体类型是构造数据类型中比较常用的一种类型，允许将不同数据类型的数据成员组合在一起，构造成一个新的数据类型。

基本数据类型已经由 C 编译系统定义，读者直接应用这些数据类型定义变量即可。数组是具有相同数据类型的数据的集合，如果定义一个数组，确定数组中这些数据的基本数据类型是什么，然后确定有多少个这样类型的数据就可以了。但是结构体类型，每个不同的结构体中成员的个数，以及每个成员的数据类型都可能各不相同。例如，记录直角坐标系某一象限中的一点的结构体，包括 x 轴坐标和 y 轴坐标两个成员，每个成员都是实型数据；而在职工工资情况这个结构体中，包括职工姓名、职工号、基本工资、津贴等多个成员，每个成员的数据类型各不相同。因此这两种结构体是不同的，不可能定义具体的结构体类型。结构体类型需要用户自行定义。

由此可以看出，如果使用结构体来解决问题，首先需要定义结构体类型，确定结构体类型中有哪些成员，每个成员都是什么类型，然后使用定义好的结构体类型定义结构体类型变量。

结构体类型定义的一般形式如下：

```
struct 结构体名
{
    数据类型 成员名1;
    数据类型 成员名2;
        …
};
```

说　明

（1）struct 是定义结构体类型的关键字。结构体名需要符合标识符的命名规则。

（2）结构体成员的数据类型可以是基本类型、数组和指针类型，也可以是结构体类型。

（3）结构体成员的定义格式与变量相同。同类型的结构体成员变量也可以在一个语句中定义，中间用逗号间隔。

（4）整个结构体类型定义完毕后，必须以分号作为结束标记。

例如，描述学生信息的结构体类型定义如下：

```
struct student
{
    char num[20];     //学号
    char name[20];    //姓名
    int score;        //成绩
};
```

其定义了一个名为 struct student 的结构体类型，使用该类型定义的结构体变量均由 num、name、score 这 3 个成员组成。它与系统提供的标准数据类型（如 int、char、float 等）具有相同的功能，都可以用来定义变量，只不过结构体类型需要用户自行定义。

注　意

定义结构体类型时，C 编译系统仅仅约定了一种内存分配模式，并没有实际分配内存单元，因此不能存放具体数据。只有使用该类型定义变量后，编译系统才会遵照约定给变量分配内存，实现对数据的存储。

一个结构体变量的大小并不总是等于各个成员变量的大小之和，结构体变量中各成员在内存中的存储遵循字节对齐机制。不同编译系统的字节对齐机制有所不同，但都遵循以下 3 条通用准则。

（1）结构体变量的首地址能够被其最大基本类型成员的大小整除。

（2）结构体每个成员相对于结构体首地址的偏移量都是该成员大小的整数倍，且能够被最大基本类型成员的大小整除。若有需要，编译系统则会在成员之间加上填充字节。

（3）结构体的总大小为结构体最大基本类型成员大小的整数倍，若有需要，编译系统则会在末尾成员后加上填充字节。

2. 结构体类型变量的定义和初始化

结构体类型定义后即可进行变量的定义。定义结构体类型的变量有以下 3 种方法。

（1）先定义结构体类型，再定义结构体变量。其一般形式如下：

```
struct 结构体名 变量名列表;
```

前面小节已经定义了一个结构体类型 struct student，可以用它来定义结构体变量。

例如：

```
struct student stu1,stu2;
```

上述语句定义了两个 struct student 类型的变量 stu1 和 stu2，它们均具有 struct student 类型的结构。

为了使用方便，通常用一个符号常量代表一个结构体类型。可以在程序开头添加命令“#define STUDENT struct student”，这样在程序中，STUDENT 与 struct student 就完全等价了。例如，先定义结构体类型：

```
STUDENT
{
    char num[20];      //学号
    char name[20];     //姓名
    int score;         //成绩
};
```

然后就可以直接用 STUDENT 定义变量了。

例如：

```
STUDENT stu1,stu2;
```

应当注意，将一个变量定义为标准类型与定义为结构体类型的不同之处在于，后者不仅要求指定变量为结构体类型，而且要求指定为某一特定的结构体类型。例如，对 struct student，不能只定义为 struct 型而不指定结构体名。在定义变量为整型时，只需指定变量为 int 型。换句话说，可以定义许多种具体的结构体类型。

如果程序规模比较大，往往将对结构体类型的定义集中放到一个以.h 为扩展名的头文件中，哪个源文件需要用到这些结构体类型，则可用#include 命令将该头文件包含到本文件中。这样做便于结构体类型的装配、修改及使用。

（2）定义结构体类型的同时定义结构体变量。其一般形式如下：

```
struct 结构体名
{
    成员列表;
}变量名列表;
```

例如：

```
struct student
{
    char num[20];      //学号
    char name[20];     //姓名
    int score;         //成绩
}stu1, stu2;
```

它的作用与第一种方法相同，即定义了两个 struct student 类型的变量 stu1 和 stu2。

(3) 直接定义结构体变量。其一般形式如下：

```
struct
{
    成员列表;
}变量名列表;
```

例如:

```
struct
{
    char num[20];      //学号
    char name[20];     //姓名
    int score;         //成绩
}stu1, stu2;
```

第 3 种方法与第 2 种方法的区别在于，第 3 种方法中省略了结构体名，而直接定义结构体变量。这种形式虽然简单，但是无结构体名的结构体类型是无法重复使用的，也就是说，后面的程序中不能再定义此类型的变量。

注 意

(1) 结构体类型和结构体变量是两个不同的概念，其区别如同 int 类型和 int 类型变量的区别。需要先有类型存在，才能应用这个类型定义变量。即需要先定义一个结构体类型，然后应用这个类型定义结构体变量。不能对结构体类型赋值、存取和运算，程序运行时也不能给结构体类型分配内存空间。

(2) 结构体类型中的成员名可以与程序中的变量名同名，它们代表不同的对象，互不干扰。

因为编译系统在给结构体变量分配内存单元时，是根据结构体类型中成员定义的顺序和类型来分配的，所以结构体变量初始化的方式是按结构体成员的顺序和类型分别提供初始数据。

例如：

```
struct student
{
    char num[20];      //学号
    char name[20];     //姓名
    int score;         //成绩
}stu1={"1001", "Zhao",90};
```

对结构体变量 stu1 进行初始化，{}内各数据项间用逗号分隔，依次对应结构体变量的各个成员，数据类型要求一致。

图 8-1 所示为结构体变量 stu1 初始化后的值。

使用 sizeof 可以计算其所需存储空间，如 sizeof(struct student）或者 sizeof(stu1)。

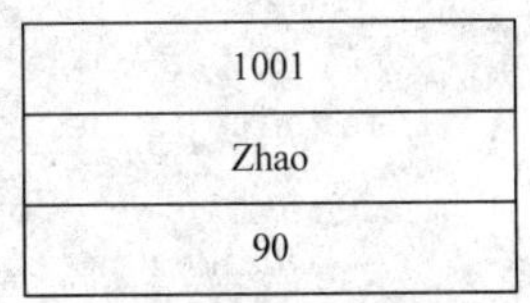

图 8-1　结构体变量初始化示例

3. 结构体变量的引用

结构体变量初始化后，就可以使用结构体变量了。结构体变量的整体引用主要限于对结构体变量整体赋值、作为函数参数传递、取地址。其中，结构体变量作为函数参数传递和取地址将在后面再介绍。

同类型的两个结构体变量之间可以相互整体赋值。赋值时，将赋值运算符右边结构体变量的每一个成员的值都赋给左边结构体变量中相应的成员。例如：

```
struct student stu1 = {"1001", "Zhao",90}, stu2;
stu2 = stu1;
```

在使用结构体变量时，主要是对其成员进行操作。引用结构体变量中成员的一般形式如下：

```
结构体变量名.成员名
```

其中，“.”是 C 语言中的一种运算符，称为“成员运算符”。“.”的优先级是 C 语言中优先级最高的运算符，具有左结合性。

例如，stu1.num 表示 stu1 变量中的 num 成员，即 stu1 的 num（学号）项。“.”成员（分量）运算符在所有运算符中优先级最高，因此可以将 stu1.num 作为一个整体来看待。结构体变量成员的使用方法与同类型的普通变量相同。例如：

```
stu1.num="1002";
```

上面赋值语句的作用是将字符串 1002 赋给 stu1 变量中的成员 num。

如果结构体成员本身又是一个结构体类型，则通过成员运算符“.”逐级向下引用最低一级的结构体成员。

【例 8.2】 学生信息包括学号、姓名、性别、地址、5 门课成绩及平均成绩，计算一名学生的 5 门课程的平均成绩，然后输出这名学生的信息。

分析：学生的基本信息包括学号、姓名、性别、地址、5 门课程成绩及平均成绩，这名学生的 5 门课程成绩用数组存储。首先，定义一个成绩结构体类型，它包括两个成员，一个成员存储 5 门课程成绩，另一个成员记录平均成绩；然后，定义一个学生结构体类型，它包括学生的基本信息和成绩。引用 5 门课程的成绩，需要逐级向下引用。

参考程序代码如下：

```
#include <stdio.h>
#define SCORE struct score           /*宏定义，SCORE 代表 struct score*/
#define STUDENT struct student       /*宏定义，STUDENT 代表 struct student*/
struct score                         /*定义成绩结构体类型*/
{
   int s[5];
```

```
    float average;
};
struct student                              /*定义学生结构体类型*/
{
    char num[20];
    char name[20];
    char sex;
    char *addr;
    SCORE sco;
};
void print(STUDENT stu);
int main()
{
    int i,sum=0;
    /*结构体变量初始化*/
    STUDENT s={"1001","Zhao",'M',"重庆",{95,86,82,60,77}};
    for(i=0;i<=4;i++)
       sum+=s.sco.s[i];                     /*逐级向下引用最低一级的结构体成员*/
    s.sco.average=sum/5.0;
    print(s);
    printf("\n平均成绩为：%.2f\n",s.sco.average);
    return 0;
}
void print(STUDENT stu)
{
    int i;
    printf("学号：%s\n姓名：%s\n性别：%c\n地址：%s\n",stu.num,stu.name,
           stu.sex,stu.addr);
    printf("各科成绩为：");
    for(i=0;i<=4;i++)
       printf("%-5d",stu.sco.s[i]);
}
```

程序运行结果如下：

```
C:\WINDOWS\system32\cmd.exe
学号：1001
姓名：Zhao
性别：M
地址：重庆
各科成绩为：95   86   82   60   77
平均成绩为：80.00
请按任意键继续. . .
```

本例为了便于书写使用了宏定义，用 SCORE 代表 struct score，用 STUDENT 代表 struct stduent。主函数调用 print 函数时，结构体变量作为函数参数，可以传递多个数据且参数形式较简单。但对于成员较多的大型结构，参数传递时所进行的结构数据复制使得效率较低。

8.1.2 结构体数组

一个结构体变量中可以存放一组数据（如一名学生的学号、姓名、成绩等数据）。如果有多名学生的数据需要参加运算，显然应该使用数组，这就是结构体数组。结构体数组与以前介绍过的数值型数组的不同之处在于，其每个数组元素都是一个结构体类型的数据。在实际应用中，经常用结构体数组来表示具有相同数据结构的一个群体，如一个班级的学生信息，一个部门的职工工资等。

结构体数组与结构体变量的定义方法类似，但需要说明它为数组类型。其初始化方式与普通数组一样。

1. 先定义结构体类型，再用该类型定义结构体数组

例如：

```
struct student
{
    char num[20];      //学号
    char name[20];     //姓名
    int score;         //成绩
};
struct student ss[5]={{"1001","Zhao",90},{"1002","Qian",80},{"1003",
                        "Sun",90},{"1004","Li",80},{"1005","Zhou",70}};
```

定义一个结构体类型 struct student，然后使用该类型定义结构体数组 ss，该数组共有 5 个元素 ss[0]～ss[4]，每个元素都是 struct student 类型。在定义结构体数组的同时给每个元素赋初值，如图 8-2 所示。

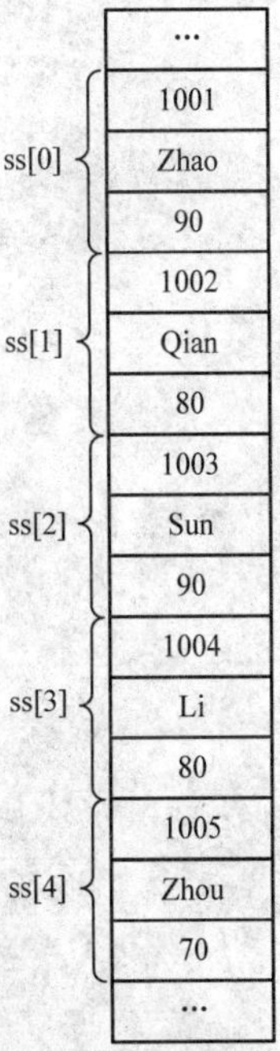

	…
ss[0]	1001
	Zhao
	90
ss[1]	1002
	Qian
	80
ss[2]	1003
	Sun
	90
ss[3]	1004
	Li
	80
ss[4]	1005
	Zhou
	70
	…

图 8-2 结构体数组

2. 定义结构体类型的同时定义结构体数组

例如：

```
struct student
{
    char num[20];      //学号
    char name[20];     //姓名
    int score;         //成绩
}ss[5];
```

3. 直接定义结构体数组

例如：

```
struct
{
    char num[20];      //学号
    char name[20];     //姓名
    int score;         //成绩
}ss[5];
```

结构体数组的每个元素都是结构体类型，因此结构体数组元素的成员引用是先引用

数组元素，再引用该元素中的结构体成员。其一般形式如下：

```
结构体数组名[下标].成员名
```

结构体数组元素成员的使用方法与同类型的变量相同。例如：

```
ss[0].score = 90;
strcpy(ss[1].name, "Zhang");
scanf("%s",ss[2].name);
```

同时，结构体数组的元素之间也可以直接赋值，如 ss[3]=ss[2];。

【例 8.3】 使用结构体数组建立学生信息表。

分析：本例需要组织不多于 50 名学生的信息。50 名学生的基本信息属于同一个性质的数据，因此，应该使用一维数组将它们组织在一起。

参考程序代码如下：

```
#include <stdio.h>
#define N 50                            //宏定义，结构体数组长度为 50
#define STUDENT struct student          //宏定义，STUDENT 代表 struct stduent
struct student                          //定义学生结构体类型
{
    char num[20];                       //学号
    char name[20];                      //姓名
    int score;                          //成绩
};
int main()
{
    int i,n;
    STUDENT ss[N];                      //定义结构体数组
    printf("建立学生信息表\n");
    printf("请输入学生人数:");
    scanf("%d",&n);                     //输入学生人数
    for(i=0;i<n;i++)                    //输入学生信息
    {
        printf("请输入第%d 名学生的信息:\n",i+1);
        printf("学号: ");
        scanf("%s",ss[i].num);
        printf("姓名: ");
        scanf("%s",ss[i].name);
        printf("成绩: ");
        scanf("%d",&ss[i].score);
    }
    printf("学生信息如下: \n");
    printf("学号\t 姓名\t 成绩\n");
    for(i=0;i<n;i++)
        printf("%s\t%s\t%d\n",ss[i].num,ss[i].name,ss[i].score);
    return 0;
}
```

程序运行结果如下：

```
C:\WINDOWS\system32\cmd.exe
建立学生信息表
请输入学生人数:3
请输入第1名学生的信息:
学号: 1001
姓名: Zhao
成绩: 90
请输入第2名学生的信息:
学号: 1002
姓名: Qian
成绩: 80
请输入第3名学生的信息:
学号: 1003
姓名: Sun
成绩: 90
学生信息如下:
学号    姓名    成绩
1001    Zhao    90
1002    Qian    80
1003    Sun     90
请按任意键继续. . .
```

8.1.3 结构体指针

定义结构体类型与结构体变量后，系统会给结构体数据分配存储空间，按照成员顺序存储，每个成员都有确定的存储地址。结构体数据的首地址就是结构体的指针。结构体数据的访问也有两种方式：直接访问和间接访问。前面介绍的"结构体变量名.成员名"访问方式就是直接访问，通过指向结构类型的指针变量可以间接访问结构体数据。

指向结构体的指针变量定义、赋初值及通过指针变量引用数据的方法同普通指针变量类似。使用自定义的结构体类型定义指针变量，取结构体类型变量地址赋给指针变量，即可建立指向关系。

例如：

```
struct student stu1;        /*定义结构体变量*/
/*定义指向结构体的指针变量p，p可以指向struct student类型的变量*/
struct student *p;
p=&stu1;                    /*使p指向结构体变量stu1*/
```

利用结构体指针变量引用成员的方式（设 p 为结构体指针变量）：(*p).成员名或 p->成员名。例如：(*p).score 或者 p->score。

说　明

（1）(*p) 标识指针变量所指对象，( )是必需的，因为"*"的优先级低于"."，若去掉圆括号则意义就完全改变了。

（2）习惯采用指向运算符->访问结构体变量的各个成员。

【例 8.4】 分析下列程序的运行结果：

```
#include <stdio.h>
struct student
{
    char num[20];             /*学号*/
    char name[20];            /*姓名*/
    int score;                /*成绩*/
```

```
/*定义结构体变量 stu1 并初始化，定义结构体指针变量 p*/
}stu1={"1001","Zhao",90},*p;
int main()
{
    p=&stu1;                    /*使 p 指向 stu1*/
    printf("学号：%s\n 姓名：%s\n 成绩：%d\n\n",stu1.num,stu1.name,
          stu1.score);
    printf("学号：%s\n 姓名：%s\n 成绩：%d\n\n",(*p).num,(*p).name,
          (*p).score);
    printf("学号：%s\n 姓名：%s\n 成绩：%d\n\n",p->num,p->name,p->score);
    return 0;
}
```

程序运行结果如下：

```
C:\WINDOWS\system32\cmd.exe
学号：1001
姓名：Zhao
成绩：90

学号：1001
姓名：Zhao
成绩：90

学号：1001
姓名：Zhao
成绩：90

请按任意键继续. . .
```

程序中定义了一个结构体类型 struct student，然后用该结构体类型定义了一个结构体变量 stu1 并做了初始化赋值，还定义了一个指向 struct student 类型的指针变量 p。在 main 函数中，p 被赋予 stu1 的地址，也就是 p 指向 stu1，然后在 printf 语句中用 3 种形式输出了 stu1 的各个成员值。从运行结果可以看出：

```
结构体变量.成员名
(*结构体指针变量).成员名
结构体指针变量->成员名
```

这 3 种用于表示结构体成员的形式是完全等价的。

结构体指针变量也可以指向结构体数组的元素，这时结构体指针变量的值是该结构体数组元素的地址。设 ps 为指向结构体的指针变量，若将该结构体数组的首地址（即 0 号元素地址）赋给 ps，则 ps+1 指向 1 号元素，ps+i 指向 i 号元素。这与普通数组的情况是一致的。

【例 8.5】 用指针变量输出结构体数组。

参考程序代码如下：

```
#include <stdio.h>
struct student
{
    char num[20];                    //学号
    char name[20];                   //姓名
    int score;                       //成绩
}ss[5]={{"1001","Zhao",90},{"1002","Qian",80},{"1003","Sun",90},{"
```

```
        1004","Li",80},{"1005","Zhou",70}};
int main()
{
    struct student *ps;
    printf("学号\t 姓名\t 成绩\n");
    for(ps=ss;ps<ss+5;ps++)        //使用结构体指针依次间接访问每个元素
        printf("%s\t%s\t%d\n",ps->num,ps->name,ps->score);
    return 0;
}
```

程序运行结果如下：

```
C:\WINDOWS\system32\cmd.exe
学号    姓名    成绩
1001    Zhao    90
1002    Qian    80
1003    Sun     90
1004    Li      80
1005    Zhou    70
请按任意键继续. . .
```

在程序中，定义并初始化了 struct student 类型的结构体数组 ss。main 函数内定义 ps 为指向 struct student 类型数据的指针变量。循环语句 for 的表达式 1 中，ps 被赋予 ss 数组的首地址，然后循环 5 次，依次输出 ss 数组中各成员值。

注 意

一个结构体指针变量虽然可以访问结构体变量或结构体数组元素的成员，但是不能使它指向结构体数组的某一个成员，也就是说，不允许取一个成员的地址来赋予它。因此，赋值语句 ps=&ss[1].score;是错误的。

结构体变量可以作为函数参数进行整体传递，但是这种传递是将全部成员逐个传递，传递的时间和空间开销很大，严重地降低了程序的效率。因此最好使用指针，即用结构体指针作为函数参数进行传递。这时由实参传向形参的只是地址，从而减少了时间和空间的开销。

【例 8.6】 使用结构体指针作为函数参数，使用结构体数组建立学生信息表。

参考程序代码如下：

```
#include <stdio.h>
#define N 50                              //宏定义，结构体数组长度为 50
#define STUDENT struct student            //宏定义，STUDENT 代表 struct stduent
struct student                            //定义学生结构体类型
{
    char num[20];                         //学号
    char name[20];                        //姓名
    int score;                            //成绩
};
int main()
{
    int i,n;
    char number[20];
    STUDENT ss[N];                            //定义结构体数组
```

```
    void input(STUDENT *ps,int n);    //函数原型声明
    void output(STUDENT *ps,int n);
    printf("建立学生信息表\n");
    printf("请输入学生人数:");
    scanf("%d",&n);                   //输入学生人数
    input(ss,n);
    printf("学生信息如下：\n");
    output(ss,n);
    return 0;
}
void input(STUDENT *ps,int n)         //输入学生信息，建立学生信息表
{
    int i;
    for(i=0;i<n;i++,ps++)
    {
      printf("请输入第%d 名学生的信息:\n",i+1);
      printf("学号：");
      scanf("%s",ps->num);
      printf("姓名：");
      scanf("%s",ps->name);
      printf("成绩：");
      scanf("%d",&ps->score);
    }
}
void output(STUDENT *ps,int n)        //输出学生信息
{
    int i;
    printf("学号\t 姓名\t 成绩\n");
    for(i=0;i<n;i++,ps++)
       printf("%s\t%s\t%d\n",ps->num,ps->name,ps->score);
}
```

程序运行结果如下：

```
C:\WINDOWS\system32\cmd.exe
建立学生信息表
请输入学生人数:3
请输入第1名学生的信息:
学号：1001
姓名：Zhao
成绩：90
请输入第2名学生的信息:
学号：1002
姓名：Qian
成绩：80
请输入第3名学生的信息:
学号：1003
姓名：Sun
成绩：90
学生信息如下:
学号    姓名    成绩
1001    Zhao    90
1002    Qian    80
1003    Sun     90
请按任意键继续. . .
```

结构体类型定义在函数外，在整个源程序中有效。本程序中定义了函数 input 及 output，它们的第一个形参为结构体指针变量 ps。ss 作为实参调用函数 input 及 output，由实参传向形参的只是地址，从而减少了时间和空间的开销。

同时，指针作为函数参数，实参向形参传递地址，使实参和形参共同指向相同的存储单元，从而使主调函数和被调函数共享存储单元中的数据。所以被调函数可以改变主调函数中的结构体数组。

请完成学生信息的插入、删除、查询、修改等操作。

8.2　解决应用问题：建立体测信息表

【例 8.7】 某班进行体育测验（简称体测），男生测验引体向上（采用百分制），女生测验柔韧度（采用五分制，分 A、B、C、D、E，共 5 个等级）。

男生体测信息表如表 8-1 所示，包括学号、姓名、性别及引体向上成绩。

表 8-1　男生体测信息表

学号	姓名	性别	引体向上成绩
1001	Zhao	M	100
1002	Qian	M	90
1005	Zhou	M	95

女生体测信息表如表 8-2 所示，包括学号、姓名、性别及柔韧度成绩。

表 8-2　女生体测信息表

学号	姓名	性别	柔韧度成绩
1003	Sun	F	B
1004	Li	F	A

现需将这两张体测信息表放在一张表中。

由于引体向上成绩与柔韧度成绩类型不一致，因此只能在表中多加一列，如表 8-3 所示。

表 8-3　男女生体测信息表

学号	姓名	性别	引体向上成绩	柔韧度成绩
1001	Zhao	M	100	
1002	Qian	M	90	
1003	Sun	F		B
1004	Li	F		A
1005	Zhou	M	95	

表 8-3 中，男生没有柔韧度成绩，女生没有引体向上成绩。不管男生信息还是女生

信息，总有空间是浪费的。

当今社会，共享概念逐渐深入人心。在这里，可以使用共用体实现空间共享。

8.2.1 共用体

共用体又称联合体，是使几个不同类型的变量共同占用同一段内存的结构。共用体类型的定义形式与结构体类似。

1. 共用体类型的定义

共用体类型定义的一般形式如下：

```
union 共用体名
{
    数据类型 成员名1;
    数据类型 成员名2;
        …
};
```

例如：

```
union data
{
    char c;
    int i;
    double d;
};
```

其定义了一个名为 union data 的共用体，它有 3 个成员 c、i、d，分别为字符型、整型、双精度数据类型。共用体类型定义后，即可使用该类型定义变量。

2. 共用体变量的定义

共用体变量的定义与结构体变量的定义类似，也有 3 种方法。

（1）在定义共用体类型的同时定义共用体变量。其一般形式如下：

```
union 共用体名
{
    成员列表;
}变量名列表;
```

例如：

```
union data
{
    char c;
    int i;
    double d;
}x,y;
```

（2）在定义共用体类型之后，再定义共用体变量。其一般形式如下：

```
union 共用体名
{
```

```
    成员列表;
};
union 共用体名 变量名列表;
```

例如：

```
union data
{
    char c;
    int i;
    double d;
};
union data x,y;
```

（3）直接定义共用体类型变量。其一般形式如下：

```
union
{
    成员列表
}变量名列表;
```

例如：

```
union
{
   char c;
   int i;
   double d;
}x,y;
```

定义共用体类型与变量后，编译系统按照成员中占据存储字节数最多的成员分配存储空间。类似结构体变量，共用体变量的内存分配也要符合字节对齐机制。

（1）共用体变量的内存必须大于或等于其成员变量中大数据类型（包括基本数据类型和数组）的大小。

（2）共用体变量的内存必须是最大基本数据类型的整数倍，如果不是，则填充字节。

3. 共用体变量的引用

类似结构体，引用共用体变量成员的一般形式也有三种：共用体变量名.成员名、*共用体指针变量名.成员名和共用体指针变量名->成员名。

例如：

```
union data x;
union data *p;
p=&x;
p->d=10.0;
x.i=10;
```

因为共用体成员通过覆盖方式共享存储空间，一个变量的瞬时值只能是一个类型的成员值，所以对共用体赋值及引用，同一时刻只能对一个成员进行操作。这与结构体变量是截然不同的。

说　明

（1）共用体变量初始化与赋值。共用体变量初始化时，在初始化表中只能有任一成员类型的常量，不能期望同时给各个成员提供初始数据。

如果有多次赋值，共用体变量中只是最后一次所赋的值，即后面的赋值覆盖前面的赋值。

（2）共用体变量的地址和成员的地址是同一地址，因为各个成员共享存储空间。

【例 8.8】 分析下列程序的运行结果：

```
#include <stdio.h>
int main()
{
    union cn
    {
        short b;
        char c;
    }t;
    t.b=8;
    t.c='a';
    printf("%d\n",t.b);
    printf("%d\n",t.c);
    return 0;
}
```

程序运行结果如下：

```
C:\WINDOWS\system32\cmd.exe
97
97
请按任意键继续. . .
```

共用体各个成员共享同一内存空间。共用体变量中起作用的成员是最后一次存放的成员，再存入一个新的成员后原有的成员就会失去作用。

8.2.2 共用体的应用

【例 8.9】 建立体测信息表。

为实现空间共享，可以将表 8-3 中男女生的成绩列合并，如表 8-4 所示。

表 8-4 体测信息表

学号	姓名	性别	引体向上/柔韧度成绩
1001	Zhao	M	100
1002	Qian	M	90
1003	Sun	F	B
1004	Li	F	A
1005	Zhou	M	95

分析：表格中，女生和男生所包含的信息有所不同。男生为姓名、学号、性别、引体向上成绩；女生为姓名、学号、性别、柔韧度成绩。

如果将每个人的信息看作一个结构体变量，那么男生和女生的前3个成员是一样的，第 4 个成员可能是引体向上成绩或者柔韧度成绩。当第 3 个成员变量的值是 M 的时候，第 4 个成员变量就是引体向上成绩；当第 3 个成员变量的值是 F 的时候，第 4 个成员变量就是柔韧度成绩。

经过上面的分析，可以设计一个包含共用体的结构体来解决这个问题。

参考程序代码如下：

```
#include <stdio.h>
#define N 5                    //人数
struct student
{
    char num[20];
    char name[20];
    char sex;
    union score
    {
        int pull_up;           //引体向上成绩
        char softness;         //柔韧度成绩
    }sc;
}st[N];
int main()
{
    int i;
    for(i=0;i<N;i++)
    {
        printf("请输入第%d位同学的学号 姓名 性别:",i+1);
        scanf("%s %s %c",st[i].num,st[i].name,&st[i].sex);
        if(st[i].sex=='m'||st[i].sex=='M')          //如果是男生
        {
            printf("请输入这位男生的引体向上成绩(百分制):");
            scanf("%d",&st[i].sc.pull_up);
        }
        else                                        //如果是女生
        {
            printf("请输入这位女生的柔韧度等级：");
            scanf(" %c",&st[i].sc.softness);
        }
    }
    printf("学生体测信息如下：\n");
    printf("学号\t姓名\t性别\t引体向上/柔韧度\n");
    for(i=0;i<N;i++)                                //输出体测表
    {
        printf("%s\t%s\t",st[i].num,st[i].name);
```

```
            if(st[i].sex=='m'||st[i].sex=='M')          //如果是男生
                printf("男\t%d\n",st[i].sc.pull_up);
            else
                printf("女\t%c\n",st[i].sc. softness);
        }
        return 0;
    }
```

程序运行结果如下：

```
C:\WINDOWS\system32\cmd.exe
请输入第1位同学的学号 姓名 性别:1001 Zhao M
请输入这位男生的引体向上成绩(百分制):100
请输入第2位同学的学号 姓名 性别:1002 Qian M
请输入这位男生的引体向上成绩(百分制):90
请输入第3位同学的学号 姓名 性别:1003 Sun F
请输入这位女生的柔韧度等级: B
请输入第4位同学的学号 姓名 性别:1004 Li F
请输入这位女生的柔韧度等级: A
请输入第5位同学的学号 姓名 性别:1005 Zhou M
请输入这位男生的引体向上成绩(百分制):95
学生体测信息如下:
学号     姓名     性别     引体向上/柔韧度
1001     Zhao     男       100
1002     Qian     男       90
1003     Sun      女       B
1004     Li       女       A
1005     Zhou     男       95
请按任意键继续. . .
```

8.3 解决工程问题：五色球组合问题

【例 8.10】 口袋中有红、黄、蓝、白、黑 5 种颜色的球若干，从口袋中取出 3 个球，问得到 3 种不同颜色的球的可能取法，并输出每种组合的 3 种颜色。

现实中存在一些可列举的数据对象，如一周有星期一、星期二、星期三、星期四、星期五、星期六、星期日，颜色有红、橙、黄、绿、青、蓝、紫等。这种数据对象只可列举，不具有数值关系，似乎难以在计算机中处理。C 语言允许将这类数据定义为枚举类型，能方便地进行处理。

所谓“枚举”是指将变量的值一一列举出来，即变量的值只限于列举出的值的范围。枚举类型与枚举变量的定义同结构体类似，但枚举类型是一种基本数据类型，而不是一种构造类型，因为它不能再分解为任何基本类型。

8.3.1 枚举类型

枚举类型定义的一般形式如下：

```
enum 枚举名{ 枚举值表 };
```

在枚举值表中应罗列出所有可用值。这些值也称为枚举元素。例如：

```
enum weekday{sun,mon,tue,wed,thu,fri,sat};
```

该枚举类型为 enum weekday，枚举值共有 7 个，即一周中的七天。凡被说明为 enum weekday 类型变量的取值只能是七天中的某一天。

同结构体变量一样，枚举变量也有 3 种不同的定义方式。

例如：设有变量 a、b、c 被定义为上述 enum weekday 枚举类型，则可采用下述方式之一：

```
enum weekday{sun,mon,tue,wed,thu,fri,sat};                        //方式1
enum weekday workday, week_end;
enum weekday{sun,mon,tue,wed,thu,fri,sat}workday, week_end; //方式2
enum {sun,mon,tue,wed,thu,fri,sat}workday, week_end;         //方式3
```

注　意

（1）枚举元素作为常量，它们是有值的，C 语言编译按定义时的顺序使它们的值为 0,1,2,……

在上面的定义中，sun 的值为 0，mon 的值为 1……sat 的值为 6。如果有赋值语句：

```
workday=mon;
```

则 workday 变量的值为 1。这个整数是可以输出的。例如，printf("%d"，workday);将输出整数 1。

枚举类型定义时，程序员可以改变枚举元素的值，如 enum weekday{sun=7, mon=1, tue,wed,thu,fri,sat}workday，week_end;定义 sun 为 7，mon 为 1，以后顺序加 1，sat 为 6。

（2）枚举值是常量，不是变量，不能在程序中用赋值语句对它再次赋值。例如，对枚举类型 enum weekday 的元素再做以下赋值都是错误的：

```
sun=5;
mon=2;
sun=mon;
```

（3）枚举值可以用来进行判断比较。例如：

```
if(workday==mon)…
if(workday>sun)…
```

枚举值的比较规则：按其在定义时的顺序号进行比较。如果定义时未人为指定，则第一个枚举元素的值认作 0。故 mon 大于 sun，sat 大于 fri。

（4）只允许将枚举值赋予枚举变量，不允许将元素的数值直接赋予枚举变量。workday=mon;是合法的，但 workday=1;是非法的。如果一定要将数值赋予枚举变量，则必须使用强制类型转换。例如：

```
workday=(enum weekday)1;
```

其意义是将顺序号为 1 的枚举元素赋予枚举变量 workday，等价于 workday=mon;。

（5）枚举元素不是字符常量，也不是字符串常量，使用时不要加单引号、双引号。

8.3.2　枚举类型的应用

【例 8.11】　使用枚举类型实现五色球组合问题。

分析：球只能是 5 种颜色之一，而且要判断各球是否同色，应该用枚举类型变量处理。先定义 5 种颜色的枚举类型，再定义 3 个枚举类型变量 i、j、k 分别表示 3 个球的颜色值，然后用穷举法求取出 3 个球的颜色。用 n 累计得到不同色球的次数。

三重循环实现穷举，外循环使第一个球 i 从 red 变到 black，第二层循环使第二个球 j 从 red 变到 black，若 i 和 j 同色则不可取，只有 i 和 j 不同色（i≠j）时才需要继续找第三个球，此时内循环使第三个球 k 从 red 变到 black，但也要求第三个球既不能与第一个球同色，也不能与第二个球同色，即 k≠i 且 k≠j。如果满足以上条件就输出这种三色的组合方案，同时 n 加 1。外循环执行完毕，全部方案也就输出完毕。最后输出总数 n。

参考程序代码如下：

```
#include <stdio.h>
int main( )
{
    enum color{red,yellow,blue,white,black}i,j,k,pri;    //枚举类型
    int n=0,loop;
    for(i=red;i<=black;i=(enum color)(i+1))              //穷举法
       for(j=red;j<=black;j=(enum color)(j+1))
          if(i!=j)
              for(k=red;k<=black;k=(enum color)(k+1))
                 if((k!=i)&&(k!=j))
                 {
                    n=n+1;
                    printf("%-4d",n);
                    for(loop=1;loop<=3;loop++)
                    {
                       switch(loop)
                       {
                          case 1:pri=i;break;
                          case 2:pri=j;break;
                          case 3:pri=k;break;
                       }
                       switch(pri)
                       {
                          case red:printf("%-10s","red");break;
                          case yellow:printf("%-10s","yellow");break;
                          case blue:printf("%-10s","blue");break;
                          case white:printf("%-10s","white");break;
                          case black:printf("%-10s","black");break;
                          default:break;
                       }
                    }
             printf("\n");
                 }
    printf("\ntotal=%5d\n", n);
    return 0;
}
```

程序运行结果如下：

```
C:\WINDOWS\system32\cmd.exe
34  blue      black     red
35  blue      black     yellow
36  blue      black     white
37  white     red       yellow
38  white     red       blue
39  white     red       black
40  white     yellow    red
41  white     yellow    blue
42  white     yellow    black
43  white     blue      red
44  white     blue      yellow
45  white     blue      black
46  white     black     red
47  white     black     yellow
48  white     black     blue
49  black     red       yellow
50  black     red       blue
51  black     red       white
52  black     yellow    red
53  black     yellow    blue
54  black     yellow    white
55  black     blue      red
56  black     blue      yellow
57  black     blue      white
58  black     white     red
59  black     white     yellow
60  black     white     blue

total=   60
请按任意键继续. . .
```

8.4　解决应用问题：打鱼晒网

【例 8.12】 俗语“三天打鱼两天晒网”，用来形容学习或做事时断时续，没有恒心，不能坚持下去。学习是一件持之以恒的事情，日积月累才能有质的飞跃，正所谓“不积跬步，无以至千里；不积小流，无以成江海”。要想在某一方面有所成就，必得经过坚持不懈的努力，不能“三天打鱼两天晒网”。

在本案例中，将对“三天打鱼两天晒网”进行一次深入分析。假设某人从 2000 年 1 月 1 日起开始三天打鱼两天晒网，请编写一个程序实现如下功能：从键盘输入 2000 年 1 月 1 日开始的任意一天，判断这一天此人是打鱼还是晒网。要求日期使用结构体变量存储，对应结构体类型的名称满足记忆习惯。

C 语言提供了丰富的数据类型，每一种类型都有规定的关键字，自定义的结构体、共用体、枚举类型也要使用规定的关键字和格式来定义。有些关键字可能不符合一些人的记忆习惯。

8.4.1　typedef 语句

C 语言中，类型重定义语句 typedef 可以给已有的数据类型取“别名”，以解决用户自定义数据类型名称的需求，提高 C 程序的移植性。

typedef 定义的一般形式如下：

```
typedef 原类型名  新类型名;
```

其中，typedef 为系统保留关键字，原类型名为已知数据类型名称，包括基本数据类型和用户自定义数据类型，新类型名一般用大写表示，以便于区别。

8.4.2 typedef 语句的应用

用 typedef 定义数组、指针、结构等类型很方便，书写简单，意义也更为明确，提升了程序的可读性。例如：

```
typedef char NAME[20];
```

其表示 NAME 是字符数组类型，数组长度为 20。

然后可用 NAME 说明变量，例如：

```
NAME a1,a2;
```

等价于

```
char a1[20],a2[20];
```

又如：

```
typedef struct date
{
    int year;
    int month;
    int day;
}DATE;
```

这里使用 DATE 表示 struct date 结构体类型的别名，然后就可以使用 DATE 定义结构体变量了，例如：

```
DATE today;
```

【例 8.13】 打鱼晒网。

分析：打鱼晒网的日期使用结构体变量进行存储；定义函数计算结构体变量中的日期距离 2000 年 1 月 1 日有多少天；结构体作为函数参数。

参考程序代码如下：

```
#include <stdio.h>
/*定义结构体类型 struct date，使用 typedef 为 struct date 起别名 DATE*/
typedef struct date
{
    int year;
    int month;
    int day;
}DATE;
int days(DATE today)
{
    int day_tab[2][13]=
    {
        /*每月的天数*/
        { 0, 31, 28, 31, 30, 31, 30, 31, 31, 30, 31, 30, 31, },
        { 0, 31, 29, 31, 30, 31, 30, 31, 31, 30, 31, 30, 31, },
    };
```

```
        int i,leap;
        leap=today.year%4==0&&today.year%100!=0||today.year%400==0;
        /*判定 year 为闰年还是平年，leap=0 为平年，leap=1 为闰年*/
        for(i=1;i<today.month;i++)           /*计算本年中自 1 月 1 日起的天数*/
            today.day+=day_tab[leap][i];
        return today.day;
    }
    int main()
    {
        DATE today,term;
        int yearday,year,day;
        printf("请输入日期(格式为 2000/1/1):\n");
        scanf("%d/%d/%d", &today.year, &today.month, &today.day);/*输入日期*/
        term.month=12;
        term.day=31;
        for(yearday=0,year=2000;year<today.year;year++)
        {
            term.year=year;
            yearday+=days(term);   /*计算从 2000 年至指定年的前一年共有多少天*/
        }
        yearday+=days(today);      /*加上指定年中到指定日期的天数*/
        day=yearday%5;             /*求余数*/
        if(day>0&&day<4)
            printf("今日打鱼!\n");
        else
            printf("今日晒网!\n");
        return 0;
    }
```

程序运行结果如下：

```
C:\WINDOWS\system32\cmd.exe
请输入日期(格式为2000/1/1):
2025/10/24
今日晒网!
请按任意键继续. . .
```

8.5　解决应用问题：学生信息管理

【例 8.14】 建立一个关于学生信息（包括学号、姓名）的单向链表，并实现对学生信息的遍历、插入及删除操作。

数组（包括结构体数组）采用顺序存储方式，优点是便于快速、随机地存取任意元素；缺点是对其进行插入或者删除操作时需要移动大量的数组元素。此外，由于在用数组存放数据时，一般需要事先定义好固定长度的数组，在数组元素个数不确定时，可能会发生浪费内存空间的情况。

链表可以根据需要动态地开辟内存空间，方便地进行插入和删除操作，故使用链表节省内存，操作效率高。

8.5.1 链表的概念

链表是指由若干组数据（每组数据称为一个“结点”）按照一定的规则连接起来的数据结构。每个结点都是相同类型的一个结构体变量，单独存放。结点由数据域和指针域组成。

单向链表也称单链表，是链表的一种，其每个结点只有一个指针域。数据域存放用户的数据，指针域存放下一个结点的首地址，即指向下一个结点。

单向链表有一个头指针，指向链表中的第一个结点，最后一个结点的指针域不指向任何结点，以空指针 NULL 表示该结点为链尾。图 8-3 所示就是一个单向链表，其中头指针 head 指向链表的第一个结点，每个结点都由数据域和指针域组成，尾结点的指针域设置为 NULL，作为链表结束的标志。

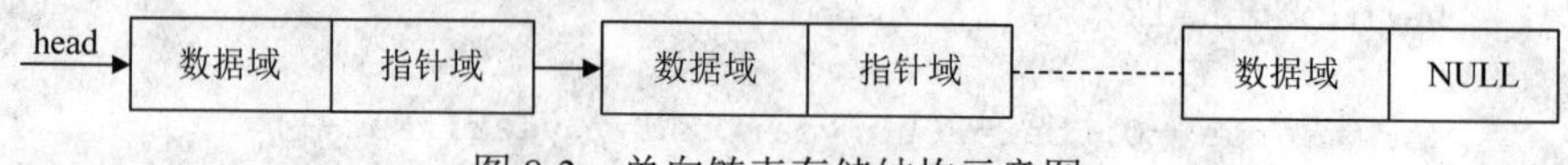

图 8-3　单向链表存储结构示意图

单向链表的链接方向是单向的，链表需要从第一个结点开始顺序访问。

链表中的各结点在内存中的存储区域不一定是连续的，其各结点的空间是在需要时向系统申请分配的，系统会根据内存的当前情况，连续分配或离散分配内存空间。

学生信息（包括学号、姓名）单向链表结点的类型定义如下：

```
struct student
{
    char num[20];
    char name[20];
    struct student *next;
};
```

在结构体类型 struct student 中，next 成员是指针，指向 struct student 类型的数据。

多个该类型的结点可以构造一个单向链表。在此链表中，每个结点都是 struct student 类型，它的 next 成员存放下一个结点的地址。

链表结点的存储空间是程序根据需要向系统申请的，它属于动态分配，需要使用第 7 章介绍的动态申请和释放内存空间的库函数：malloc 函数和 free 函数。这些内存管理函数可以按需动态分配内存空间，将不再使用的内存空间回收待用，为有效利用内存资源提供了手段。

8.5.2 链表的基本操作

链表的基本操作包括创建动态链表、遍历链表、插入结点和删除结点。

1. 创建动态链表

创建动态链表是指一个一个地开辟结点和输入结点数据，并建立起各结点前后相链接的关系。

创建动态链表的基本操作步骤如下。

（1）定义结点的数据类型。

（2）定义头指针 head。

（3）逐个动态分配新结点，采用头插法或尾插法链接到链表中。头插法是将新结点作为新的表头插入链表。尾插法是将新结点链接到链表的表尾。无论使用头插法还是尾插法，首先都要建立一个空表（head=NULL），然后在此空表的表头或表尾插入新结点。

下面使用尾插法建立单向链表存储学生信息。

【例 8.15】 建立一个有多名学生信息的单向链表。

参考程序代码如下：

```
#include <stdio.h>
#include <string.h>
#include <stdlib.h>
struct student
{
    char num[20];                          //学号
    char name[20];                         //姓名
    struct student *next ;                 //存放下一个结点的地址
};
struct student *creat();
int main( )
{
    struct student *head;
    head=creat();            //调用单链表创建函数，head 存放返回的链表头指针
    return 0;
}
struct student *creat()
{
    struct student *head,*p,*rear;
    head=rear=NULL;
    printf("请输入学生信息（学号 姓名），学号为 0 表示结束\n");
    //建立一个新结点
    p=(struct student *)malloc(sizeof(struct student));
    scanf("%s %s",p->num,p->name);
    while(strcmp(p->num,"0")!=0)       //将新结点链接到链表末尾
    {
        if(head==NULL)
            head=p;
        else
            rear->next=p;
        rear=p;
        p=(struct student *)malloc(sizeof(struct student));
        scanf("%s %s",p->num, p->name);
    }
    //如果尾结点非空，将尾结点的指针域置为空(NULL)
    if(rear!=NULL)
    {
```

```
        rear->next=NULL;
    }
    return head;                              //返回单向链表的头指针
}
```

结构体类型指针变量 head 指向表头（初值为空），p 指向新结点，rear 指向表尾（初值为空）。由于第一个结点比较特殊，其地址存放在头指针 head 中，因此需要判断 head 是否为空。如果 head 为空，表明此时插入的是第一个结点，需要将新结点的地址 p 赋给 head；否则，将新结点的地址 p 赋给尾结点的 next 指针域。新结点链接到链表末尾后，需要更新 rear，将 p 赋给 rear，以使 rear 始终指向尾结点。

2. 遍历链表

从链表第一个结点开始，沿着每个结点的指针域直到尾结点可以完成链表的遍历。在遍历链表过程中，可对结点进行输出或修改等操作。

【例 8.16】 以例 8.15 创建的链表为例，编写函数实现学生信息的输出。

参考程序代码如下：

```
//从 head 所指的第一个结点出发，顺序输出各个结点
void print_stu(struct student *head)
{
    struct student *p;
    if(head==NULL)                                      //链表为空表
        printf("没有记录！");
    else
    {
        p=head;                                         //使 p 指向第一个结点
        printf("学生信息为：\n 学号\t 姓名\n");
        while(p!=NULL)                                  //p 所指结点非空时循环
        {
            printf("%s\t%s\n",p->num,p->name);      //输出 p 所指结点的数据
            p=p->next;                                  //使 p 指向下一个结点
        }
    }
}
```

head 的值由实参传递，在 print_stu 函数中从 head 所指的第一个结点出发，顺序输出各个结点。

3. 插入结点

链表中插入结点的基本操作步骤如下。

（1）寻找插入位置：找到新结点应该插在哪个结点之后，以备插入。

（2）执行插入操作：通过修改相关指针完成插入。

如图 8-4 所示，指针 p 初始指向表头，首先移动指针 q=p;，p=p->next;，直到找到插入点；然后在 q 与 p 之间插入结点 s，即 q->next=s;，s->next=p;。

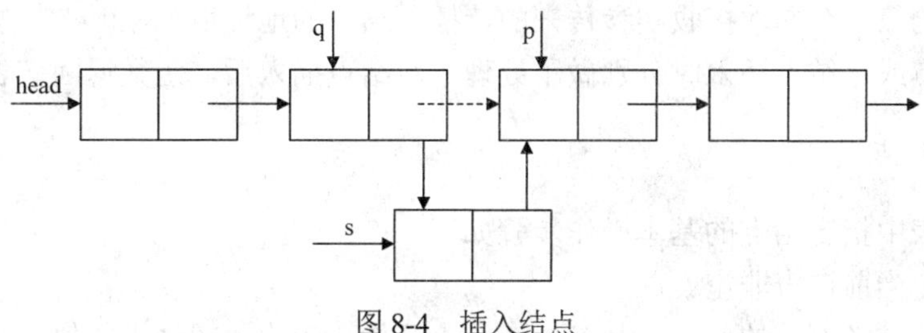

图 8-4　插入结点

以下几种特殊情况需要考虑。

（1）新结点 s 插入第一个结点之前。新结点成为第一个结点，原来的第一个结点成为第二个结点，即 head=s;，s->next=p;。

（2）新结点插入表尾结点之后，即作为尾结点插入。

（3）原链表为空。将新结点 s 作为唯一结点链入链表，即 head=s;，s->next=NULL;。

【例 8.17】 以例 8.15 创建的链表为例，编写函数实现学生信息的插入操作。

参考程序代码如下：

```
struct student *insert_stu(struct student *head,struct student *s)
{
    struct student *p,*q;
    p=head;                          //指针 p 指向表头
    if(head==NULL)                   //链表为空时，作为唯一结点插入链表
    {
        head=s;
        s->next=NULL;
    }
    else
    {
        while(strcmp(s->num,p->num)>0&&(p->next!=NULL))//寻找插入位置
        {   q=p;
            p=p->next;
        }
        if(strcmp(s->num,p->num)<0)
        {
            if(p==head)              //作为第一个结点插入
                head=s;
            else                     //作为中间结点插入
                q->next=s;
            s->next=p;
        }
        else                         //作为尾结点插入
        {
            p->next=s;
            s->next=NULL;
        }
    }
    return head;
}
```

该函数的第二个参数接收实参传来的待插入结点的地址值，对新结点作为第一个结点、中间结点或尾结点插入时分别做了处理。新结点插入后，函数返回链表的首地址。

4. 删除结点

删除链表中指定结点的基本操作步骤如下。

（1）确定当前链表非空。

（2）查找准备删除的结点：从第一个结点开始，依次比较结点的值。

（3）找到结点后，修改结点的链接关系。

（4）删除该结点后，释放该结点所占内存空间。

如图 8-5 所示，利用指针变量 p 指向第一个结点，移动指针变量寻找符合条件的结点，在此过程中，指针变量 q 总是指向 p 所指结点的前驱。当指针变量 p 指向的结点就是待删除的结点时，修改其前驱结点的 next 成员值（q->next=p->next），改变其链接关系，即可删除结点。

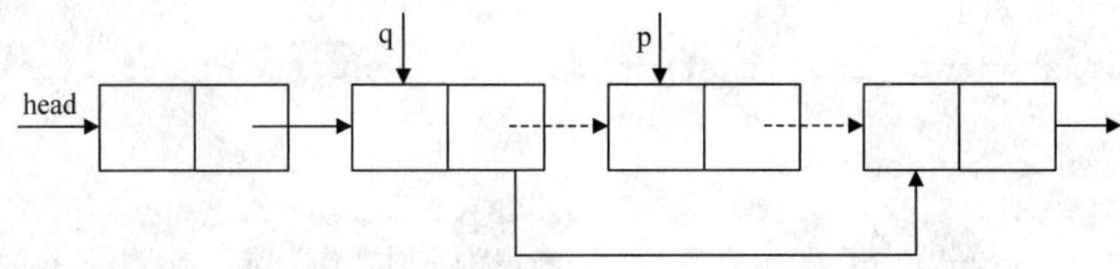

图 8-5　单向链表的删除操作

此外，还有以下几种特殊情况需要考虑。

（1）若删除的结点是第一个结点，则直接将头指针 head 改为指向第二个结点。

（2）若找不到删除的结点，则应输出提示信息。

（3）若链表为空，则应输出提示信息。

【例 8.18】 以例 8.15 创建的链表为例，编写函数实现学生信息的删除操作。

参考程序代码如下：

```
struct student *delete_stu(struct student *head,char num[])
{
    struct student *p,*q;
    p=head;
    if(head==NULL)
        printf("链表为空！");
    while(strcmp(num,p->num)!=0&&(p->next!=NULL))
    {
        q=p;
        p=p->next;
    }
    if(strcmp(num,p->num)==0)
    {
        if(p==head)
            head=p->next;
        else
```

```
            q->next=p->next;
        printf("已删除\n");
        free(p);
    }
    else
        printf("无该生信息！\n");
    return head;
}
```

函数 delete_stu 中的第二个形参接收学生的学号，根据学生的学号删除学生信息。函数返回值是链表头指针。

请将以上学生信息的建立、输出、插入、删除函数编写在一个 C 语言源程序中，主调函数将对它们进行调用，实现对学生信息的管理。

8.6　解决工程问题：学生信息管理系统

【例 8.19】 模拟开发一个学生信息管理系统，该系统的功能需求如下。

（1）添加学生信息，包括学号、姓名、语文成绩和数学成绩。

（2）显示学生信息，将所有学生信息打印输出。

（3）修改学生信息，可以根据姓名查找学生，修改学生姓名、成绩项。

（4）删除学生信息，可以根据学号查找学生，然后将其信息删除。

（5）查找学生信息，根据学生姓名，将其信息打印输出。

（6）按照学生总成绩从高到低排序。

分析：学生信息包括学号、姓名和成绩等不同数据类型的属性，因此需要定义一个学生类型的结构体。在存储学生信息时，可选用数组或链表，考虑学生要根据总成绩来排序，为方便排序，选用数组来存储学生信息。

在此学生信息管理系统中，需要实现 7 个功能模块：添加记录、显示记录、修改记录、删除记录、查找记录、排序及退出系统。每个模块由不同的函数实现，具体如下。

（1）添加记录——add 函数。

当用户在功能菜单中选择数字 1 时，会调用 add 函数进入添加记录模块，提示用户输入学生的学号、姓名、语文成绩、数学成绩。

当用户输入完毕后，会提示是否继续添加，Y 表示继续，N 表示返回。

注 意

在添加学号时不能重复，如果输入重复的学号，会提示此学号存在。

（2）显示记录——showAll 函数。

当用户在功能菜单中选择数字 2 时，会调用 showAll 函数进入显示记录模块，并输出所有学生的学号、姓名、语文成绩、数学成绩和成绩总和。

（3）修改记录——modify 函数。

当用户在功能菜单中选择数字 3 时，会调用 modify 函数进入修改记录模块，输入要修改的学生姓名，如果学生信息存在即可修改除学号以外的其他信息，否则输出该学生不存在。

（4）删除记录——del 函数。

当用户在功能菜单中选择数字 4 时，会调用 del 函数进入删除记录模块，对学生学号进行判断，如果学号存在就删除该生的所有信息，否则输出“没有找到该生的记录”。

（5）查找记录——search 函数。

当用户在功能菜单中输入数字 5 时，会调用 search 函数进入查找记录模块，在该模块中输入要查找的学生姓名，如果该学生存在则输出该学生的全部信息，否则输出没有找到该学生的记录。

（6）排序——sort 函数。

当用户在功能菜单中输入数字 6 时，会调用 sort 函数进入排序记录模块，该模块会输出所有学生的信息，并按总成绩由高到低进行排序。

参考程序代码如下：

```
#include <stdio.h>
#include <string.h>
#define HH printf("%-20s%-20s%-10s%-10s%-10s\n","学号","姓名","语文成
                  绩","数学成绩","总分")
struct student                          //学生信息结构体类型
{
   char num[20];                        //学号
   char name[20];                       //姓名
   int chinese;                         //语文成绩
   int math;                            //数学成绩
   int sum;                             //总分
};
static int n;                           //记录学生信息条数
void menu();
void add(struct student stu[]);         //函数声明
void show(struct student stu[], int i);
void showAll(struct student stu[]);
void modify(struct student stu[]);
void del(struct student stu[]);
void search(struct student stu[]);
void sort(struct student stu[]);
int main()
{
   struct student stu[50];  //保存学生记录，最多保存 50 条
   int select,quit=0;
   while(1)
   {
      menu();                 //调用子函数 menu 输出菜单选项
      scanf("%d",&select);  //将用户输入的选择保存到 select
      switch (select)
      {
         case 1:              //用户选择 1，即添加记录，会转到这里来执行
```

```
            add(stu);          //调用子函数 add，同时传递数组名 stu
            break;
        case 2:                //用户选择 2，即显示记录，会转到这里来执行
            showAll(stu);      //调用子函数 showAll，同时传递数组名 stu
            break;
        case 3:                //用户选择 3，即修改记录，会转到这里来执行
            modify(stu);       //调用子函数 modify，同时传递数组名 stu
            break;
        case 4:                //用户选择 4，即删除记录，会转到这里来执行
            del(stu);          //调用子函数 del，同时传递数组名 stu
            break;
        case 5:                //用户选择 5，即查找记录，会转到这里来执行
            search(stu);       //调用子函数 search，同时传递数组名 stu
            break;
        case 6:                //用户选择 6，即排序记录，会转到这里来执行
            sort(stu);         //调用子函数 sort，同时传递数组名 stu
            break;
        case 0:                //用户选择 0，即退出系统，会转到这里来执行
            quit=1;            //将 quit 的值修改为 1，表示可以退出死循环了
            break;
        default:
            printf("请输入 0-6 之间的数字\n");
            break;
        }
        if(quit==1)
            break;
        printf("按任意键返回主菜单！\n");
        getchar();                  //提取缓冲区中的回车符
        getchar();                  //起到暂停的作用
    }
    printf("程序结束！\n");
    return 0;
}
void menu()
{
    system("cls");                  //清空屏幕控制台
    printf("\n");
    printf("\t\t --------------学生信息管理系统--------------\n");
    printf("\t\t|\t\t 1 添加记录                  |\n");
    printf("\t\t|\t\t 2 显示记录                  |\n");
    printf("\t\t|\t\t 3 修改记录                  |\n");
    printf("\t\t|\t\t 4 删除记录                  |\n");
    printf("\t\t|\t\t 5 查找记录                  |\n");
    printf("\t\t|\t\t 6 排序记录                  |\n");
    printf("\t\t|\t\t 0 退出系统                  |\n");
    printf("\t\t ------------------------------------------\n");
    printf("\t\t 请选择(0-6):");
}
```

```
void add(struct student stu[])
{
    int i;                          //i 作为循环变量
    char num[20];                   //num 用来保存新学号
    char quit;                      //保存是否退出的选择
    do
    {
        printf("学号：");
        scanf("%s",num);
        for(i=0;i<n;i++)
        {
            if(strcmp(num,stu[i].num)==0) //假如新学号等于数组中某生的学号
            {
                printf("此学号存在！\n");
                return;
            }
        }
        strcpy(stu[i].num,num);
        printf("姓名：");
        scanf("%s",stu[i].name);
        printf("语文成绩：");
        scanf("%d",&stu[i].chinese);
        printf("数学成绩：");
        scanf("%d",&stu[i].math);
        stu[i].sum=stu[i].chinese+stu[i].math;          //计算出总成绩
        n++;                                            //记录条数加 1
        printf("是否继续添加?(Y/N)");
        scanf("\t%c",&quit);
    } while(quit!='N'&&quit!='n');
}
void show(struct student stu[], int i)
{
    printf("%-20s", stu[i].num);
    printf("%-20s", stu[i].name);
    printf("%-10d", stu[i].chinese);
    printf("%-10d", stu[i].math);
    printf("%-10d\n", stu[i].sum);
}
void showAll(struct student stu[])
{
    int i;
    HH;
    for(i=0;i<n;i++)
    {
        show(stu,i);
    }
}
void modify(struct student stu[])
```

```
{
    char name[20], ch;        //name 用来保存姓名，ch 用来保存是否退出的选择
    int i;
    printf("修改学生的记录。\n");
    printf("请输入学生的姓名：");
    scanf("%s",&name);
    for(i=0;i<n;i++)
    {
        if(strcmp(name,stu[i].name)==0)
        {
            getchar();          //提取并丢掉回车符
            printf("找到该生的记录，如下所示：\n");
            HH;                 //显示记录的标题
            show(stu,i);        //显示数组 stu 中的第 i 条记录
            printf("是否修改?(Y/N)\n");
            scanf("%c",&ch);
            if(ch=='Y'||ch=='y')
            {
                getchar();      //提取并丢掉回车符
                printf("姓名：");
                scanf("%s",stu[i].name);
                printf("语文成绩：");
                scanf("%d",&stu[i].chinese);
                printf("数学成绩：");
                scanf("%d",&stu[i].math);
                stu[i].sum=stu[i].chinese+stu[i].math;//总成绩
                printf("修改完毕。\n");
            }
            return;
        }
    }
    printf("没有找到该生的记录。\n");
}
void del(struct student stu[])
{
    int  i;
    char ch,num[20];
    printf("删除学生的记录。\n");
    printf("请输入学号：");
    scanf("%s", num);
    for(i=0;i<n;i++)
    {
        if(strcmp(num,stu[i].num)==0)
        {
            getchar();
            printf("找到该生的记录，如下所示：\n");
            HH;                         //显示记录的标题
            show(stu,i);                //显示数组 stu 中的第 i 条记录
```

```
            printf("是否删除?(Y/N)\n");
            scanf("%c",&ch);
            if(ch=='Y'||ch =='y')
            {
                for(;i<n;i++)
                    stu[i]=stu[i+1];     //被删除记录后面的记录均前移一位
                n--;                     //记录总条数减 1
                printf("删除成功! ");
            }
            return;
        }
    }
    printf("没有找到该生的记录! \n");
}
void search(struct student stu[])
{
    char name[8];
    int i;
    printf("查找学生的记录。\n");
    printf("请输入学生的姓名: ");
    scanf("%s",&name);
    for(i=0;i<n;i++)
    {
        if(strcmp(name,stu[i].name)==0)
        {
            printf("找到该生的记录，如下所示: \n");
            HH;                          //显示记录的标题
            show(stu,i);                 //显示数组 stu 中的第 i 条记录
            return;
        }
    }
    printf("没有找到该生的记录。\n");
}
void sort(struct student stu[])
{
    int i, j;
    struct student t;
    printf("按总成绩进行排序，");
    for(i=0;i<n-1;i++)                   //双重循环实现总分的比较与排序
    {
        for(j=0;j<n-1-i;j++)
        {
            if(stu[j].sum<stu[j+1].sum)
            {
                t=stu[j];
                stu[j]=stu[j+1];
                stu[j+1]=t;
            }
        }
    }
```

```
        printf("排序结果如下：\n");
        showAll(stu);                               //显示排序后的所有记录
    }
```

程序运行结果如下：

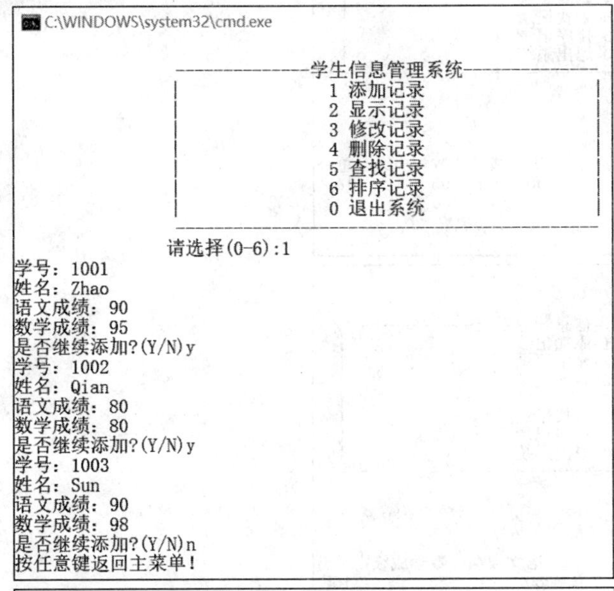

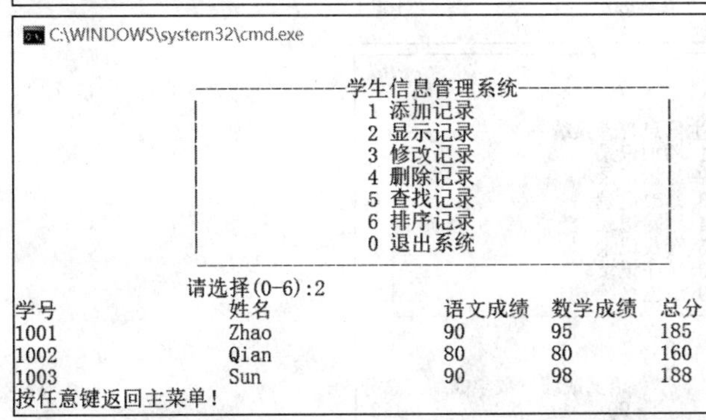

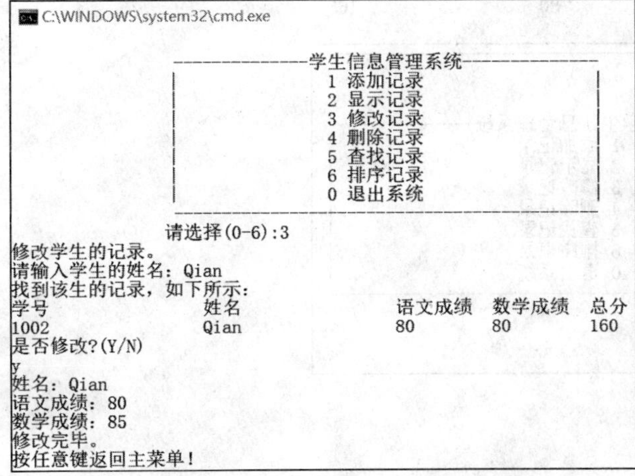

```
C:\WINDOWS\system32\cmd.exe

                  ----------------学生信息管理系统----------------
                  |                 1 添加记录                   |
                  |                 2 显示记录                   |
                  |                 3 修改记录                   |
                  |                 4 删除记录                   |
                  |                 5 查找记录                   |
                  |                 6 排序记录                   |
                  |                 0 退出系统                   |
                  ------------------------------------------------
                 请选择(0-6):4
删除学生的记录。
请输入学号：1001
找到该生的记录，如下所示：
学号                姓名                语文成绩    数学成绩    总分
1001                Zhao                90          95          185
是否删除?(Y/N)
y
删除成功！按任意键返回主菜单！
```

```
C:\WINDOWS\system32\cmd.exe

                  ----------------学生信息管理系统----------------
                  |                 1 添加记录                   |
                  |                 2 显示记录                   |
                  |                 3 修改记录                   |
                  |                 4 删除记录                   |
                  |                 5 查找记录                   |
                  |                 6 排序记录                   |
                  |                 0 退出系统                   |
                  ------------------------------------------------
                 请选择(0-6):5
查找学生的记录。
请输入学生的姓名：Qian
找到该生的记录，如下所示：
学号                姓名                语文成绩    数学成绩    总分
1002                Qian                80          85          165
按任意键返回主菜单！
```

```
C:\WINDOWS\system32\cmd.exe

                  ----------------学生信息管理系统----------------
                  |                 1 添加记录                   |
                  |                 2 显示记录                   |
                  |                 3 修改记录                   |
                  |                 4 删除记录                   |
                  |                 5 查找记录                   |
                  |                 6 排序记录                   |
                  |                 0 退出系统                   |
                  ------------------------------------------------
                 请选择(0-6):6
按总成绩进行排序，排序结果如下：
学号                姓名                语文成绩    数学成绩    总分
1003                Sun                 90          98          188
1002                Qian                80          85          165
按任意键返回主菜单！
```

```
C:\WINDOWS\system32\cmd.exe

                  ----------------学生信息管理系统----------------
                  |                 1 添加记录                   |
                  |                 2 显示记录                   |
                  |                 3 修改记录                   |
                  |                 4 删除记录                   |
                  |                 5 查找记录                   |
                  |                 6 排序记录                   |
                  |                 0 退出系统                   |
                  ------------------------------------------------
                 请选择(0-6):0
程序结束!
请按任意键继续. . .
```

习　题

一、选择题

1. 下列各项中，对结构体变量 stul 中成员 age 的引用，非法的是（　　）。

```
struct student
{
  int age;
  int num;
}stu1,*p;
p=&stu1;
```

A. stu1.age　　B. student.age　　C. p->age　　D. (*p).age

2. 设有以下定义：

```
struct
{
   char mark[12];
   int num1;
   double num2;
}t1,t2;
```

若变量均已正确赋初值，则下列语句中错误的是（　　）。

A. t1=t2;　　B. t2.num1=t1.num1;

C. t2.mark=t1.mark;　　D. t2.num2=t1.num2;

3. 设有以下定义：

```
typedef  struct  ST
{
   long a;
   int b;
   char c[2];
}NEW;
```

则下列叙述中正确的是（　　）。

A. 以上的定义形式非法　　B. ST 是一个结构体类型

C. NEW 是一个结构体类型　　D. NEW 是一个结构体变量

4. 有下列定义和语句：

```
struct workers
{
   int num;
   char name[20];
   char c;
   struct
   {
      int day;
      int month;
      int year;
   } s;
```

```
};
struct workers w,*pw;
pw=&w;
```

则能给 w 中 year 成员赋值 1980 的语句是（　　）。

A. *pw.year=1980;　　B. w.year=1980;

C. pw->year=1980;　　D. w.s.year=1980;

5. 有以下定义，如图 8-6 所示，指针 p、q、r 分别指向此链表中的 3 个连续结点。

```
struct node
{
    int data;
    struct node *next;
} *p,*q,*r;
```

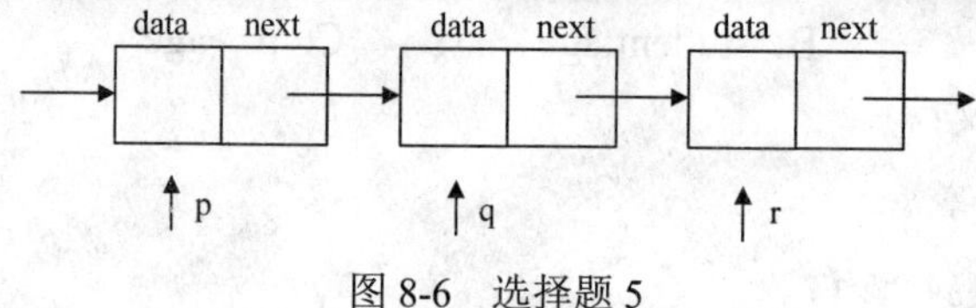

图 8-6　选择题 5

现将 q 所指结点从链表中删除，同时保持链表的连续，以下不能完成指定操作的语句是（　　）。

A. p->next=q->next;　　B. p->next=p->next->next;

C. p->next=r;　　D. p=q->next;

二、填空题

1. “.” 称为______运算符，“->” 称为______运算符。

2. 结构体数组的数组元素类型为______。

3. 设有如下定义：

```
struct sk
{
   int a;
   float b;
}data;
int *p;
```

若要使 p 指向 data 中的成员 a，正确的赋值语句是______。

4. 以下程序把 3 个 NODETYPE 型的变量链接成一个简单的链表，并在 while 循环中输出链表结点数据域中的数据。请填空。

```
#include <stdio.h>
struct node
{
   int data;
   struct node *next;
};
typedef struct node NODETYPE;
int main()
```

```
{
  NODETYPE a,b,c,*h,*p;
  a.data=10;
  b.data=20;
  c.data=30;
  h=&a;
  a.next=________;
  b.next=________;
  c.next=NULL;
  p=h;
  while(p!=NULL)
  {
     printf("%d\n",________);
     p=________;
  }
  return 0;
}
```

三、写出下列程序的运行结果

1. 程序代码如下：

```
#include <stdio.h>
#include <string.h>
struct A
{
   int a;
   char b[10];
   double c;
};
void  f(struct A *t);
int main()
{
   struct A a={1001,"ZhangDa",1098.0};
   f(&a);
   printf("%d,%s,%f\n",a.a,a.b,a.c);
   return 0;
}
void f(struct A *t)
{
   strcpy(t->b,"ChangRong");
}
```

2. 程序代码如下：

```
#include <stdio.h>
struct ord
{
   int x,y;
}dt[2]={1,2,3,4};
int main()
{
```

```
    struct ord *p=dt;
    printf("%d,",++(p->x));
    printf("%d\n",++(p->y));
    return 0;
}
```

3. 程序代码如下：

```
#include <stdio.h>
struct S
{
    int a,b;
}data[2]={10,100,20,200};
int main()
{
    struct S p=data[1];
    printf("%d\n",++(p.a));
    return 0;
}
```

4. 程序代码如下：

```
#include <stdio.h>
#include <string.h>
typedef struct
{
    char name[9];
    char sex;
    int score[2];
}STU;
STU f(STU a)
{
    STU b={"Zhao",'m',85,90};
    int i;
    strcpy(a.name,b.name);
    a.sex=b.sex;
    for(i=0;i<2;i++) a.score[i]=b.score[i];
    return a;
}
int main()
{
    STU c={"Qian",'f',95,92},d;
    d=f(c);
    printf("%s,%c,%d,%d,",d.name, d.sex, d.score[0], d.score[1]);
    printf("%s,%c,%d,%d\n",c.name, c.sex, c.score[0], c.score[1]);
    return 0;
}
```

四、编程题

1. 编写一个程序，从键盘输入个人信息，输出一张名片，名片内容包括姓名、职位、联系方式、公司名称、地址。

2. 统计候选人总得票数：假设有 2 名候选人，每次输入一个得票候选人的选票号，要求最后输出每名候选人的得票总数。

3. 学校准备开发一个学生信息管理系统，该系统有 3 个角色，分别为教务员、教师及学生，3 个角色的权限分别如下。

教务员：管理学生信息，如对学号、姓名、年龄、性别、籍贯、班级、宿舍等信息进行添加、修改、删除等操作。

教师：管理学生成绩，如添加成绩、修改成绩、对成绩进行排序等。

学生：查看自己的个人信息，并添加、修改手机号。

编写一个程序，模拟用户登录，如果是教务员，就提示进入学生信息管理页面，为学生添加学号；如果是教师，就提示进入学生成绩管理页面，为学生添加成绩；如果是学生，就提示进入个人信息查看页面，添加自己的手机号。

4. 设计开发一个小型的班级通信录管理系统，该系统至少具有如下功能。

（1）添加人员信息。

（2）显示所有人员的信息。

（3）查找人员信息。

（4）删除人员信息。

（5）修改人员信息。

5. 长江是中华民族的母亲河。长江文明源远流长，博大精深，为中华文明乃至世界文明作出了突出贡献。

长江沿岸的四大城市分别是重庆、武汉、南京、上海。

重庆是历史文化名城，有文字记载的历史达 3000 余年，是巴渝文化的发祥地。

武汉是楚文化的重要发祥地。春秋战国以来，武汉一直是中国南方的军事和商业重镇，近代史上数度成为全国政治、军事、文化中心。

南京，古称金陵，中华文明的重要发祥地之一，是中国南方的政治、经济、文化中心。

上海位于我国大陆海岸线中部的长江口，中国第一大城市，拥有中国最大的工业基地、最大的外贸港口，是中国大陆的经济、金融、贸易和航运中心。

请创建一个链表，将长江沿岸的四座城市串联起来，并对四座城市的历史和文化进行介绍。

第9章 编译与预处理

学习目标☞

（1）掌握常用的预处理命令的使用方法。

（2）掌握宏定义和宏替换的基本方法。

（3）掌握文件包含的处理方法。

（4）了解条件编译的作用和使用方法。

C语言允许源程序中包含预处理命令，即在正式编译之前，系统先对这些命令进行预处理，再对源程序进行编译处理。本章围绕输出彩色文字、图片像素计算、学生随机分班、多种硬件适配等案例展开，主要介绍无参宏定义、带参宏定义、文件包含、条件编译等内容，重点是理解C语言的预处理命令简化了某些程序的开发过程、提高了程序的可读性，有利于程序的移植和调试。

9.1 解决应用问题：输出彩色文字

C 语言的输出通常采用“黑底白字”或“白底黑字”，但看久了也会疲倦，能否将输出结果换成彩色的文字，或者设置一个彩色的背景？

C 语言当然可以是彩色的。可以调用 Windows.h 头文件下的 SetConsoleTextAttribute 函数改变文字和背景颜色。

其一般调用形式如下：

```
SetConsoleTextAttribute(HANDLE hConsoleOutput, WORD wAttributes);
```

其中，HANDLE 是 Windows 用来表示对象的句柄，是一个 void*类型的指针。使用时需要包含头文件 windows.h。hConsoleOutput 表示控制台缓冲区句柄，可以通过 GetStdHandle(STD_OUTPUT_HANDLE)获得。WORD 在 windows.h 中定义，等价于 unsigned short。wAttributes 表示文字颜色和背景颜色。使用低 4 位表示文字（前景）颜色，高 4 位表示文字背景颜色，所以其取值为 0x00～x0FF。

0～F 分别代表的颜色如下：0=黑色；1=淡蓝；2=淡绿；3=湖蓝；4=淡红；5=紫色；6=黄色；7=白色；8=灰色；9=蓝色；A=绿色；B=淡浅绿；C=红色；D=淡紫；E=淡黄；F=亮白。

在上面的函数中，颜色通过一个整数来设置，因此需要记忆数字与颜色的对应关系，或者通过查表获得颜色对应的数值，这种方式并不友好。可以用宏定义为每个颜色取一个方便记忆的名字，在编程中用名字代替数字。

9.1.1　无参宏定义

在 C 程序中用一个标识符来表示一个字符串，称为“宏”。被定义为“宏”的标识符称为“宏名”。在编译预处理时，对程序中所有出现的“宏名”，都用宏定义中的字符串去代换，称为“宏代换”。宏定义由源程序中的宏定义命令完成。宏代换由预处理程序自动完成。“宏”又分为带参宏和无参宏。

前文介绍的符号常量的定义就是一种无参宏定义，无参宏的宏名后不带参数。其定义的一般形式如下：

```
#define  标识符  字符串
```

其中，#表示这是一个预处理命令。凡是以#开头的均为预处理命令。define 为宏定义命令。“标识符”为所定义的宏名。“字符串”可以是常数、表达式、格式串等。

宏定义在使用中应注意以下几点。

（1）宏名的前后有空格。

（2）宏定义是用宏名来表示一个字符串，在宏展开时又以该字符串取代宏名。

（3）宏定义之后不要跟分号。

（4）习惯上宏名用大写字母表示，以便与变量区别，但也允许用小写字母。

（5）字符串中出现的运算符号，要注意替换后的结果，通常在合适的位置加上括号。

例如，宏定义语句#define　ADD　x+y 在遇到表达式 2*ADD 展开后，变成了 2*x+y，可能出现与预期不一致的结果。将宏定义语句改为#define　ADD　(x+y)就可以解决上述问题。

（6）宏名在源程序中若用引号括起来，则预处理程序不对其做宏代换。例如，宏定义语句#define　PRICE　100 遇到 printf("PRICE");，这里虽然出现了 PRICE，但是它在字符串中，并不会被替换。如果遇到 printf("%f",PRICE);，则会正常替换为 printf("%f",100);。

（7）宏定义允许嵌套，在宏定义的字符串中可以使用已经定义的宏名。在宏展开时由预处理程序层层代换。例如：

```
#define PI 3.1415926
#define S PI*r*r
```

遇到语句 printf("%f",S);，将会替换为 printf("%f",3.1415926*r*r);。

（8）可用宏定义表示复杂数据类型，以便于书写。例如：

```
#define STU struct stu
```

在程序中可用 STU 做变量说明，即

```
STU body[5],*p;
```

9.1.2　无参宏的应用

用宏定义的方法，为每一个颜色值取一个好记的名字，将这些宏定义保存在 ccolor.h 文件中，文件内容如下：

```
#define BLACK           0x00
#define LIGHT_BLUE      0x01
```

```
#define LIGHT_GREEN      0x02
#define LAKE_BLUE        0x03
#define LIGHT_RED        0x04
#define PURPLE           0x05
#define YELLOW           0x06
#define WHITE            0x07
#define GREY             0x08
#define BLUE             0x09
#define GREEN            0x0A
#define BRIGHT_GREEN     0x0B
#define RED              0x0C
#define LAVENDER         0x0D
#define CANARY_YELLOW    0x0E
#define BRIGHT_WHITE     0x0F
#define COLOR(BACK,FORE)((BACK)*0x10+(FORE))
```

在使用某个颜色时，为带参宏定义 COLOR(BACK,COLOR)传递背景色和前景色，合成需要的颜色。

参考程序代码如下：

```
#include <stdio.h>
#include <windows.h>
#include "ccolor.h"
int main()
{
   HANDLE hConsole=GetStdHandle(STD_OUTPUT_HANDLE);
   SetConsoleTextAttribute(hConsole, COLOR(WHITE,RED));
   printf("红色文字\n");
   SetConsoleTextAttribute(hConsole, COLOR(WHITE,CANARY_YELLOW));
   printf("橙色文字\n");
   SetConsoleTextAttribute(hConsole, COLOR(WHITE,YELLOW));
   printf("黄色文字\n");
   SetConsoleTextAttribute(hConsole, COLOR(WHITE,GREEN));
   printf("绿色文字\n");
   SetConsoleTextAttribute(hConsole, COLOR(WHITE,BLACK));
   printf("青色文字\n");
   SetConsoleTextAttribute(hConsole, COLOR(WHITE,BLUE));
   printf("蓝色文字\n");
   SetConsoleTextAttribute(hConsole, COLOR(WHITE,PURPLE));
   printf("紫色文字\n");
   return 0;
}
```

程序运行结果如下：

```
C:\WINDOWS\system32\cmd.exe
红色文字
橙色文字
黄色文字
绿色文字
青色文字
蓝色文字
紫色文字
请按任意键继续. . .
```

通过本案例，虽然已经可以输出七彩的文字，但是这些颜色数量还是太少，仅有 16 种，远远无法满足日常设计需要。如果继续学习 C++、JAVA 等程序设计语言，可以学到更多的颜色编码方案，如常见的 RGBA，由红（RED）、绿（GREEN）、蓝（BLUE）3 种颜色分量和透明度分量（ALPHA）任意组合，每个分量的取值为 0～255，能够组合的颜色共有 256×256×256 种，再配合透明度，可以实现更多的色彩效果。

9.2　解决应用问题：图片像素计算

一张图片的像素通常采用 1920×1080 这种形式来描述，即分别描述它在长和宽两个维度上的像素值。要在程序中对图片进行逐像素的处理，如果一个像素的数据占 4 字节，将一张图片的所有像素加载到内存，需要为其分配多少字节的存储空间？这就需要根据长、宽的像素值来计算整张图片总的像素值。这种比较简单的计算，可以使用带参宏来完成。

9.2.1　带参宏定义

带参宏就是宏名后带参数。在宏定义中的参数称为形式参数，即形参；在宏调用中的参数称为实际参数，即实参。对带参宏，调用中不仅要宏展开，而且要用实参代换形参。

带参宏定义的一般形式如下：

```
#define  宏名(形参表)  字符串
```

带参宏调用的一般形式如下：

```
宏名(实参表)
```

例如：

```
    #define M(x)  x*x+3*x        //宏定义
      …
    k=M(5);                      //宏调用
      …
```

在宏调用时，用实参 5 代换形参 x，经预处理宏展开后的语句为

```
k=5*5+3*5;
```

这个例子中，实参是简单的数值型，如果换成表达式 3+2，宏展开后为

```
k=3+2*3+2+3*3+2;
```

可以看到最终结果与最初设想的差别较大，可以将宏定义语句改写为

```
#define M(x)  (x)*(x)+3*(x)
```

解决这个问题，即给每个数据都加上括号。

但是，如果这个 M(x)还要参与四则运算，如 k=25×M(5);，宏展开后为 K=25×(5)×(5)+3×(5)，又偏离了预期。要解决这个问题，可以为整个字符串加上括号，即将宏定义语句修改为

```
#define M(x)  ((x)*(x)+3*(x))
```

从上面的分析可以看出，在使用带参宏定义时，为了提升程序的容错能力，可以为每个形参和最终的表达式添加括号。

9.2.2 带参宏的应用

参考程序代码如下：

```
#define PIX(x,y)  ((x)*(y))
#include <stdio.h>
int main()
{
    int width, height;
    printf("请输入图片的宽、高像素值：\n");
    scanf("%d*%d",&width,&height);
    printf("图片全部像素占%d 个字节\n", 4*PIX(width,height));
    return 0;
}
```

程序运行结果如下：

```
C:\WINDOWS\system32\cmd.exe
请输入图片的宽、高像素值：
1920*1080
图片全部像素占8294400个字节
请按任意键继续. . .
```

9.3 解决应用问题：学生随机分班

为推进教育公平，实现教育资源均衡化，某中学拟将今年新入学的 360 名初一新生随机分配到 10 个班级。现在请编程完成这项重要任务。

要实现随机分班，最重要的是随机，C 语言提供了一个随机函数 int rand(void)，在产生随机数之前，需要为此函数设置一个随机种子，设置种子的函数为 void srand(unsigned int seed)。rand 函数根据 srand 函数设置的 seed 参数来生成随机数，为了保证每次运行 rand()函数产生的随机数不一样，必须保证 seed 种子不同。C 语言还提供了一个时间函数 time_t time(time_t *seconds)，该函数返回一个值，即格林尼治时间 1970 年 1 月 1 日 00:00:00 到当前时刻的时长，单位是秒。

使用 time、srand、rand 3 个函数即可实现随机数的生成，进而解决随机分班的问题。time 函数在 time.h 中定义，srand 函数和 rand 函数在 stdlib.h 中定义，在使用之前，需要包含上述两个头文件。

9.3.1 文件包含

文件包含是 C 预处理程序的另一个重要功能。文件包含命令行的一般形式如下：

```
#include <文件名>      或：#include "文件名"
```

前面已多次用此命令包含过库函数的头文件。例如：

```
#include  <stdio.h>
#include  <math.h>
```

文件包含命令的功能是将指定的文件插入该命令行位置取代该命令行，从而将指定的文件和当前的源程序文件连成一个源文件。

在程序设计中，文件包含很有用。一个大的程序可以分为多个模块，由多名程序员分别编写。有些公用的符号常量或宏定义等可单独组成一个文件，在其他文件的开头用包含命令包含该文件即可使用。这样，可避免在每个文件开头都去书写那些公用量，从而节省时间，减少出错。

对文件包含命令还要说明以下几点。

（1）包含命令中的文件名可以用双引号括起来，也可以用尖括号括起来。例如，以下写法都是合法的：

```
#include "stdio.h"
#include <math.h>
```

这两种形式在查找顺序上略有差别：使用尖括号时，首先查找编程软件安装目录下的包含文件夹（一般是 include 文件夹，可以由用户通过配置环境变量指定），如果找不到，则查找源文件所在的项目文件夹；使用双引号时，查找顺序刚好相反。用户编程时可根据需要包含的文件所在的位置来选择其中一种。

（2）一个 include 命令只能指定一个被包含文件，若有多个文件要包含，则需用多个 include 命令。

（3）文件包含允许嵌套，即在一个被包含的文件中又可以包含另一个文件。

9.3.2　常用的头文件

C 语言按照不同的类别定义了很多头文件，下面介绍几个经常使用的头文件。

（1）<stdio.h>：输入输出相关函数的定义，如 scanf 函数、printf 函数。

（2）<stdlib.h>：工具类函数的定义，如 rand 函数。

（3）<string.h>：字符串函数的定义，如 strcpy 函数。

（4）<time.h>：日期和时间相关函数的定义，如 time 函数。

（5）<math.h>：数学函数的定义，如 sqrt 函数。

这些头文件包含的函数的详细情况参见附录，也可以自行搜索相关网站了解更多的库文件及函数的技术细节。

9.3.3　学生随机分班程序设计

包含头文件 stdlib.h 和 time.h，用 1～360 共 360 个整数作为学号代表 360 名新生，通过将这 360 个学号随机分配在 10 个班级中完成分班任务。

设计思路：

（1）用一个二维数组 cla[10][36]来存储分班数据，表示有 10 个班级，每班 36 名学生，每个数组元素保存一名学生的学号。

（2）用顺序分班的方式完成各班级学生的初始化。即学号 1～36 分到 1 班，37～72 分到 2 班，依次类推，完成所有学生的分班任务。

（3）给每一名学生(cla[i][j])一次换班的机会，根据随机数决定与谁(cla[x][y])交换。

（4）每个班的学生按学号从小到大排序。

（5）以班级为单位输出分班结果。

参考程序代码如下：

```
#include <stdio.h>
#include <stdlib.h>
#include <time.h>
int main()
{
    int i,j,k,x,y,temp;
    int cla[10][36];      //共 10 个班，每班 36 人
    //先按学号顺序分班
    for(i=0;i<10;i++)
    {
        for(j=0;j<36;j++)
        {
            cla[i][j]=i*36+j+1;
        }
    }
    //给每一名学生（cla[i][j]）一次换班的机会
    srand(time(0));
    for(i=0;i<10;i++)
    {
        for(j=0;j<36;j++)
        {
            x=rand()%10;
            y=rand()%36;
            temp=cla[i][j];
            cla[i][j]=cla[x][y];
            cla[x][y]=temp;
        }
    }
    //每个班的学生按学号排序
    for(i=0;i<10;i++)
    {
        for(j=0;j<35;j++)
        {
            for(k=j+1;k<36;k++)
            {
                if(cla[i][j]>cla[i][k])
                {
                    temp=cla[i][j];
                    cla[i][j]=cla[i][k];
                    cla[i][k]=temp;
                }
            }
        }
    }
    //输出每个班的学生学号
    for(i=0;i<10;i++)
    {
        printf("%d 班学生的学号如下：\n",i+1);
```

```
        for(j=0;j<36;j++)
        {
            printf("%-4d",cla[i][j]);
            //每个班的学生分成 2 行输出
            if(j==17)
                printf("\n");
        }
        printf("\n");
    }
    return 0;
}
```

本例中输出的分班名单为学号，如果想输出学生姓名，可以定义一个字符串数组，通过学号查找对应的字符串输出。本例中指定了学生人数和班级数，请尝试完善程序，让它适用于任意规模的学校。

运行程序，学生分班结果如下：

```
C:\WINDOWS\system32\cmd.exe
1班学生学号:
 23  31  39  40  45  57  72  85  88  89  91 109 110 122 124 137 140 146
148 149 155 167 171 184 199 205 222 238 243 275 280 282 321 331 339 346
2班学生学号:
 20  26  33  63  70  81  83  95  97 101 112 113 118 125 126 131 132 142
145 152 153 164 177 178 180 183 187 215 223 234 253 256 274 312 313 345
3班学生学号:
 12  15  47  53  60  64  80 108 123 133 141 151 156 161 165 170 172 186
191 192 193 195 196 204 207 216 233 240 252 260 266 269 299 301 325 329
4班学生学号:
  2   8  21  28  36  56  61  67  68  69  79 107 121 144 147 154 158 162
173 175 212 217 219 220 229 230 248 249 289 300 302 323 326 327 332 353
5班学生学号:
  9  18  25  27  29  37  41  43  44  82  87  93 104 127 129 134 136 150
169 201 202 209 214 218 232 237 262 273 277 292 328 337 343 347 348 354
6班学生学号:
  3   6  32  35  48  75  76  78  84  86  90  94 105 115 138 159 197 200
225 235 241 245 246 254 259 281 285 288 290 294 297 308 319 330 341 351
7班学生学号:
 11  22  46  49  50 103 117 119 128 157 166 176 185 194 211 221 228 231
236 258 267 270 271 279 286 287 291 293 298 305 309 311 317 320 350 356
8班学生学号:
  5   7  10  34  38  42  54  58  62  66  98 102 111 116 130 143 181 182
198 227 242 250 251 276 283 284 295 306 316 322 334 338 342 355 357 360
9班学生学号:
  1  13  17  24  30  51  59  65 100 106 120 135 139 160 168 174 188 208
210 226 239 247 255 257 268 272 278 303 307 310 336 340 344 349 352 359
10班学生学号:
  4  14  16  19  52  55  71  73  74  77  92  96  99 114 163 179 189 190
203 206 213 224 244 261 263 264 265 296 304 314 315 318 324 333 335 358
请按任意键继续. . .
```

9.4　解决应用问题：多种硬件适配

小王在毕业后进入一家手机研发企业，正在研发的手机有高、中、低 3 种不同的版本，在内存、摄像头、通信、话筒、麦克风等模块上采用了不同供应商、不同型号的硬件。小王所在的项目组负责集成硬件驱动程序，保证软件能够支持所有硬件。项目组的工作完成后，再交给软件集成项目组根据不同手机的硬件搭载情况来生成对应的手机软件。

项目组讨论了各种可行的方案。

第一种方案是为每款手机分别编写一套代码，加载对应的驱动程序，这样对每一款手机来说，都没有多余的代码，简单高效。

这个方案很快被否决，因为项目组需要分别为每一款手机维护一套代码，公司不断研发新产品，其工作量将不断增加。因此项目组决定所有的手机版本共享一套代码，在同一套代码中找到加载不同硬件驱动程序的方法。

第二种方案是采用分支结构，如多分支的 if 语句（或者 switch 语句）来实现对不同硬件的判断和加载，这个方案解决了不同硬件的加载问题。

但这个方案又带来了另一个问题，每增加一个硬件模块，软件就会增加一个驱动程序包。随着支持的硬件型号越来越多，软件越来越大。软件越大，占用的内存越多。当内存不足时就会出现手机卡顿等现象，严重影响用户体验。因此本方案也被否决。

第三种方案是使用宏来定义硬件模块型号，所有硬件定义代码放在一个名为 hardware.h 的头文件中，再用一个头文件 configure.h 来定义手机的硬件配置信息。这样软件集成项目组需要生成手机软件时，只需修改 configure.h 文件中的硬件配置信息，就可以轻松地完成手机软件的定制。加载驱动程序部分，使用条件编译，即根据 configure.h 中硬件配置信息编译对应的硬件驱动代码，就可以实现硬件驱动的精准加载。

第三种方案只维护一套代码就实现了对所有硬件的支持，并且实现了驱动程序包的最小化。通过硬件配置文件可以方便地对不同硬件进行搭配，且非常灵活，是可行的解决方案。本方案中涉及宏定义、文件包含、条件编译等知识点，前两节已经介绍了宏定义和文件包含，下面介绍条件编译。

9.4.1 条件编译

预处理程序提供了条件编译的功能。可以按照不同的条件编译不同的程序部分，进而产生不同的目标代码文件。这对于程序的移植和调试很有用。

条件编译有如下 3 种形式。

（1）第一种形式。

```
#ifdef 标识符
    程序段 1
#else
    程序段 2
#endif
```

它的功能是，如果标识符已被#define 命令定义，则对程序段 1 进行编译；否则对程序段 2 进行编译。如果没有程序段 2（它为空），则可以省略#else，即可以写为

```
#ifdef 标识符
    程序段
#endif
```

（2）第二种形式。

```
#ifndef 标识符
    程序段 1
#else
    程序段 2
#endif
```

它与第一种形式的区别是将 ifdef 改为 ifndef。它的功能是，如果标识符未被#define 命令定义，则对程序段 1 进行编译，否则对程序段 2 进行编译。这与第一种形式的功能正相反。

（3）第三种形式。

```
#if 常量表达式
   程序段 1
#else
   程序段 2
#endif
```

它的功能是，如果常量表达式的值为真（非 0），则对程序段 1 进行编译，否则对程序段 2 进行编译。因此这种形式支持程序在不同条件下完成不同的功能。上述语句还可以扩展为多分支条件编译语句，具体的扩展方法可参考下面的案例。

9.4.2　条件编译的应用

在 hardware.h 文件中定义所有硬件模块：

```
//以下定义内存模块编号
#define MEMORY_A  1001
#define MEMORY_B  1002
#define MEMORY_C  1003
//以下定义摄像头模块编号
#define CAMERA_A  2001
#define CAMERA_B  2002
#define CAMERA_C  2003
//以下定义麦克风模块编号
#define MICPHO_A  3001
#define MICPHO_B  3002
#define MICPHO_C  3003
```

在 configure.h 文件中定义当前手机型号选用的硬件模块：

```
#include "hardware.h"
//定义内存模块型号
#define MEMORY    MEMORY_A
//定义摄像头模块型号
#define CAMERA    CAMERA_B
//定义麦克风模块型号
#define MICPHONE  MICPHO_C
```

在 load.c 文件中通过条件编译，为本机选用的硬件加载驱动：

```
#include "configure.h"
#include <stdio.h>
int main()
{
    #if MEMORY == MEMORY_A
        printf("加载存储器驱动...，型号：MEMORY_A，编号：%d\n", MEMORY_A);
    #elif MEMORY == MEMORY_B
        printf("加载存储器驱动...，型号：MEMORY_B，编号：%d\n", MEMORY_B);
    #elif MEMORY == MEMORY_C
        printf("加载存储器驱动...，型号：MEMORY_C，编号：%d\n", MEMORY_C);
```

```
    #else
        printf("无法加载存储器驱动..., 存储器型号未指定...\n");
    #endif

    #if CAMERA == CAMERA_A
        printf("加载摄像头驱动..., 型号: CAMERA_A, 编号: %d\n", CAMERA_A);
    #elif CAMERA == CAMERA_B
        printf("加载摄像头驱动..., 型号: CAMERA_B, 编号: %d\n", CAMERA_B);
    #elif CAMERA == CAMERA_C
        printf("加载摄像头驱动..., 型号: CAMERA_C, 编号: %d\n", CAMERA_C);
    #else
        printf("无法加载摄像头驱动..., 摄像头型号未指定...\n");
    #endif

    #if MICPHONE == MICPHO_A
        printf("加载麦克风驱动..., 型号: MICPHO_A, 编号: %d\n", MICPHO_A);
    #elif MICPHONE == MICPHO_B
        printf("加载麦克风驱动..., 型号: MICPHO_B, 编号: %d\n", MICPHO_B);
    #elif MICPHONE == MICPHO_C
        printf("加载麦克风驱动..., 型号: MICPHO_C, 编号: %d\n", MICPHO_C);
    #else
        printf("无法加载麦克风模块驱动..., 型号未指定...\n");
    #endif
    return 0;
}
```

程序运行结果如下：

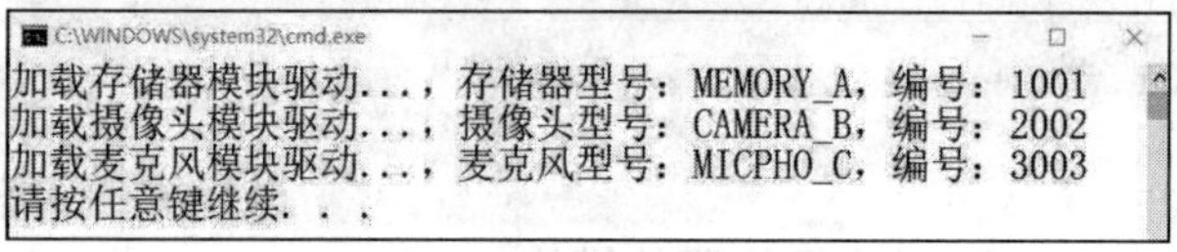

```
C:\WINDOWS\system32\cmd.exe
加载存储器模块驱动..., 存储器型号: MEMORY_A, 编号: 1001
加载摄像头模块驱动..., 摄像头型号: CAMERA_B, 编号: 2002
加载麦克风模块驱动..., 麦克风型号: MICPHO_C, 编号: 3003
请按任意键继续. . .
```

习　题

一、选择题

1. 下列说法中，不正确的是（　　）。

A. C 语言的预处理功能主要完成代码代换

B. 预处理命令一般放在文件开头的位置

C. 预处理命令行首以“#”标识

D. C 语言的编译预处理就是对源程序进行初步的语法检查

2. 在文件包含预处理语句#include 之后的文件名用尖括号括起来，寻找包含文件的方式是（　　）。

A. 直接按系统设定的标准方式搜索目录

B. 先在源程序所在目录搜索，再按系统设定的标准方式搜索

C. 仅仅搜索源程序所在目录

D. 仅仅搜索当前目录

3. 下列程序的运行结果是（　　）。

```
#include <stdio.h>
#define M(X,Y)  (X)*(Y)
#define N(X,Y)  (X)/(Y)
int main()
{
    int a=5, b=6, c=8,k;
    k=N(M(a,b),c);
    printf("%d\n",k);
    return 0;
}
```

A. 3　　B. 5　　C. 6　　D. 8

4. 下列程序的运行结果是（　　）。

```
#include <stdio.h>
#define MIN(x,y)  (x)<(y)?(x):(y)
int main()
{
    int i,j,k;
    i=10;
    j=5;
    k=10*MIN(i,j);
    printf("%d",k);
    return 0;
}
```

A. 15　　B. 100　　C. 5　　D. 150

5. 下列程序的运行结果是（　　）。

```
#include <stdio.h>
#define N 2
#define M N+2
#define CUBE(x)  (x*x*x)
int main()
{
   int I=M;
   I=CUBE(I);
   printf("%d\n",I);
   return 0;
}
```

A. 17　　B. 64　　C. 125　　D. 53

二、填空题

1. 下面的程序代码用于计算圆柱体的体积，请在横线处补充带参数宏定义的语句。

```
#include <stdio.h>
#define PI 3.14159
______________________
int main()
```

```
{
    double radius=2.5;
    double height=5.0;
    double volume=VOLUME(radius, height);

    printf("Radius=%.2f units\n", radius);
    printf("Height=%.2f units\n", height);
    printf("Volume of cylinder=%.2f cubic units\n", volume);

    return 0;
}
```

2. 下面的程序将自动生成整数的四则运算训练题，当用户回答正确就继续生成下一题，答错则退出练习。为了适应不同水平的学生训练，通过预定义语句来设置整数的取值范围。现在设置训练难度为 2 位整数的四则运算，请在横线处将这两个预定义语句补充完整。

```
#include <stdio.h>
#include <stdlib.h>
#include <time.h>
________________
________________
int random(int min, int max);
int main()
{
    int a, b, c;
    char op;
    srand(time(NULL));
    while(1)
    {
        a=random(MIN, MAX);
        b=random(MIN, MAX);
        op=random(0, 3);
        switch(op)
        {
        case 0:
            printf("%d+%d=", a, b);
            break;
        case 1:
            printf("%d-%d=", a, b);
            break;
        case 2:
            printf("%d*%d=", a, b);
            break;
        case 3:
            printf("%d/%d=", a, b);
            break;
        default:
            break;
        }
```

```
        scanf("%d",&c);
      switch(op)
      {
        case 0:
            if(a+b!=c) return 0;
            break;
        case 1:
            if(a-b!=c) return 0;
            break;
        case 2:
            if(a*b!=c) return 0;
            break;
        case 3:
            if(a/b!=c) return 0;
            break;
        default:
            break;
        }
    }
    return 0;
}
int random(int min, int max)
{
    return min+rand()%(max-min+1);
}
```

3. 下面的程序使用了条件编译，通过预定义学校的层次，输出“大学”或“学院”。请在横线处将条件编译语句补充完整。

```
#include <stdio.h>
#define SCHOOL_LEVEL 1   //1表示大学，0表示学院
#if SCHOOL_LEVEL==1
    #define SCHOOL_NAME "大学"
________________________
________________________
#endif
int main()
{
    printf("本校是一所%s。\n", SCHOOL_NAME);
    return 0;
}
```

4. 下面的程序是通过带参宏定义计算并输出两数的较大值。请在横线处将程序补充完整。

```
#include <stdio.h>
#define MAX(a, b)___________________________________
int main()
{
    int x=5, y=8;
    int max=MAX(x, y);
    printf("The max value is %d\n", max);
```

```
    return 0;
}
```

5. 下面的程序通过多分支条件编译语句来检测本机的操作系统，请在横线处填空，将程序补充完整。

```
#include <stdio.h>
#ifdef WIN32
   #define OS_NAME "Windows"
#elif defined(APPLE)
   #define OS_NAME "macOS"
#elif defined(linux)
   #define OS_NAME "Linux"
#else
   #define OS_NAME "Unknown"
#endif
int main()
{
   printf("操作系统是:%s\n",_________ );
   return 0;
}
```

三、写出下列程序的运行结果

1. 程序代码如下：

```
#define JFT(x)x*x
#include <stdio.h>
int main()
{
   int a, k=3;
   a=++JFT(k+1);
   printf("%d",a);
   return 0;
}
```

2. 程序代码如下：

```
#define MAX(x,y)(x)>(y)?(x):(y)
#include <stdio.h>
int main()
{
   int a=5,b=2,c=3,d=3,t;
   t=MAX(a+b,c+d)*10;
   printf("%d\n",t);
   return 0;
}
```

3. 程序代码如下：

```
#define N 10
#define s(x)x*x
#define f(x)(x*x)
#include <stdio.h>
int main()
```

```
{
    int i1,i2;
    i1=1000/s(N);
    i2=1000/f(N);
    printf("%d %d\n",i1,i2);
    return 0;
}
```

4. 程序代码如下：

```
#define PR(ar)printf("%d",ar)
#include <stdio.h>
int main()
{
    int j, a[]={1, 3, 5, 7, 9, 11, 15}, *p=a+5;
    for(j=3; j; j--)
    switch(j)
    {
        case 1:
        case 2: PR(*p++); break;
        case 3: PR(*(--p));
    }
    printf("\n");
    return 0;
}
```

5. 程序代码如下：

```
#include <stdio.h>
#define  PR(a)printf("a=%d\n",(int)(a))
#define  PRINT(a)PR(a):putchar('\n');
int main()
{
    float x=3.1415,y=1.823;
    PRINT(2*x);
    return 0;
}
```

6. 程序代码如下：

```
#include <stdio.h>
#define  PR(a) printf("a=%d\n",(int)(a))
#define  PRINT(a)  PR(a):putchar('\n')
#define  PRINT2(b,a),  PRINT(b)
#define  PRINT3(b,a,c), PR(a) PRINT2(b,c)
int main()
{
    float x=3.1415,y=1.823;z=0.923;
    PRINT3(x,2*y,3*x);
    return 0;
}
```

7. 程序代码如下：

```
#define  A 3
#define B(a)  ((A+1)*a)
```

```
#include <stdio.h>
int main()
{
    int x;
    x=3*(A+B(7));
    printf("x=%4d\n",x);
    return 0;
}
```

8. 程序代码如下：

```
#define DEBUG
#include <stdio.h>
int main()
{
    int a=14,b=15,c;
    c=a/b;
    #ifdef DEBUG
      printf("a=%d,b=%d",a,b);
    #endif
    printf("c=%d\n",c);
    return 0;
}
```

9. 程序代码如下：

```
#include <stdio.h>
int main()
{
    int a=20,b=10,c;
    c=a/b;
    #ifdef DEBUG
      printf("a=%d,b=%d",a,b);
    #endif
    printf("c=%d\n",c);
    return 0;
}
```

四、编程题

1. 编写一个宏定义 BICIR(a,b,c)，用于求已知三边 a、b 和 c 的三角形的面积 s。

$$l = (a + b + c) / 2$$

$$s = \sqrt{l(l - a)(l - b)(l - c)}$$

2. 编程实现求 3 个数中最小值，要求用带参宏实现。

3. 编程求 1+1/2+…+1/n，要求用带参宏实现。

4. 观看视频时，有多种清晰度可以选择，不同的清晰度对应不同的网速要求。常见的清晰度有 720P（1280×720）、1080P（1920×1080）、4K（3840×2160）、8K（7680×4320），电视的刷新频率按 60 帧/秒计算，H.265 编码的压缩率可以达到 1/200。请用本章学到的宏的相关知识，输入拟选择的清晰度，如 1920×1080 时，计算并输出该清晰度对应的网速要求。

5. 某宿舍的几位同学想共同开发一个斗地主的小游戏，需要解决的第一个问题是随机发牌，将 54 张扑克牌保留 3 张底牌后随机分发到 3 人手中。发牌的动画展示、扑克牌的绘制等工作交给负责前端的同学完成。请完成发牌的算法设计并编写完整的 C 语言程序代码。

第10章 文件

学习目标

（1）理解文件的概念。
（2）理解二进制文件和文本文件的区别。
（3）掌握文件的打开、定位、读写和关闭的基本方法。
（4）掌握关于文件处理的常用库函数。

在前面的章节中，程序的输入和输出基本都是通过键盘和屏幕，程序运行结束，数据随之消失。如果要保存数据，可以使用文件。本章围绕密码校验、操作日志、复制文件、资产管理等应用问题展开，主要介绍文件定义、文件打开、文件定位、文件读写、文件关闭等内容，重点是掌握C语言文件的组织结构、各种类型文件的信息存储方式，以及文件处理的基本方法。

10.1 解决应用问题：密码校验

为了防止软件的非授权访问，软件启动时需要输入密码，系统会将用户输入的密码与存储在文件中的密码进行比对，如果完全一致，则允许登录，否则提示密码错误。一个可行的解决方案是用文本文件来保存密码，在用户登录时从文本文件读取信息并比对。因此，本案例需要用到文件的基础知识。

10.1.1 C文件概述

文件是一组存储在存储介质上的数据的有序集合。前面各章中已经多次使用过文件，如源程序文件、目标文件、可执行文件、库文件（头文件）等。每个文件都用一个名称（文件名）作为标识，读写文件时通过文件名来访问内容。

根据文件存储数据的方式，文件可分为文本文件和二进制文件。文本文件也称ASCII文件，这种文件在磁盘中存放时每个字符对应一个字节，用于存放对应的ASCII码值。例如，数9876的存储形式为

ASCII码值：	00111001	00111000	00110111	00110110
	↓	↓	↓	↓
十进制码值：	9	8	7	6

共占用 4 字节。

文本文件用记事本打开后可以正常显示内容。例如，C 语言源文件就是文本文件。

二进制文件指按二进制编码方式存放的文件。例如，十进制数 9876 的二进制存储形式为 0010011010010100，只占用 2 字节。二进制文件使用记事本打开，看见的是一堆乱码，因此不能轻松读懂文件内容。例如，C 语言源文件编译后的可执行文件就是二进制文件。

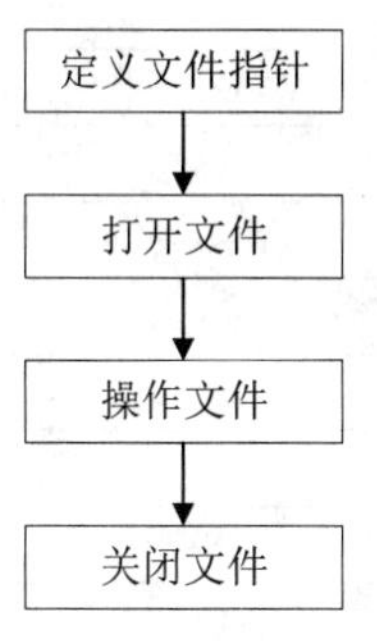

图 10-1　文件操作流程图

文件操作包含定义文件指针、打开文件、操作文件和关闭文件 4 个步骤，如图 10-1 所示。定义文件指针、打开文件和关闭文件 3 个步骤相对比较固定，而操作文件步骤相对比较灵活，包括文件读、写、定位等操作。本章接下来将讨论文件操作的各个步骤。

10.1.2　文件的打开与关闭

1. 文件指针

在 C 语言中可以用一个指针变量指向一个文件，这个指针称为文件指针。通过文件指针可对它所指的文件进行各种操作。

文件指针定义的一般形式如下：

```
FILE *指针变量标识符;
```

其中，FILE 应为大写，它是由系统定义的一个结构体，该结构中含有文件名、文件状态和文件当前位置等信息。在编写源程序时不必关心 FILE 结构的细节。例如：

```
FILE *fp;
```

fp 就是指向一个文件的指针，刚定义时它没有指向任何对象，可以给它赋空值，即

```
FILE *fp = NULL;
```

成功打开一个文件后，可以将打开文件的返回值赋给 fp。

2. 打开文件

fopen 函数用来打开一个文件，其调用的一般形式如下：

```
文件指针名=fopen(文件名,使用文件方式);
```

其中，“文件指针名”必须是被定义为 FILE 类型的指针变量；“文件名”是被打开文件的文件名；“使用文件方式”是指文件的类型和操作要求。

使用文件的方式共有 12 种，表 10-1 给出了它们的符号和意义

表 10-1　文件使用方式

文件使用方式	意义
r	打开文本文件，只允许读数据
w	打开文本文件，只允许写数据，如果文件不存在则建立该文件
a	打开文本文件，在末尾追加数据，如果文件不存在则建立该文件

续表

文件使用方式	意义
rb	打开二进制文件，只允许读数据
wb	打开二进制文件，只允许写数据，如果文件不存在则建立该文件
ab	打开二进制文件，在末尾追加数据，如果文件不存在则建立该文件
r+	打开文本文件，允许读和写
w+	打开文本文件，允许读和写，如果文件不存在则建立该文件
a+	打开文本文件，允许读或在文件末尾追加数据，如果文件不存在则建立该文件
rb+	打开二进制文件，允许读和写
wb+	打开二进制文件，允许读和写，如果文件不存在则建立该文件
ab+	打开二进制文件，允许读或在文件末尾追加数据，如果文件不存在则建立该文件

例如：

```
FILE *fp;
fp=fopen("file","r");
```

其意义是在当前目录下打开文本文件 file，只允许进行“读”操作，并使 fp 指向该文件。又如：

```
FILE *fphzk;
fphzk=fopen("c:\\FileName","rb");
```

其意义是打开 C 驱动器磁盘根目录下的文件 FileName，这是一个二进制文件，只允许按二进制方式进行“读”操作。两个反斜线中的第一个表示转义字符，第二个表示根目录。

对于文件使用方式有以下几点说明。

（1）文件使用方式由 r、w、a、b，+共 5 个字符组成，各字符的含义如下。

r(read)：读。

w(write)：写。

a(append)：追加。

b(binary)：二进制文件。

+：读和写。

（2）用“r”打开一个文件时，该文件必须已存在，且只能从该文件读取。

（3）用“w”打开一个文件时，只能向该文件写入。若打开的文件不存在，则以指定的文件名建立该文件，若打开的文件已经存在，则将该文件原有内容全部删除。

（4）若向一个已存在的文件追加新的信息，只能用“a”方式打开文件。

（5）打开一个文件时，如果出错，fopen 将返回一个空指针值 NULL。在程序中可以用这一信息来判别是否完成打开文件的工作，并做相应的处理。因此常用以下程序段打开文件：

```
if((fp=fopen("FileName","r")==NULL)
{
   printf("\nerror on open FileName file!");
   exit(0);
}
```

这段程序的意义是，如果返回的指针为空，表示不能打开当前目录下的 FileName

文件，则给出提示信息“error on open FileName file!”，然后执行 exit(0)函数退出程序。其中 exit 函数在系统库 stdlib.h 中定义。

3. 关闭文件

文件使用完毕后，应该及时使用 fclose 函数将其关闭，一是尽早释放资源，二是避免对文件的误操作。

fclose 函数调用的一般形式如下：

```
fclose(文件指针);
```

例如：

```
fclose(fp);
```

正常完成关闭文件操作时，fclose 函数返回值为 0。如果返回非 0 值，则表示有错误发生。

参考程序代码如下：

```
#include <stdio.h>
#include <string.h>
int main()
{
    char password[100],savepass[100];
    FILE *fp;
    printf("请输入密码：\n");
    gets(password);
    fp=fopen("user.txt", "r");
    if(fp)
    {
        fgets(savepass,99,fp);
        if(strcmp(password,savepass))
        {
            printf("密码错误\n");
        }
        else
        {
            printf("密码正确!\n");
        }
         fclose(fp);
    }
    else
    {
        printf("文件打开失败\n");
    }
    return 0;
}
```

在项目文件夹下新建一个 user.txt 文本文件，并在文件中提前编辑好密码。运行本程序，当输入的密码与预置的密码相同时，输出“密码正确”，否则输出“密码错误”。如果没有找到保存密码的文件，或者因其他原因无法正确打开文件，则输出“文件打开失败”。

程序运行结果如下：

```
C:\WINDOWS\system32\cmd.exe
请输入密码:
hello
密码正确!
请按任意键继续. . .
```

```
C:\WINDOWS\system32\cmd.exe
请输入密码:
test
密码错误
请按任意键继续. . .
```

10.2 解决应用问题：操作日志

操作日志是信息安全领域一个常用的管理工具，可以记录用户所有操作，便于安全管理员检查软件是否受到了黑客攻击，或者其他非法访问。日志的读写一般是在后台静默执行，即用户正常使用软件时，感受不到日志程序的运行。

本案例中，将日志记录程序嵌入用户登录案例中，记录软件启动的时间，用户输入密码的时间和内容，密码是否正确，软件退出的时间等。可以将这些信息存储在一个文本文件 userlog.txt 中，用户每次运行程序，都会向该文件中追加新的内容。这需要用到字符串读写的知识。

10.2.1 字符与字符串读写函数

文本文件读写函数又分为字符读写函数和字符串读写函数。

字符读写函数有 fgetc 和 fputc，字符串读写函数有 fgets 和 fputs，使用以上函数都要求包含头文件 stdio.h。

1. 字符读写函数 fgetc 和 fputc

字符读写函数是以字符（字节）为单位的读写函数。每次可从文件读取或向文件写入一个字符。

fgetc 函数的功能是从指定的文件中读取一个字符。其调用的一般形式如下：

```
字符变量=fgetc(文件指针);
```

fputc 函数的功能是将一个字符写入指定的文件。其调用的一般形式如下：

```
fputc(字符,文件指针);
```

例如：

```
ch=fgetc(fp);
```

其意义是从打开的文件 fp 中读取一个字符并送入 ch 中。

又如：

```
fputc('a',fp);
```

其意义是将字符 a 写入 fp 所指向的文件。其中，待写入的字符可以是字符常量或变量。

对于 fgetc 和 fputc 函数的使用有以下几点说明。

（1）在 fgetc 函数调用中，读取的文件必须是以"读"或"读写"方式打开的。在 fputc 函数调用中，被写入的文件可以用写、读写、追加方式打开，用"写"或"读写"方式打开一个已经存在的文件时将清除原有的文件内容，写入的字符从文件首开始存放。如需保留原有文件内容，希望写入的字符从文件尾开始存放，则必须以"追加"方式打开文件。

（2）在文件内部有一个位置指针。用来指向文件的当前读写字节。在文件打开时，该指针总是指向文件的第一个字节。使用 fgetc 函数后，该位置指针将向后移动一个字节。在 fputc 函数调用中，每写入一个字符，文件内部位置指针向后移动一个字节。应注意文件指针和文件内部的位置指针的区别。文件指针指向整个文件，必须在程序中定义说明，只要不重新赋值，文件指针的值是不变的。文件内部的位置指针用以指示文件内部的当前读写位置，每读写一次，该指针均向后移动，不需要在程序中定义说明，由系统自动设置。

（3）fputc 函数有一个返回值，若写入成功则返回写入的字符，否则返回一个 EOF。可用此来判断写入是否成功。

2. 字符串读写函数 fgets 和 fputs

（1）fgets 函数的功能是从指定的文件中读取一个字符串到字符数组中。其调用的一般形式如下：

```
fgets(字符数组名,n,文件指针);
```

其中，n 是一个正整数，表示从文件中读取的字符串不超过（n−1）个字符。在读取的最后一个字符后加上字符串结束标志'\0'。

例如：

```
fgets(str,n,fp);
```

其意义是从 fp 所指的文件中读取（n−1）个字符送入字符数组 str。

（2）fputs 函数的功能是向指定的文件写入一个字符串。其调用的一般形式如下：

```
fputs(字符串,文件指针);
```

其中，字符串可以是字符串常量，也可以是字符数组名，或指针变量。

例如：

```
fputs("abcd",fp);
```

其意义是将字符串"abcd"写入 fp 所指的文件。

10.2.2 读写函数的应用

日志记录中，时间很重要，需要标注每一项操作发生的具体时间，可以定义一个函数 getCurrTime(char* strTime)获取系统当前日期和时间的字符串。系统提供了 time 函数获取以秒为单位的系统时间，localtime 函数将以秒为单位的时间转换为日历格式的时间，sprintf 函数将日历结构体的数据格式化为一个"年-月-日 时:分:秒"格式的日期字符串。

定义函数 writeLog(FILE * fp,char* content,int addtime)负责向日志文件中追加日志。fp 是日志文件的指针；content 是要追加的内容；addtime 是一个是否要写入当前时间的标志，如果为 1 就写入时间，如果为 0 则不写入时间。

main 函数执行正常的程序逻辑，并负责打开和关闭文件，在需要处添加写日志的语句。完整的程序代码如下：

```
#include <stdio.h>
#include <string.h>
#include <time.h>
int getCurrTime(char * strTime)
{
    time_t now;                      //以秒为单位的时间
    struct tm *timeNow;              //日历格式的时间结构体
    time(&now);                      //返回当前时间，存放于 now 变量中
    timeNow=localtime(&now);         //将以秒为单位的时间转为日历格式
    sprintf(strTime,"%d-%d-%d %d:%d:%d  ",    //按指定格式生成一个字符串
    //获取当前的年，tm_year 保存自 1900 以来年数
    1900+timeNow->tm_year,
    1+timeNow->tm_mon,               //获取当前月，将 0～11 转为 1～12 月
    timeNow->tm_mday,                //获取当前的日
    timeNow->tm_hour,                //获取当前的小时
    timeNow->tm_min,                 //获取当前的分钟
    timeNow->tm_sec);                //获取当前的秒

}
void writeLog(FILE * fp,char* content,int addtime)
{
    char strTime[100];               //用于保存当前时间
    if(fp)                           //判断文件指针是否可正常访问
    {
        if(addtime)                  //判断是否需要写入时间的字符串
        {
            getCurrTime(strTime);    //获取当前时间字符串
            fputs(strTime,fp);       //向文件中写入日期字符串的值
        }
        fputs(content,fp);           //向文件中写入内容字符串的值
    }
}
int main()
{
    char password[100],savepass[100];
    FILE * fpuser,*fplog;
    fplog=fopen("userlog.txt","a+");
    writeLog(fplog,"软件启动\n",1);
    printf("请输入密码：\n");
    gets(password);
    writeLog(fplog,"用户输入密码：",1);
    writeLog(fplog,password,0);
    writeLog(fplog,"\n",0);
    fpuser=fopen("user.txt", "r");
    if(fpuser)
    {
        fgets(savepass,99,fpuser);
        if(strcmp(password,savepass))
```

```
        {
            printf("密码错误?\n");
            writeLog(fplog,"密码错误\n",1);
        }
        else
        {
            printf("密码正确,欢迎使用!\n");
            writeLog(fplog,"密码正确\n",1);
        }

    }
    else
    {
        printf("文件打开失败\n");
        writeLog(fplog,"文件打开失败\n",1);
    }
    writeLog(fplog,"软件运行结束\n",1);
    fclose(fpuser);
    fclose(fplog);
    return 0;
}
```

运行添加了日志功能的用户登录程序，程序运行结束后，可以看到在工作文件夹中有一个 userlog.txt 文件，打开之后看到如图 10-2 所示的日志信息。用户每一次登录时，都会记录软件启动的时间；输入密码时，不论密码是否正确，都会记录用户的输入；此外，还会记录用户关闭软件的时间。这些信息有助于安全人员发现软件受到的未经授权访问。

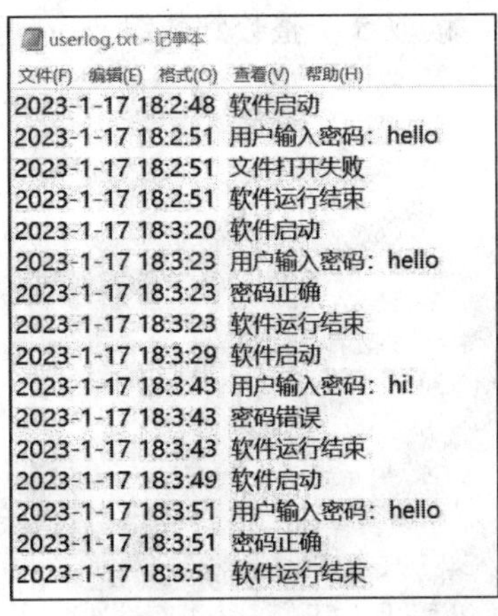
userlog.txt - 记事本
文件(F) 编辑(E) 格式(O) 查看(V) 帮助(H)
2023-1-17 18:2:48 软件启动
2023-1-17 18:2:51 用户输入密码：hello
2023-1-17 18:2:51 文件打开失败
2023-1-17 18:2:51 软件运行结束
2023-1-17 18:3:20 软件启动
2023-1-17 18:3:23 用户输入密码：hello
2023-1-17 18:3:23 密码正确
2023-1-17 18:3:23 软件运行结束
2023-1-17 18:3:29 软件启动
2023-1-17 18:3:43 用户输入密码：hi!
2023-1-17 18:3:43 密码错误
2023-1-17 18:3:43 软件运行结束
2023-1-17 18:3:49 软件启动
2023-1-17 18:3:51 用户输入密码：hello
2023-1-17 18:3:51 密码正确
2023-1-17 18:3:51 软件运行结束

图 10-2　日志信息

10.3　解决应用问题：复制文件

复制文件是操作系统文件管理的基本功能，在软件开发中，数据备份时也会经常使用该功能。本案例将实现一个任意类型文件的复制。

不同的文件大小不同，格式不同，但都可以被当作二进制数据块进行处理。在复制文件过程中，可以打开源文件用于读，创建一个新的文件用于写。每次从源文件中读取固定大小的数据块，如 1KB 的数据块，再将此数据块写入目标文件，循环操作，直到源文件被全部读取。至此，文件内容复制完毕，关闭源文件和目标文件。

本案例用到了块读写函数。

10.3.1 数据块读写函数 fread 和 fwrite

C 语言提供了用于整块数据的读写函数，可用来读写一组数据，如一个数组的值，一个结构体变量的值等。

读数据块函数调用的一般形式如下：

```
fread(buffer,size,count,fp);
```

写数据块函数调用的一般形式如下：

```
fwrite(buffer,size,count,fp);
```

函数中各参数说明如下。

buffer 是一个指针，在 fread 函数中，它表示存放输入数据的首地址。在 fwrite 函数中，它表示存放输出数据的首地址。

size 表示每个元素的字节数。

count 表示要读写的数据元素个数。

fp 表示文件指针。

例如：

```
int score[5];
fread(score,sizeof(int),5,fp);
```

其意义是从 fp 所指的文件中，读取 5 个整数到数组 score 中。

10.3.2 块读写函数的应用

参考程序代码如下：

```
#include <stdio.h>
#include <stdlib.h>
//函数完成从 srcfFileName 文件到 destFileName 的复制
int copyblock(const char *destFileName, const char *srcfFileName)
{
    void *buffer=(void *)malloc(100);   /*分配 100 字节内存空间*/
    int count=0;                        /*记录每次从源文件读取的字节数*/
    /*打开文件用于写，如不存在则建立该文件*/
    FILE *fpWrite=fopen(destFileName,"wb+");
    FILE *fpRead=fopen(srcfFileName,"rb");    /*打开源文件用于读*/
    if(fpWrite==NULL)                         /*检测目标文件是否打开成功*/
    {
        printf("目标文件打开失败！\n");
        return -1;
    }
    if(fpRead==NULL)                          /*检测源文件是否打开成功*/
    {
        printf("源文件打开失败！\n");
```

```
        return -1;
    }
    while(1)
    {
        count=fread(buffer,1,100,fpRead);/*每次从源文件读取 100 字节的内容*/
        if(count<=0)                     /*在文件尾读取时,读到的字节数为 0*/
            break;
        /*向目标文件写入 count 个字节的内容末次读取时，字节数可能不足 100*/
        fwrite(buffer,1,count,fpWrite);
    }
    free(buffer);
    fclose(fpWrite);
    fclose(fpRead);
    return 0;
}
int main()
{
    char sourFile[100]="10.pptx";
    char destFile[100]="10_2.pptx";
    copyblock(destFile,sourFile);
    return 0;
}
```

运行程序，在工作文件夹中放入一个名为 10.pptx 的 PPT 文件。程序运行结束后，可以看到有一个同样大小的文件 10_2.pptx，打开并比较两个文件，可以看到内容完全相同。也可以修改程序中的文件名，或者通过输入函数获取用户指定的文件名，完成其他文件的复制。

10.4 解决工程问题：资产管理系统

一家单位购置了新的资产，如办公设备等，需要对这些新购的资产验收建账，管理落实到人，并且在年底进行盘点。如果中间有人员或场地的变动，还应及时更新，如果淘汰还需要报废处置。通过资产管理系统，加强对固定资产的管理，防止资产流失。本小节开发一个简单的资产管理系统。

前文介绍了按字符或字符串读写数据，以及按数据块读取数据，还有一些应用场景中的数据既包含了字符串，又包含了整数，如果将它们一起存储在文本文件中，还有类似于 printf 函数和 scanf 函数可以调用。下面介绍新的格式化读写函数。

10.4.1 格式化读写函数 fscanf 和 fprintf

fscanf 函数和 fprintf 函数与前文使用的 scanf 函数和 printf 函数的功能类似，都是格式化读写函数。二者的区别在于 fscanf 函数和 fprintf 函数的读写对象不是键盘和显示器，而是磁盘文件。

这两个函数调用的一般形式如下：

```
fscanf(文件指针,格式字符串,输入表列);
```

```
fprintf(文件指针,格式字符串,输出表列);
```

例如：

```
fscanf(fp,"%d%s",&i,s);
fprintf(fp,"%d%c",j,ch);
```

10.4.2 文件的定位

前文介绍对文件的读写方式都是顺序读写，即读写文件只能从头开始，顺序读写各个数据。在实际问题中常要求只读写文件中某一指定的部分。为了解决这个问题，可移动文件内部的位置指针到需要读写的位置，再进行读写，这种读写方式称为随机读写。

实现随机读写的关键是必须按要求移动位置指针，称为文件的定位。移动文件内部位置指针的函数主要有两个，即 rewind 函数和 fseek 函数。

rewind 函数调用的一般形式如下：

```
rewind(文件指针);
```

其功能是将文件内部的位置指针移到文件首。

fseek 函数用来移动文件内部位置指针，其调用的一般形式如下：

```
fseek(文件指针,位移量,起始点);
```

其各参数说明如下：

“文件指针”指向被移动的文件。

“位移量”表示移动的字节数，要求位移量是 long 型数据，以便在文件长度大于 64KB 时不会出错。当用常量表示位移量时，要求加后缀“L”。

“起始点”表示从何处开始计算位移量，规定的起始点有三种：文件首、当前位置和文件尾。指针位置的表示符如表 10-2 所示。

表 10-2 指针位置的表示符

起始点	表示符	数字表示
文件首	SEEK_SET	0
当前位置	SEEK_CUR	1
文件尾	SEEK_END	2

例如：

```
fseek(fp,100L,0);
```

其意义是将位置指针移到离文件首 100 字节处。

还要说明的是，fseek 函数一般用于二进制文件。在文本文件中由于编码格式等原因，计算的位置可能会出现错误。

10.4.3 错误检验

C 语言中常用的文件检测函数有以下几个。

1. 读写文件出错检测函数 ferror

ferror 函数调用的一般形式如下：

```
ferror(文件指针);
```

功能：检查文件在用各种输入输出函数进行读写时是否出错。例如，函数 ferror 返回值为 0 表示未出错，否则表示有错。

2. 文件出错标志和文件结束标志函数 clearerr

clearerr 函数调用的一般格式如下：

```
clearerr(文件指针);
```

功能：本函数用于清除出错标志和文件结束标志，使它们为 0 值。

3. 文件结束检测函数 feof

feof 函数调用的一般格式如下：

```
feof(文件指针);
```

功能：判断文件指针是否处于文件结束位置。若文件指针指向文件结束位置，则返回值为 1，否则为 0。

10.4.4 资产管理系统实现

首先定义一个结构体 struct asset，表示资产。它包含五个字段：资产编号 id、资产名称 name、资产价值 value、领用人 person、存放地点 addr。定义一个宏 DATA_FILE，表示数据文件的路径，可以根据实际情况修改。

定义如下一些函数，用于实现不同的功能。

generate_id()：用于生成新的资产编号，遍历数据文件，找到最大的编号并加一。确保每一个资产都具有唯一的编号。

add_asset()：用于新增资产，先生成新的资产编号，然后由用户输入资产名称、价值、领用人、存放地点，最后向数据文件追加一条记录。

modify_asset()：用于修改资产，先由用户输入要修改的资产编号，然后遍历数据文件，找到该资产，再由用户输入新的资产信息，最后修改该资产记录。

delete_asset()：用于删除资产，先由用户输入要删除的资产编号，然后遍历数据文件，找到该资产，将它从数据文件中删除。本函数通过复制不需要删除的内容到新文件并删除原文件的方式实现数据的快速删除。

query_asset()：用于查询资产，先由用户选择查询方式，可以按照资产编号或领用人进行查询，然后遍历数据文件，输出符合条件的资产记录。

在 main 函数中，利用一个循环显示菜单，让用户选择不同的功能。根据用户的选择，调用相应的函数。

参考程序如下：

```
#include <stdio.h>
#include <stdlib.h>
#include <string.h>

//定义一个结构体表示资产
struct asset
{
```

```
    int id;                     //资产编号
    char name[20];              //资产名称
    float value;                //资产价值
    char person[50];            //领用人
    char addr[100];             //存放地点
};

//定义一个宏表示数据文件路径
#define DATA_FILE "assets.dat"
//显示菜单
void show_menu()
{
    printf("Welcome to Asset Management System!\n");
    printf("1. Add new asset\n");
    printf("2. Modify asset\n");
    printf("3. Delete asset\n");
    printf("4. Query assets\n");
    printf("0. Exit\n");
}

//生成新的资产编号
int generate_id()
{
    int max_id=0;
    struct asset a;
    FILE *fp=fopen(DATA_FILE, "rb");
    if(fp==NULL)
    {                               //文件不存在，返回 1
        return 1;
    }
    while(fread(&a, sizeof(a), 1, fp))
    {
        if(a.id>max_id)
        {
            max_id=a.id;
        }
    }
    fclose(fp);
    return max_id+1;
}

//新增资产
void add_asset()
{
    struct asset a;
    FILE *fp;
    a.id=generate_id();
    printf("Please input asset name: ");
    scanf("%s",a.name);
    printf("Please input asset value: ");
```

```
    scanf("%f",&a.value);
    printf("Please input asset person: ");
    scanf("%s",a.person);
    printf("Please input asset addr: ");
    scanf("%s",a.addr);

    fp=fopen(DATA_FILE, "ab");
    fwrite(&a, sizeof(a), 1, fp);
    fclose(fp);
    printf("Asset added successfully!\n");
}

//修改资产
void modify_asset()
{
    int id;
    FILE *fp;
    struct asset a;
    printf("Please input the asset id you want to modify: ");
    scanf("%d",&id);
    fp=fopen(DATA_FILE, "rb+");

    while(fread(&a, sizeof(a), 1, fp))
    {
        if(a.id==id)
        {
            printf("Please input asset name: ");
            scanf("%s",a.name);
            printf("Please input asset value: ");
            scanf("%f",&a.value);
            printf("Please input asset person: ");
            scanf("%s",&a.person);
            printf("Please input asset addr: ");
            scanf("%s",&a.addr);
            //将文件指针返回到刚刚读取的位置
            fseek(fp,-sizeof(a),SEEK_CUR);
            fwrite(&a,sizeof(a),1,fp);
            fclose(fp);
            printf("Asset modified successfully!\n");
            return;
        }
    }
    fclose(fp);
    printf("Asset with id %d not found!\n", id);
}

//删除资产
void delete_asset()
{
    int id;
```

```
    FILE *fp,*temp_fp;
    struct asset a;
    printf("Please input the asset id you want to delete: ");
    scanf("%d",&id);
    fp=fopen(DATA_FILE, "rb");
    temp_fp=fopen("temp.dat", "wb");

    while(fread(&a, sizeof(a), 1, fp))
    {
        if(a.id==id)
        {
            continue;                          //跳过被删除的资产
        }
        fwrite(&a, sizeof(a), 1, temp_fp);
    }
    fclose(fp);
    fclose(temp_fp);
    remove(DATA_FILE);                         //删除原文件
    rename("temp.dat", DATA_FILE);             //重命名临时文件
    printf("Asset deleted successfully!\n");
}

//查询资产
void query_asset()
{
    int option;
    printf("Please select the query option:\n");
    printf("1. By id\n");
    printf("2. By person\n");
    scanf("%d", &option);
    switch(option)
    {
        case 1:
        { //按资产编号查询
            int id;
            FILE *fp;
            struct asset a;
            int found=0;
            printf("Please input the asset id you want to query: ");
            scanf("%d",&id);
            fp=fopen(DATA_FILE, "rb");

            while(fread(&a, sizeof(a), 1, fp))
            {
                if(a.id==id)
                {
                    printf("id:%d, name:%s, value:%.2f, person:%s,
                    addr:%s\n", a.id, a.name, a.value,a.person, a.addr);
                    found=1;
                    break;
```

```
            }
        }
        if(!found) {
            printf("Asset with id %d not found!\n", id);
        }
        fclose(fp);
        break;
    }
    case 2:
    { //按领用人查询
        char person[50];
        FILE *fp;
        struct asset a;
        int found=0;
        printf("Please input the asset person you want to query: ");
        scanf("%s",person);
        fp=fopen(DATA_FILE, "rb");
        while(fread(&a, sizeof(a), 1, fp))
        {
            if(strcmp(a.person, person) == 0)
            {
                printf("id:%d, name:%s, value:%.2f, person:%s,
                addr:%s\n", a.id, a.name, a.value,a.person, a.addr);
                found=1;
            }
        }
        if(!found)
        {
            printf("Asset with person %s not found!\n", person);
        }
        fclose(fp);
        break;
    }
    default:
        printf("Invalid option!\n");
        break;
    }
}

int main()
{
    int option;
    while(1)
    {
        show_menu();
        printf("Please select an option: ");
        scanf("%d",&option);
        switch(option)
        {
            case 1: add_asset(); break;
```

```
            case 2: modify_asset(); break;
            case 3: delete_asset(); break;
            case 4: query_asset(); break;
            case 0: exit(0);
            default: printf("Invalid option!\n"); break;
        }
    }
    return 0;
}
```

通过添加新的资产菜单，输入了 3 台设备的信息，再通过领用人，查询到张三名下领用的 3 台设备。程序运行结果如下：

```
选择 C:\WINDOWS\system32\cmd.exe
Please select an option: 1
Please input asset name: 计算机
Please input asset value: 5000
Please input asset person: 张三
Please input asset addr: 崇信楼209
Asset added successfully!
Welcome to Asset Management System!
1. Add new asset
2. Modify asset
3. Delete asset
4. Query assets
0. Exit
Please select an option: 1
Please input asset name: 投影仪
Please input asset value: 8000
Please input asset person: 张三
Please input asset addr: 崇信楼209
Asset added successfully!
Welcome to Asset Management System!
1. Add new asset
2. Modify asset
3. Delete asset
4. Query assets
0. Exit
Please select an option: 1
Please input asset name: 一体机
Please input asset value: 9000
Please input asset person: 张三
Please input asset addr: 崇信楼209
Asset added successfully!
```

```
选择 C:\WINDOWS\system32\cmd.exe
Welcome to Asset Management System!
1. Add new asset
2. Modify asset
3. Delete asset
4. Query assets
0. Exit
Please select an option: 4
Please select the query option:
1. By id
2. By person
2
Please input the asset person you want to query: 张三
id:1, name:计算机, value:5000.00, person:张三,  addr:崇信楼209
id:2, name:投影仪, value:8000.00, person:张三,  addr:崇信楼209
id:3, name:一体机, value:9000.00, person:张三,  addr:崇信楼209
```

以上只是一个精简版的文本界面的资产管理系统，还不能满足实际应用的需要，如果读者有兴趣，则可以进一步完善程序，通过后续课程的学习，设计更漂亮的操作界面，使用数据库做存储，开发功能更全、界面更友好、使用更方便的资产管理系统。

习　题

一、选择题

1. C 语言文件常用操作包括（　　）。

   A. 检测、定位、读写　　B. 查找、替换、打开

   C. 复制、粘贴、读写　　D. 打开、读写、关闭

2. 若使用 fopen 函数打开文件发生错误，则函数的返回值是（　　）。

   A. 地址　　B. NULL　　C. 1　　D. EOF

3. 在打开文件函数 fopen 的第二个参数（打开模式）中，能够表示用“读写”方式

打开一个新二进制文件的打开方式是（ ）。

A. ab+　　B. wb+　　C. rb+　　D. ab

4. fputc 函数的作用是将指定字符写入一个文件，该文件的打开方式是（ ）。

A. 只写　　B. 追加

C. 读或读写　　D. 具有写权限的打开方式都可以

5. fseek 函数实现的功能是（ ）。

A. 改变文件的位置指针　　B. 搜索文件在磁盘中的位置

C. 搜索文件中某指定内容　　D. 以上答案都正确

6. 若有如下格式：fwrite(buffer,size,count,fp);，其中 buffer 是（ ）。

A. 一个整型变量，代表要输出的数据项总和

B. 一个文件，指向要写入内容的文件

C. 一个指针，指向要写入数据的存储地址

D. 一个存储区域，存放要写的所有数据

7. 对一个文件操作结束以后，应该进行的操作是（ ）。

A. 打开　　B. 读写　　C. 关闭　　D. 定位

8. C 语言语句 fclose(file);中的 file 表示（ ）。

A. 文件结构体　　B. 文件指针

C. 某一特定文件名　　D. 形参，不代表具体名称

9. 文件类型 FILE 是指（ ）。

A. 一个函数　　B. 一个数组　　C. 一个结构体　　D. 一个文件名

10. 当以“w”方式打开一个文件时，如果该文件存在，则该文件的原内容（ ）。

A. 被删除　　B. 不变

C. 部分删除　　D. 依文件指针位置而定

11. 若打开 E 盘 abc 子目录下的 p123.c 文件进行读操作，则以下正确的是（ ）。

A. fopen("E:\\abc\\p123.c","r");　　B. fopen("E:\\abc\\p123.c","a+");

C. fopen("E:\abc\p123.c","r");　　D. fopen("E:\\abc\\p123.c","w");

12. 在 C 程序中，可以将整数以二进制形式存放到文件中的函数是（ ）。

A. fopen　　B. fseek　　C. fwrite　　D. fputc

13. 从标准输入设备中输入一组字符，写入名为 file.txt 的文件中，应使用语句（ ）。

```
#include "stdio.h"
int main()
{
   FILE *fp;  char ch;
   fp=fopen(________________________);
   while((ch=getchar())!='\n')
      fputc(ch,fp);
   fclose(fp);
   return 0;
}
```

A. "file.txt","w"　　B. "file.txt", "ab"

C. "file.txt","r"　　D. "file.txt", "rb"

14. 函数 fgets(str,n,fp)中的 n 表示（　　）。

A. 拟读取的字符个数　　B. 字符数组 str 的最大容量

C. 文件中字符的个数　　D. 以上都不对

15. 下列函数中，不属于文件读写操作函数的是（　　）。

A. fscanf　　B. fgets　　C. fread　　D. fseek

二、填空题

1. 在 C 语言文件中，按照不同的分类标准有不同的分类形式。其中，按照文件格式分为________和________。

2. 语句 fgets(buf,n,fp);表示从 fp 指向的文件中读取________个字符到 buf 字符数组中，函数值为________。

3. 在 C 语言中，feof(fp)用来判断文件是否结束，如果遇到文件结束，则函数值为________，否则函数值为________。

4. 函数 fread(buffer,4,100,fp)如果能成功读取，最多能读取________字节的数据，如果文件中保存有 50 个长度为 4 的数据，本函数能够读取________字节的数据。

5. 下列程序的功能是从标准的输入设备读入文本（用$作为结束符号）到一个名为 file2.txt 的文件中。请在空白处填写适当的语句，实现其功能。

```
#include <stdio.h>
int main()
{
    FILE  *fp;  char cx;
    if((fp=fopen(____))==NULL)
       exit(0);
    while(cx=getchar())!='$')
       fputc(cx,fp);
    _____;
    return 0;
}
```

三、写出下列程序的运行结果

1. 阅读下面关于字符串存储的程序，写出运行结果。

```
#include <stdio.h>
int main()
{
   char str1[20]="Hello";
   char str2[20]="World";
   char str3[50];
   FILE *fp=fopen("test.txt", "w");
   fprintf(fp, "%s%s", str1, str2);
   fclose(fp);
   fp=fopen("test.txt", "r");
```

```
    fscanf(fp, "%s", str3);
    printf("读取的字符串是：%s\n", str3);
    fclose(fp);
    return 0;
}
```

2. 阅读下面关于整型数组存储的程序，写出运行结果。

```
#include <stdio.h>
int main()
{
    int arr[5]={10, 20, 30, 40, 50};
    FILE *fp=fopen("test.txt", "w");
    int sum=0,num,i;
    float avg;
    for(i=0;i<5;i++)
    {
        fprintf(fp, "%d ", arr[i]);
        sum+=arr[i];
    }
    fprintf(fp, "\n%.2f", (float)sum / 5);
    fclose(fp);
    fp=fopen("test.txt", "r");
    sum=0;
    for(i=0;i<5;i++)
    {
        fscanf(fp, "%d", &num);
        sum+=num;
    }
    avg=(float)sum/5;
    printf("average=%.2f\n", avg);
    fclose(fp);
    return 0;
}
```

3. 阅读下面关于学生信息的存储程序，根据用户输入，写出运行结果。

```
#include <stdio.h>
#include <stdlib.h>
//定义结构体类型
typedef struct
{
    char name[20];
    int age;
    float score;
} Student;
int main()
{
    FILE *fp;
    Student stu[3];
    int i;
    //往文件中写入 3 个学生信息
    fp=fopen("student.txt", "wb");
```

```
    if(fp==NULL)
    {
        printf("Failed to open file!\n");
        exit(1);
    }
    //输入 3 个学生信息
    for(i=0;i<3;i++)
    {
        printf("Input student %d name, age, score:\n", i+1);
        scanf("%s %d %f", stu[i].name, &stu[i].age, &stu[i].score);
        // 写入文件中
        fwrite(&stu[i], sizeof(Student), 1, fp);
    }
    fclose(fp);
    fp=fopen("student.txt", "rb");
    if(fp==NULL)
    {
        printf("Failed to open file!\n");
        exit(1);
    }
    fseek(fp, 1*sizeof(Student), SEEK_SET);
    fread(&stu[1], sizeof(Student), 1, fp);
    fclose(fp);
    printf("student information:\n");
    printf("name   age  score\n");
    printf("%-6s %d %5.1f\n", stu[1].name, stu[1].age, stu[1].score);
    return 0;
}
```

用户输入数据如下：

```
Input student 1 name, age, score:
Tom 18 89.5
Input student 2 name, age, score:
Lucy 17 92.0
Input student 3 name, age, score:
David 19 85.5
```

4. 阅读下面关于浮点数存储的程序，根据输入数据，写出运行结果。

```
#include <stdio.h>
#include <stdlib.h>
#define NUM 10
int main()
{
    FILE *fp;
    double data[NUM];
    int i, j;
    double temp;
    //输入 10 个浮点数
    printf("Input %d doubles:\n", NUM);
    for(i=0;i<NUM;i++)
    {
```

```
        scanf("%lf", &data[i]);
    }
    //排序
    for(i=0;i<NUM-1;i++)
    {
        for(j=i+1;j<NUM;j++)
        {
            if(data[i]>data[j])
            {
                temp=data[i];
                data[i]=data[j];
                data[j]=temp;
            }
        }
    }
    //存入二进制文件中
    fp=fopen("sort.bin", "wb");
    fwrite(data, sizeof(double), NUM, fp);
    fclose(fp);
    fp=fopen("sort.bin", "rb");
    fread(&temp, sizeof(double), 1, fp);
    fclose(fp);
    printf("%lf\n", temp);
    return 0;
}
```

用户输入如下：

```
Input 10 doubles:
12.3 45.6 7.8 23.4 56.7 12.4 10.1 9.8 76.5 34.5
```

5. 阅读下面关于随机数的生成、存储、计算的程序，写出运行结果。

```
#include <stdio.h>
#include <stdlib.h>
#include <time.h>
#define NUM 10
int main()
{
    FILE *fp;
    int data[NUM];
    int i, sum=0;
    //生成 10 个 4 位整数并存入数组
    srand(time(NULL));
    for(i=0;i<NUM;i++)
    {
        data[i]=rand()%9000+1000;
    }
    //存入二进制文件中
    fp=fopen("random.bin", "wb");
    fwrite(data, sizeof(int), NUM, fp);
    fclose(fp);
    //读出文件中的数据并计算
```

```
    fp=fopen("random.bin", "rb");
    for(i=0;i<NUM;i++)
    {
       fread(&data[i], sizeof(int), 1, fp);
       printf("%6d", data[i]);
       sum+=data[i];
    }
    fclose(fp);
    //输出结果
    printf("%d\n", sum);
    return 0;
}
```

四、编程题

1. 文件内容比较，判断两个文件的内容是否完全一致。

2. 股票交易信息统计。我们获得了某个股票当天成交的每一笔交易信息，即每一笔交易的单价和数量。数据以文本文件的形式保存在 stock.txt 文件中，每一笔交易数据占一行，每行两个数字，中间用空格分隔。请你统计当天该股票成交的总数量和总金额。数据在文本文件中的存储格式如下，请写出统计程序。

```
28.26    500
28.30    900
28.45    1200
28.35    600
28.29    400
28.20    800
28.28    2000
```

3. 数据加解密，接收用户输入的一个字符串，对每一个字符取其 ASCII 码值，做简单的四则运算之后保存在二进制文件中，加密规则可以自行设计。请写出完整的加密程序和解密程序。

4. 项目组要完成一批数据采集任务，为了保证进度，项目组的同学分工合作，各负责一部分数据的采集，已经采集完成并且按照制定的文件存储规范保存在了相应的文件中，现在需要把所有数据汇总成一个文件，请编写数据合并的程序。

5. 为庆祝公司成立 10 周年，将在庆祝晚会中举行抽奖活动。员工姓名可以从人力资源管理系统中以文本文件的形式导出，在抽奖环节执行程序，随机产生特等奖 1 名、一等奖 10 名、二等奖 20 名、三等奖 30 名。请为本次活动编写抽奖程序。

参 考 文 献

布莱恩 • W. 克尼汉，丹尼斯 • M. 里奇，2022．C 程序设计语言[M]．徐宝文，李志，译．北京：机械工业出版社．

陈春丽，2020．程序设计基础及应用[M]．北京：清华大学出版社．

德落莉丝 M. 埃特尔，2017．工程问题 C 语言求解[M]．北京：机械工业出版社．

耿国华，2021．数据结构——用 C 语言描述[M]．3 版．北京：高等教育出版社．

何钦铭，颜晖，2020．C 语言程序设计[M]．4 版．北京：高等教育出版社．

姜学锋，曹光前，2012．C 程序设计[M]．北京：清华大学出版社．

揭安全，2022．高级语言程序设计（C 语言版）[M]．2 版．北京：人民邮电出版社．

李丽娟，2019．C 语言程序设计教程[M]．5 版．北京：人民邮电出版社．

刘光蓉，汪靖，陆登波，2020．C 语言程序设计实践教程——基于 VS2010 环境[M]．北京：清华大学出版社．

刘振安，刘燕君，唐军，2016．C 程序设计课程设计[M]．北京：机械工业出版社．

苏小红，王宇颖，孙志岗，2015．C 语言程序设计[M]．3 版．北京：高等教育出版社．

谭浩强，2017．C 程序设计[M]．5 版．北京：清华大学出版社．

王敬华，林萍，2021．C 语言程序设计教程[M]．3 版．北京：清华大学出版社．

王晓云，陈业纲，2018．C 语言程序设计[M]．北京：科学出版社．

吴劲，2022．C 语言程序设计基础[M]．北京：人民邮电出版社．

附录A

常用字符的ASCII码值

C 语言中常用字符的 ASCII 码值如附表 A-1 所示。

附表 A-1　C 语言中常用字符的 ASCII 码值

低 4 位码	高 3 位码（$d_6d_5d_4$）							
($d_3d_2d_1d_0$)	000	001	010	011	100	101	110	111
0000	NUL	DLE	SP	0	@	P	`	p
0001	SOH	DC1	!	1	A	Q	a	q
0010	STX	DC2	"	2	B	R	b	r
0011	ETX	DC3	#	3	C	S	c	s
0100	EOT	DC4	$	4	D	T	d	t
0101	ENQ	NAK	%	5	E	U	e	u
0110	ACK	SYN	&	6	F	V	f	v
0111	BEL	ETB	‘	7	G	W	g	w
1000	BS	CAN	(	8	H	X	h	x
1001	HT	EM	)	9	I	Y	i	y
1010	LF	SUB	*	:	J	Z	j	z
1011	VT	ESC	+	;	K	[	k	{
1100	FF	FS	,	<	L	\	l	|
1101	CR	GS	-	=	M	]	m	}
1110	SO	RS	.	>	N	^	n	~
1111	SI	US	/	?	O	_	o	DEL

附录 B C 语言的关键字

C 语言的关键字如附表 B-1 所示。

附表 B-1　C 语言的关键字

auto	break	case	char	const	continue	default	do
double	else	enum	extern	float	for	goto	if
int	long	register	return	short	signed	sizeof	static
struct	switch	typedef	union	unsigned	void	volatile	while

附录C

C 语言的运算符

C 语言的运算符如附表 C-1 所示。

附表 C-1　C 语言的运算符

优先级	运算符	名称或含义	使用形式	结合方向	说明
1	[]	数组下标	数组名[常量表达式]	从左到右	
	()	圆括号	(表达式) 函数名(形参表)		
	.	成员选择（对象）	对象.成员名		
	->	成员选择（指针）	对象指针->成员名		
2	-	负号运算符	-表达式	从右到左	单目运算符
	(类型)	强制类型转换	(数据类型)表达式		
	++	自增运算符	++变量名 变量名++		单目运算符
	--	自减运算符	--变量名 变量名--		单目运算符
	*	取值运算符	*指针变量		单目运算符
	&	取地址运算符	&变量名		单目运算符
	!	逻辑非运算符	!表达式		单目运算符
	~	按位取反运算符	~表达式		单目运算符
	sizeof	长度运算符	sizeof(表达式)		
3	/	除	表达式 / 表达式	从左到右	双目运算符
	*	乘	表达式*表达式		双目运算符
	%	余数（取模）	整型表达式%整型表达式		双目运算符
4	+	加	表达式+表达式	从左到右	双目运算符
	-	减	表达式-表达式		双目运算符
5	<<	左移	变量<<表达式	从左到右	双目运算符
	>>	右移	变量>>表达式		双目运算符
6	>	大于	表达式>表达式	从左到右	双目运算符
	>=	大于等于	表达式>=表达式		双目运算符
	<	小于	表达式<表达式		双目运算符
	<=	小于等于	表达式<=表达式		双目运算符

续表

<table>
<tr><th>优先级</th><th>运算符</th><th>名称或含义</th><th>使用形式</th><th>结合方向</th><th>说明</th></tr>
<tr><td rowspan="2">7</td><td>==</td><td>等于</td><td>表达式==表达式</td><td rowspan="2">从左到右</td><td>双目运算符</td></tr>
<tr><td>!=</td><td>不等于</td><td>表达式!= 表达式</td><td>双目运算符</td></tr>
<tr><td>8</td><td>&</td><td>按位与</td><td>表达式&表达式</td><td>从左到右</td><td>双目运算符</td></tr>
<tr><td>9</td><td>^</td><td>按位异或</td><td>表达式^表达式</td><td>从左到右</td><td>双目运算符</td></tr>
<tr><td>10</td><td>|</td><td>按位或</td><td>表达式|表达式</td><td>从左到右</td><td>双目运算符</td></tr>
<tr><td>11</td><td>&&</td><td>逻辑与</td><td>表达式&&表达式</td><td>从左到右</td><td>双目运算符</td></tr>
<tr><td>12</td><td>||</td><td>逻辑或</td><td>表达式||表达式</td><td>从左到右</td><td>双目运算符</td></tr>
<tr><td>13</td><td>?:</td><td>条件运算符</td><td>表达式 1? 表达式 2: 表达式 3</td><td>从右到左</td><td>三目运算符</td></tr>
<tr><td rowspan="11">14</td><td>=</td><td>赋值运算符</td><td>变量=表达式</td><td rowspan="11">从右到左</td><td></td></tr>
<tr><td>/=</td><td>除后赋值</td><td>变量/=表达式</td><td></td></tr>
<tr><td>*=</td><td>乘后赋值</td><td>变量*=表达式</td><td></td></tr>
<tr><td>%=</td><td>取模后赋值</td><td>变量%=表达式</td><td></td></tr>
<tr><td>+=</td><td>加后赋值</td><td>变量+=表达式</td><td></td></tr>
<tr><td>-=</td><td>减后赋值</td><td>变量-=表达式</td><td></td></tr>
<tr><td><<=</td><td>左移后赋值</td><td>变量<<=表达式</td><td></td></tr>
<tr><td>>>=</td><td>右移后赋值</td><td>变量>>=表达式</td><td></td></tr>
<tr><td>&=</td><td>按位与后赋值</td><td>变量&=表达式</td><td></td></tr>
<tr><td>^=</td><td>按位异或后赋值</td><td>变量^=表达式</td><td></td></tr>
<tr><td>|=</td><td>按位或后赋值</td><td>变量|=表达式</td><td></td></tr>
<tr><td>15</td><td>,</td><td>逗号运算符</td><td>表达式,表达式,…</td><td>从左到右</td><td></td></tr>
</table>

附录D 常用的标准库函数

1. 数学函数

C 语言中常用的数学函数如附表 D-1 所示。

调用数学函数时，要求在源文件中包含以下命令行：

```
#include<math.h>
```

附表 D-1 C 语言中常用的数学函数

函数原型说明	功能	返回值	说明
int abs(int x)	求整数 x 的绝对值	计算结果	
double fabs(double x)	求双精度实数 x 的绝对值	计算结果	
double acos(double x)	计算 $\cos^{-1}(x)$的值	计算结果	x 为−1～1
double asin(double x)	计算 $\sin^{-1}(x)$的值	计算结果	x 为−1～1
double atan(double x)	计算 $\tan^{-1}(x)$的值	计算结果	
double atan2(double x)	计算 $\tan^{-1}(x/y)$的值	计算结果	
double cos(double x)	计算 cos(x)的值	计算结果	x 的单位为弧度
double cosh(double x)	计算双曲余弦 cosh(x)的值	计算结果	
double exp(double x)	求 e^x 的值	计算结果	
double fabs(double x)	求双精度实数 x 的绝对值	计算结果	
double floor(double x)	求不大于双精度实数 x 的最大整数	计算结果	
double fmod(double x,double y)	求 x/y 整除后的双精度余数	计算结果	
double frexp(double val,int *exp)	把双精度 val 分解为尾数和以 2 为底的指数 n，即 $val=x*2^n$，n 存放在 exp 所指的变量中	返回尾数 x 0.5≤x<1	
double log(double x)	求 ln x	计算结果	x>0
double log10(double x)	求 $\log_{10}x$	计算结果	x>0
double modf(double val,double *ip)	把双精度 val 分解为整数部分和小数部分，整数部分存放在 ip 所指的变量中	返回小数部分	
double pow(double x,double y)	计算 x^y 的值	计算结果	
double sin(double x)	计算 sin(x)的值	计算结果	x 的单位为弧度
double sinh(double x)	计算 x 的双曲正弦函数 sinh(x)的值	计算结果	
double sqrt(double x)	计算 x 的开方	计算结果	x≥0
double tan(double x)	计算 tan(x)	计算结果	
double tanh(double x)	计算 x 的双曲正切函数 tanh(x)的值	计算结果	

2. 字符函数

C语言中常用的字符函数如附表D-2所示。

调用字符函数时，要求在源文件中包含以下命令行：

```
#include<ctype.h>
```

附表D-2 C语言中常用的字符函数

函数原型说明	功能	返回值
int isalnum(int ch)	检查ch是否为字母或数字	是，返回1；否则返回0
int isalpha(int ch)	检查ch是否为字母	是，返回1；否则返回0
int iscntrl(int ch)	检查ch是否为控制字符	是，返回1；否则返回0
int isdigit(int ch)	检查ch是否为数字	是，返回1；否则返回0
int isgraph(int ch)	检查ch是否为ASCII码值在ox21到ox7e之间的可打印字符（即不包含空格字符）	是，返回1；否则返回0
int islower(int ch)	检查ch是否为小写字母	是，返回1；否则返回0
int isprint(int ch)	检查ch是否为包含空格符在内的可打印字符	是，返回1；否则返回0
int ispunct(int ch)	检查ch是否为除了空格、字母、数字之外的可打印字符	是，返回1；否则返回0
int isspace(int ch)	检查ch是否为空格、制表或换行符	是，返回1；否则返回0
int isupper(int ch)	检查ch是否为大写字母	是，返回1；否则返回0
int isxdigit(int ch)	检查ch是否为16进制数	是，返回1；否则返回0
int tolower(int ch)	把ch中的字母转换成小写字母	返回对应的小写字母
int toupper(int ch)	把ch中的字母转换成大写字母	返回对应的大写字母

3. 字符串函数

C语言中常用的字符串函数如附表D-3所示。

调用字符串函数时，要求在源文件中包含以下命令行：

```
#include<string.h>
```

附表D-3 C语言中常用的字符串函数

函数原型说明	功能	返回值
char *strcat(char *s1,char *s2)	把字符串s2接到s1后面	s1所指地址
char *strchr(char *s,int ch)	在s所指字符串中，找出第一次出现字符ch的位置	返回找到的字符的地址，找不到返回NULL
int strcmp(char *s1,char *s2)	对s1和s2所指字符串进行比较	s1<s2，返回负数；s1= =s2，返回0；s1>s2，返回正数
char *strcpy(char *s1,char *s2)	把s2指向的串复制到s1指向的空间	s1所指地址
unsigned strlen(char *s)	求字符串s的长度	返回串中字符（不计最后的'\0'）个数
char *strstr(char *s1,char *s2)	在s1所指字符串中，找出字符串s2第一次出现的位置	返回找到的字符串的地址，找不到返回NULL

4. 输入输出函数

C 语言中常用的输入输出函数如附表 D-4 所示。

调用输入输出函数时，要求在源文件中包含以下命令行：

```
#include<stdio.h>
```

附表 D-4 C 语言中常用的输入输出函数

函数原型说明	功能	返回值
void clearer(FILE *fp)	清除与文件指针 fp 有关的所有出错信息	无
int fclose(FILE *fp)	关闭 fp 所指的文件，释放文件缓冲区	出错返回非 0，否则返回 0
int feof(FILE *fp)	检查文件是否结束	遇文件结束符返回非 0，否则返回 0
int fgetc(FILE *fp)	从 fp 所指的文件中获取下一个字符	出错返回 EOF，否则返回所读字符
char *fgets(char *buf,int n, FILE *fp)	从 fp 所指的文件中读取一个长度为 n-1 的字符串，将其存入 buf 所指存储区	返回 buf 所指地址，若遇文件结束符或出错，则返回 NULL
FILE *fopen(char *filename,char *mode)	以 mode 指定的方式打开名为 filename 的文件	成功，返回文件指针（文件信息区的起始地址），否则返回 NULL
int fprintf(FILE *fp, char *format, args,…)	将 args,…的值以 format 指定的格式输出到 fp 指定的文件中	实际输出的字符数
int fputc(char ch, FILE *fp)	把 ch 中的字符输出到 fp 指定的文件中	成功返回该字符，否则返回 EOF
int fputs(char *str, FILE *fp)	把 str 所指字符串输出到 fp 所指文件	成功返回非负整数，否则返回-1（EOF）
int fread(char *pt,unsigned size,unsigned n, FILE *fp)	从 fp 所指文件中读取长度 size 为 n 个数据项到 pt 所指文件	读取的数据项个数
int fscanf(FILE *fp, char *format,args,…)	从 fp 所指的文件中按 format 指定的格式将输入数据存入 args,…所指的内存中	已输入的数据个数，遇文件结束符或出错返回 0
int fseek(FILE *fp,long offer,int base)	移动 fp 所指文件的位置指针	成功返回当前位置，否则返回非 0
long ftell(FILE *fp)	求出 fp 所指文件当前的读写位置	读写位置，出错返回-1L
int fwrite(char *pt,unsigned size,unsigned n, FILE *fp)	将 pt 所指向的 n*size 个字节写入 fp 所指文件	写入的数据项个数
int getc(FILE *fp)	从 fp 所指文件中读取一个字符	返回所读字符，若出错或文件结束返回 EOF
int getchar(void)	从标准输入设备读取下一个字符	返回所读取的字符，若出错或文件结束返回-1
char *gets(char *s)	从标准设备读取一行字符串放入 s 所指存储区，用'\0'替换读入的换行符	返回 s，出错返回 NULL
int printf(char *format,args,…)	将 args,…的值以 format 指定的格式输出到标准输出设备	输出字符的个数
int putc(int ch, FILE *fp)	同 fputc	同 fputc

续表

函数原型说明	功能	返回值
int putchar(char ch)	将 ch 输出到标准输出设备	返回输出的字符，若出错则返回 EOF
int puts(char *str)	将 str 所指字符串输出到标准设备，将'\0'转成回车换行符	返回换行符，出错返回 EOF
int rename(char *oldname,char *newname)	将 oldname 所指文件名改为 newname 所指文件名	成功返回 0，出错返回-1
void rewind(FILE *fp)	将文件位置指针置于文件开头	无
int scanf(char *format,args,…)	从标准输入设备按 format 指定的格式将输入数据存入 args,…所指的内存中	已输入的数据的个数

5. 动态分配函数和随机函数

C 语言中常用的动态分配函数和随机函数如附表 D-5 所示。

调用动态分配函数和随机函数时，要求在源文件中包含以下命令行：

```
#include<stdlib.h>    //或者#include<malloc.h>
```

附表 D-5　C 语言中常用的动态分配函数和随机函数

函数原型说明	功能	返回值
void *calloc(unsigned n,unsigned size)	分配 n 个数据项的内存空间，每个数据项的大小为 size 个字节	分配内存单元的起始地址；若不成功，则返回 0
void *free(void *p)	释放 p 所指的内存区	无
void *malloc(unsigned size)	分配 size 个字节的存储空间	分配内存空间的地址；若不成功，则返回 0
void *realloc(void *p,unsigned size)	将 p 所指内存区的大小改为 size 个字节	新分配内存空间的地址；若不成功，则返回 0
int rand(void)	产生 0～32767 的随机整数	返回一个随机整数
void exit(int state)	程序终止执行，返回调用过程，state 为 0 正常终止，非 0 非正常终止	无